中棉所 41

中棉所 44

中棉所 45

1

中棉所 57

中棉所 69

富棉 289

2

邯杂 98-1

鲁棉研 27

瑞杂 816

3

银瑞 361

百棉 3 号

郑杂棉 3 号

中棉所 59

4

抗虫棉优良品种及栽培技术

主　编
郭香墨　刘金生
编著者
郭香墨　刘金生
赵　禹　郭玉华

金盾出版社

内 容 提 要

本书由中国农业科学院棉花研究所专家编著。根据国内外棉花抗虫性研究最新进展，从形态抗虫性、生化抗虫性和转基因抗虫性三个方面简述了抗虫棉的抗虫表现、抗虫机制及其在育种中的应用；讲述了抗虫棉的主要栽培管理技术、转基因安全性评价、种子保纯与种子生产技术；并介绍了96个有代表性的各类抗虫棉品种的特征特性、产量表现、抗病虫性、纤维品质、适宜种植区域及栽培技术要点。

本书注重科学性、先进性和实用性，力求深入浅出，通俗易懂，适合广大棉农、棉花科技人员和农业院校相关专业师生阅读参考。

图书在版编目(CIP)数据

抗虫棉优良品种及栽培技术/郭香墨，刘金生主编．—北京：金盾出版社，2009.12

ISBN 978-7-5082-6060-0

Ⅰ．①抗… Ⅱ．①郭…②刘… Ⅲ．①抗虫性—棉花—优良品种②抗虫性—棉花—栽培 Ⅳ．①S562

中国版本图书馆 CIP 数据核字(2009)第 203007 号

金盾出版社出版、总发行

北京太平路 5 号(地铁万寿路站往南)

邮政编码：100036 电话：68214039 83219215

传真：68276683 网址：www.jdcbs.cn

北京金盾印刷厂印刷

永胜装订厂装订

各地新华书店经销

开本：850×1168 1/32 印张：8.25 彩页：4 字数：202 千字

2009 年 12 月第 1 版第 1 次印刷

印数：1～10 000 册 定价：13.00 元

(凡购买金盾出版社的图书，如有缺页、
倒页、脱页者，本社发行部负责调换)

目　　录

第一章　抗虫棉概述

在自然界能够维持生存繁衍种群的任何生物,都具有一定的抵抗不良环境条件的能力,正如英国生物学家达尔文发现的生物进化论中所阐述的基本原理一样,适者生存,不适者淘汰。植物对不良环境条件的抵抗能力称为抗逆性,其中抵抗昆虫破坏的能力则称为抗虫性。

抗虫性是植物的一种可遗传特性,是在漫长的进化过程中形成的。由于具备这种特性,抗虫品种与感虫品种在同样的栽培条件和虫害条件下,前者能不受虫害或受害较轻。作物具有抗虫性的现象,在我国早有观察记载。在《吕氏春秋》中,就对麻类抗蝗虫和豆类抗虫性进行了简单的描述。我国最早的一部古农书《齐民要术》中就记载了14种谷类具有"免虫"特性。国外18世纪对早熟小麦抗黑森瘿蚊和苹果品种抗苹果绵蚜有报道。而19世纪法国利用葡萄抗根瘤蚜特性更新果苗更是取得了突出的育种成效。

棉花作为主要的经济作物,已有7 000年左右的种植历史。经考古证明,印度在公元前5 000多年前已种植亚洲棉,并进行加工纺织,后来向东传播到东南亚各国、中国、朝鲜半岛和日本。在我国,首先在华南种植,然后北上至长江流域、黄河流域,以至东北地区。非洲棉原产于非洲,最先传播到阿拉伯一些地区种植,然后传入伊朗、巴基斯坦,再传入我国的新疆,所以我国19世纪以前主要种植亚洲棉和非洲棉。海岛棉原产于南美洲的安第斯山区,陆地棉原产于中美洲和加勒比海地区,19世纪后传入我国。1865年英国商人首次将美国陆地棉引入上海试种,1892年,清朝湖广总督张之洞为了发展民族棉纺工业,大批输入美国陆地棉品种在湖北省15个县试种,此后较大量的输入陆地棉种共101次,563万千克,70多个品种。我国虽不是棉花原产国,但植棉历史悠久,在棉花抗虫性研究上多有建树。

一、我国棉花主要害虫及其防治

在棉花生产中,虫害对棉花产量和品质的影响较大。据不完全统计,我国棉花害虫种类至少有300种以上。但实际上,由于生物间相互制约的影响,以及生物受环境因素如栽培管理条件、温度、光照、水分等因素的影响,多数种类害虫的种群数量都处于低密度水平,不足以造成植棉的经济损失。

在黄河流域棉区,分布广泛、为害普遍的有棉蚜、棉铃虫、棉叶螨和盲椿象、棉造桥虫等,其中以棉蚜和棉铃虫为害最为严重。在长江流域棉区,以棉红铃虫、棉叶螨、棉铃虫、盲椿象等为害较普遍,其中以棉红铃虫和棉叶螨的为害最为突出。在西北内陆棉区,棉蚜是为害棉花的最主要害虫,近几年棉铃虫在北疆、南疆均有发生,个别地区和年份危害不次于内地。

20世纪70年代以前,棉蚜在我国仅为害棉苗,现蕾后即不造成严重为害,70年代后,由于气候和耕作制度的变迁,伏蚜在蕾铃期仍继续发展,并造成严重为害。棉铃虫是分布广泛、为害严重的世界性害虫,不仅为害棉花,还为害粮食作物、蔬菜作物以及花卉、杂草等。在美国危害棉花的主要害虫种类是烟芽夜蛾和美洲棉铃虫,我国的棉铃虫是另外一个种(拉丁名为 *Heliothis armigera.* L)。棉红铃虫除在西北内陆棉区较少发生外,在其他各棉区均有发生,可造成烂铃、僵瓣、纤维变黄、种子损坏等。棉叶螨的种类也较多,我国大部分地区以截形叶螨和朱砂叶螨为主,只有新疆棉区为土耳其斯坦叶螨。

由于为害棉花的害虫种类繁多,对生产造成的经济损失大,因此在棉花的全生育期,需要根据害虫发生数量、发生时期不断地防治。长期以来,人们更多地依赖于农药防治。20 世纪 70 年代以前,用六六六、滴滴涕等有机氯农药防治害虫,70～80 年代用有机磷农药防治害虫,80 年代后随着农药合成技术的发展,菊酯类高效低毒农药在棉田中得以大量使用。

随着农药使用剂量的不断增加,虽然田间害虫得到了有效控制,但害虫对农药的抗性急剧增加,如在有机磷农药使用初期,一般 2 500～3 000 倍浓度即可收到较好的防治效果。进入 90 年代,500～800 倍的浓度尚不足以杀死害虫,这样不仅造成治虫成本增加,而且对棉田生态环境造成了严重破坏,一些有益昆虫群体数量大为下降,人、畜中毒现象时有发生,有的棉农为防治害虫甚至家破人亡。尤其是 20 世纪 90 年代以来,棉铃虫在黄河流域严重暴发,其来势之猛,数量之大,为害之惨重,为历史罕见,致使该棉区棉田面积急剧缩小,广大棉农谈虫色变。

上述事实表明,棉花害虫的防治,除了从外部因素如讲究科学,合理用药,不断提高农药防治效果,综合采用生物措施、物理措施和农业措施外,更需要从内因上寻求害虫综合治理途径,开辟农药防治之外的其他途径,包括品种抗虫性的研究和利用。

二、棉花抗虫性的研究和利用

据报道,世界上较早利用抗虫性状防治棉花害虫的成功范例是:1935 年埃及人利用多茸毛性状的抗棉叶蝉特性培育出了多茸毛的海岛棉品种 Bathim 101,南非在 1958 年以前就开始进行了对微叶蝉的抗性研究,并培育出一些抗虫品种。1953 年美国南卡罗来纳州佛罗伦斯的 Pee Dee 试验站确立的棉花育种方案,最初乃是改良长绒棉对棉铃象虫的抗性,1964 年在对窄卷苞叶作为抗棉铃象虫性状的深入研究基础上广泛利用,并培育出一些窄卷苞叶棉花新品种和新种质系。

自 20 世纪 60 年代中后期提出有害生物综合治理策略后,世界棉花抗虫性的研究开始加快发展,并逐步深入到抗虫性的各个领域,尤其是 70 年代末,美国农业部在制定有害生物综合治理政策的同时,强调指出植物抗虫性的研究利用亟待发展,从而更有力地推动了这方面的工作。值得注意的是除了一些基础性工作外,还扩大了主要棉虫对象,并将棉株体内产生的对害虫的抗生物质与害虫的行为活动联系起来研究。例如对蜜腺分泌物及棉酚的抗生作用做了大量试验研究,窄卷苞叶对棉铃象虫的抗性效果以及对盲椿象的易感性等。这一时期的研究,已从对单一抗性性状的研究提高到对多性状的综合分析评价,注意到选育多抗性品种将是抗虫性利用的主要方向。得克萨斯州的农业部试验站已培育出对多种棉虫具有抗、耐性的棉花品种 TAMCOT-COMD-e 等,在虫害综合治理中发挥了很大作用,使得克萨斯高原棉区种植短季棉和多抗品种成为关键性技术措施。80 年代以来,国外棉花抗虫性的研究已普遍深入,尤其在抗生性生化物质的分析测定,抗性遗传规律等方面加强了基础性研究,对棉花品种抗虫性的全面评价和合理利用具有重要作用。随着育种技术的不断改进和现代生物技术的飞速发展,美国投巨资开展了外源抗虫基因向棉花中的转育研究。1986 年美国 Agracetus 公司率先从苏云金芽孢杆菌中分离出能产生对鳞翅目害虫有毒杀作用的合成晶体蛋白基因(简称 B.t.基因),并利用土壤中的农感菌 Ti 质粒作为载体,将 B.t.基因构建到该载体上,通过与棉花下胚轴诱导产生的体细胞再生植株,育成以柯字棉 312 等品种为遗传背景的 B.t.转基因抗虫棉。而后,孟山都公司对 B.t.基因进行了修饰改造,并采用多种途径转育,1990 年育成的 7 个 B.t.转基因抗虫棉,在美国中西部组织多点试验,从中筛选出表现较好的 33B 和 32B 等,其中 33B 在美国种植面积较大,1996 年达 80 万公顷。同年,美国最大的棉种公司岱字棉公司与河北省合作,将 33B 引入河北省大面积种植,1997年种植面积达2万公顷,并通过河北省农作物品种审定委员会审定,1998年种植14万公顷。

我国早在20世纪30～40年代就有对大卷叶螟和棉叶蝉抗性的研究,建国后曾选出抗棉叶蝉品种如澧县72、华东6号、三湖铁子等;抗卷叶螟品种如鸡脚德字棉,但产量普遍偏低,纤维品质欠佳。我国棉花抗虫性的研究,自害虫综合防治体系(简称IPM)提出和应用于生产以来,有了明显的变化。70年代末,中国农业科学院棉花研究所、河北农业科学院植保所、四川农业科学院棉花研究所和华中农业大学、江苏农业科学院植保所、中国农业科学院植保所等单位先后设立了抗虫棉育种课题,对棉花抗虫性及抗虫育种技术进行了系统研究,以后的进展大致分为三个阶段。

(一)第一阶段

20世纪80年代初至80年代末,在此期间,国家设立了棉花抗虫育种科技攻关项目,重点从棉花的形态抗虫性及抗虫机制上进行研究,并探讨了棉花的生化抗性及其利用情况。明确了多茸毛性状对棉蚜和棉叶螨等具有明显抗性,可阻止害虫的取食和活动;光叶性状可减少棉铃虫和棉红铃虫的产卵的附着力,从而降低害虫的幼虫群体密度,减轻害虫为害;无蜜腺性状可减少对迁移性的棉铃虫、棉红铃虫的吸引性,因此可降低田间落卵量;窄卷苞叶可使害虫暴露更明显,从而提高农药对害虫的防治效果;鸡脚叶可改善棉田通风透光性,改善不利于害虫发生的田间小气候;早熟性可避开害虫的为害高峰期,达到避虫效果;红叶棉可减少对害虫的诱惑力,使害虫对反射的500～600纳米波长的光不敏感,从而减轻为害。在生化抗性上,研究了棉酚、鞣酸、儿茶酸含量对昆虫取食的影响等。这一阶段培育出一些较优良的抗虫棉品系,如中国农业科学院棉花研究所育成的抗棉蚜兼抗棉红铃虫的种质系中99;四川农业科学院棉花研究所从海岛棉和陆地棉的种间杂交中系统选育出抗棉叶螨棉花种质系川 98;河北省农业科学院植物保护研究所利用光叶和无蜜腺性状与常规棉杂交,从后代中系统选育出 U82-3 和 U82-1;华中农业大学育成了对棉红铃虫有较好抗性、综合性状优良的抗虫棉品系华棉 102 和华棉 103。初步建立了抗虫性鉴定技术。

(二)第二阶段

20 世纪 90 年代初至 90 年代中期,在棉花抗虫性研究和利用上,一是对生化抗虫性的研究逐步深入,对目标害虫的抗性性状进一步明确;二是综合利用形态和生化抗性,在我国首次育成一批抗虫棉品种,展现了抗虫棉广阔的推广应用前景;三是在抗虫性鉴定技术和抗虫性的评价上进一步创新,棉花遗传、育种、植保和生物技术等多学科相互交叉,取长补短,形成了协同作战、联合攻关的明显优势。

中国农业科学院棉花研究所育成的中棉所 21 具有茎叶多茸毛特点,植株体内棉酚、鞣酸、儿茶酸含量高,对棉蚜和棉铃虫具有较强的抗性。一般年份可在苗蚜期和伏蚜期减少农药防治 1~2 次,2~3 代棉铃虫发生期可减少农药防治 2~3 次,皮棉产量比对照品种中棉所 12 增产 8%~10%,抗枯萎病、黄萎病性和纤维品质与中棉所 12 相当。该品种于 1994 年通过河南省品种审定委员会审定,1995 年列入国家级科技成果重点推广计划,到 1997 年累计推广种植面积 7 万公顷左右。四川省农业科学院棉花研究所育成的川棉 109,高抗棉蚜,蚜害指数比常规棉品种 73-27 降低 20%以上,并具有抗苗期立枯病特点,抗枯萎病,是一个集抗虫、抗病、丰产、优质于一体的棉花品种,近年在四川、河南两省累计推广 23 万公顷,1994 年通过四川省品种审定委员会审定。华中农业大学育成的华棉 101,具有无蜜腺和光叶特点,抗棉铃虫和棉红铃虫,棉铃虫蕾铃受害率比抗虫对照 HG-BR-8 相对下降 39%~43%,

为高抗级;棉红铃虫受害率比常规推广品种相对下降20％左右,单铃活虫数和越冬红铃虫基数均少于对照,定为抗至中抗级;产量比常规品种鄂荆1号略有增产,"八五"期间累计推广4.5万公顷。该品种1992年通过湖北省农作物品种审定委员会审定,并列入国家级科技成果重点推广项目。

采用现代生物技术和常规育种技术相结合的策略培育转B.t.基因抗虫棉,是"八五"期间棉花抗虫育种取得的突破性进展。中国农业科学院棉花研究所通过杂交、回交和复合杂交等技术手段,在"八五"期间把苏云金芽孢杆菌的毒素基因(简称B.t.基因)转育到丰产、优质、抗病的中棉所12、中棉所16和中棉所17等品种上,于1994年初步育成了对棉铃虫、棉红铃虫等鳞翅目害虫有高度抗虫性的转B.t.基因抗虫棉新品系。当年在河北、河南和山东等省的棉铃虫高发区示范试种,从多点试验示范结果看,转B.t.基因抗虫棉可有效地杀死棉铃虫幼虫,在2代棉铃虫发生期不必进行农药防治,依靠其自身的抗虫性,可把植株顶尖被害率控制在3％～5％,3代棉铃虫发生期仅需辅助农药防治1～2次,棉铃虫发生较轻年份也可免除农药防治,棉花蕾铃被害率可控制在10％以下,不致因棉铃虫为害造成减产,4代棉铃虫发生期由于植株生长势变弱,植株体内毒素含量有所下降,部分抗虫棉品系需农药防治2～3次。但中棉所30(R93-6)和中棉所29抗虫杂交棉(RH-1)等优良品种(杂交种)的农药防治次数仍可降低。因此,全生育期可减少棉铃虫农药防治60％～80％,每667米^{2}可节省农药投资60～80元。由于减少了农药防治,使棉田生态环境大大改善,有益昆虫种群比常规棉田大大增加,从而间接地依靠有益生物控制而减轻了其他害虫的为害,同时也减少了田间工作量,有效地解决了因使用农药造成的人、畜中毒。但这一时期培育的抗虫棉也存在这样或那样的缺点,如个别品系群体生长不整齐、棉铃偏小、铃重偏低、前期生长势偏弱等,但大量的试验示范结果表明,转

B.t.基因抗虫棉对实现棉铃虫的综合治理起到了重要的作用,是我国棉花育种技术发展的新的里程碑。

（三）第三阶段

自"九五"以来,一直延续到 21 世纪初。这个时期,棉花抗虫性研究出现应用性研究和基础研究协调发展,棉花基因工程技术已作为培育抗虫棉的重要手段广为应用,并培育出一批转基因抗虫棉新品种和杂交种,黄河流域和长江流域两大棉区基本普及种植转基因抗虫棉。

20 世纪 90 年代初,中国农业科学院棉花研究所利用转 B.t.基因棉种质系作亲本,与常规品种杂交和回交,育成了适于春播种植的转 B.t.基因抗虫棉中棉所 32(R-68),适于夏套种植的短季棉中棉所 30,适于晚春套种植的中棉所 31(KC-2),适于春播种植的抗虫杂交棉中棉所 29,并育成一批抗虫性稳定、综合性状优良的转 B.t.基因抗虫棉新品系,参加全国或省级区域试验和生产试验,美国转基因抗虫棉垄断中国棉种市场的局面开始被打破。

1989 年中国农业科学院生物技术研究所郭三堆等相继构建具有自主知识产权的 B.t.基因和 B.t.与 CpTI 双价抗虫基因,我国转基因抗虫棉育种进程明显加速。山西省农业科学院棉花研究所采用农感菌介导法育成了转 B.t.基因抗虫棉。江苏农业科学院经济作物研究所通过花粉管通道法转入泗棉 3 号品种中,育成的转 B.t.基因抗虫棉也参加了全国抗虫棉区域试验。进入 21 世纪后,我国转基因抗虫棉的育种速度明显加快,中国农业科学院棉花研究所采用花粉管通道技术,成功地把 B.t.和 CpTI 双价抗虫基因转入常规棉品种中棉所 23 中,育成我国第一个双价抗虫棉品种中棉所 41,2002 年通过国家审定,至 2008 年在河南、河北、陕西、山西、山东、安徽等省累计推广种植 250 万公顷,新增社会经济效益 50 亿元,获得国家科学进步二等奖和陕西省科技进步一等奖。山东棉花研究中心培育的鲁棉研系列品种、河北省农业科学院棉花研究所培育的冀棉系列品种、湖北省农业科学院经济作物研究所培育的鄂杂棉系列品种,以及湖南省棉花研究所培育的湘杂棉系列品种,成为我国抗虫棉品种的主体。据初步统计,至2008年,我国育成各类转基因抗虫棉400个左右,其中抗虫杂交棉150个以上,我国转基因抗虫棉的种植面积已由20世纪90年代占我国抗虫棉总种植面积的5%迅速上升为95%,彻底扭转了国外抗虫棉垄断我国棉花市场的被动局面。而且,转基因抗虫棉的产量、纤维品质和抗病性、抗虫性等指标均达到或超过了国外品种。

我国棉花抗虫性研究和应用从无到有、从低层次到高层次的发展历程说明,抗虫性不仅在栽培棉中存在,而且在野生棉和半野生棉中仍有许多性状有待我们研究和开发利用;不但棉花本身的抗虫性可被人类利用,而且自然界许多生物存在着更有价值的抗虫性状有待人们去认识和发掘,培育抗多种棉花害虫的抗虫棉不仅有必要,而且技术路线切实可行,人类制服棉花害虫,实现高产、优质、高效的那一天一定会到来。

第二章 棉花的抗虫性

一般认为,棉花的形态抗虫性是指棉花植株器官或组织在着生特点、大小、颜色、结构组成等方面的特异性对害虫产生的抗性,这是棉花在长期进化过程中对不利环境所产生的反应,也是人们在对棉花与害虫、环境三者之间关系的深入研究中创造或转移的性状,是人们认识自然、改造自然的结果。

就为害棉花较为严重的多发害虫棉蚜、棉铃虫、棉红铃虫和棉叶螨来说,可利用的植株形态抗虫性很多,如棉叶上多茸毛、光滑叶、无蜜腺、红叶、鸡脚叶、厚叶片及蜡质层等,棉铃的张开苞叶、小苞叶和扭曲苞叶,铃壳的厚度和致密度等。以下从棉叶、苞叶和棉铃3个方面分别介绍。

一、形态抗虫性

(一)多茸毛性

当你进入棉田,摘下一片叶子,在太阳光下从侧面观察时,你会看到叶子上长有一根根的白色茸毛。如果是多茸毛品种,你会看到茸毛密密麻麻,用手指触摸时会感到软绵绵的,如同在触摸一块绒布。这说明,一般在栽培棉品种的叶片上均着生茸毛,茸毛是由棉花的叶表皮细胞向表面凸起生长形成的;同时还说明,不同品种叶面茸毛的长度和密度差异很大。1987年,我们利用普通光学显微镜对多茸毛种质系中99和其他15个常规品种的茸毛密度进行了观察统计,发现中99叶片背面每厘米^{2}叶脉上绒毛密度多达296.4根,而其他15个品种每厘米^{2}叶脉有茸毛124～231根,平均为 188 根。

将棉叶做成切片后在显微镜下观察,发现大多数茸毛着生在叶片背面,叶片正面茸毛较少;大多数茸毛着生在叶片的叶脉上,包括叶片主脉和一级侧脉、二级侧脉及细小的支脉。茸毛有的呈单生状,即每根茸毛的根部互相分离,我们称这种茸毛是单毛,还有的几根茸毛根部生长在一起,好像一棵草上长出的几枝茎,这种呈簇生状的茸毛为复毛。研究结果进一步表明,棉花在不同生长发育阶段、不同部位茸毛密度不同。1988～1989 年,我们在田间取多茸毛种质系中 99 和普通品种中棉所 12 的幼茎和叶片,经系统处理后在 S-530 扫描电镜下进行了茸毛性状的观察和分析,结果如表 2-1 所示。

表 2-1　中 99 与中棉所 12 茸毛密度比较　（根）

材　料	幼　茎		叶主脉		叶侧脉		复毛/单毛
	复毛	单毛	复毛	单毛	复毛	单毛	
中 99	100.8	30	88	14.2	32	1	4.89
中棉所 12	4	20	24	4	12	2	1.53

中 99 的幼茎和叶片上茸毛比其他不抗棉蚜品种（系）明显的多,且茸毛长度也较其他品种（系）长。

研究发现,不同材料茸毛的直立性不同,若茸毛与表面垂直生长,称为茸毛的直立形;若茸毛与表面呈倾斜状,这种茸毛生长为半匍匐形;若茸毛倒在表面上生长,则称这种茸毛为匍匐形。

棉花叶片的多茸毛性与抗棉蚜性的关系已有大量报道,早期(20 世纪 50 年代以前)的研究认为棉株上的蚜虫量和为害程度与茸毛多少和着生状态无关,而近期的研究结果均表明多茸毛品种抗棉蚜。这些差异说明,棉叶茸毛性与抗棉蚜的关系可能是复杂的,一方面多茸毛性不是抗棉蚜性的唯一因素,另一方面茸毛性状本身有不同的具体情况。

1. 多茸毛性抗棉蚜的鉴定时期 棉花茸毛密度常随棉株生育阶段的推进而不断变化,因此进行鉴定的时期对正确评价其抗棉蚜性甚为重要。根据多年来抗棉蚜育种的实践,笔者认为鉴定抗棉蚜性的时间应与田间棉蚜的发生和为害时间相吻合。就黄河流域棉区来说,第一次鉴定的时间应为苗蚜期,即植株长出 3 片真叶的时期,这是棉蚜发生和为害的第一个高峰期;第二次鉴定的时间应为 7 叶期,这是棉蚜的第二个发生为害高峰期;第三次鉴定的时间以伏蚜期为宜,这是棉蚜发生和为害的第三个高峰期,也是造成损失最大的时期。

2. 多茸毛性抗棉蚜的作用机理 当茸毛密度达到一定程度后才会对棉蚜活动和吮吸叶内汁液产生明显的机械阻碍作用,因而使品种产生抗棉蚜性。但同时又不仅是茸毛密度一个因素对棉蚜取食和活动造成机械阻碍作用,这是多茸毛抗棉蚜的基本作用机制。茸毛的长度、茸毛与叶面的角度、棉叶下表皮的厚度、茸毛形态性状等,均会对棉花的抗棉蚜性产生不同程度的影响。叶片上的复毛密度大,可对棉蚜产生明显的抗性,这是因为复毛的簇生状对棉蚜活动和取食产生的机械阻碍作用比单毛更大;茸毛的直立状或半匍匐状对棉蚜抗性比匍匐状更大;茸毛只有达到一定的长度后才能对棉蚜产生明显的抗性,笔者的初步研究结果认为,茸毛的长度在 650 微米以上抗棉蚜效果明显。

中国农业科学院棉花研究所育成的抗棉蚜种质系中 99,由于叶片茸毛具有上述抗棉蚜特征,所以多年鉴定中对棉蚜抗性突出,曾经作为抗棉蚜育种的亲本使用。

1985 年中国农业科学院棉花研究所鉴定结果,中 99 苗期对棉蚜抗性级别为 1.3 级,居 10 个鉴定品种(系)的第二位,伏蚜抗性级别 1 级,达高抗水平。1986 年据该所大田鉴定,苗期蚜害指数比对照晋棉 7 号减少 16.43%,伏期蚜害指数减少 13.7%,两项指标均居 9 个参试品系第二位。1987 年据中国农业科学院棉花研究所鉴定,苗蚜期、苗蚜蚜害恢复期和伏蚜期的蚜害指数分别比抗蚜对照非洲 E40 减少 16.97%、22.22% 和 18.13%,均达高抗水平。3 年鉴定结果平均苗蚜蚜害指数为 0.54,伏蚜蚜害指数更低,为 0.37,均居 16 个品种的第二位。全生育期平均蚜害指数 0.45,低于抗虫对照非洲 E40 的 0.50,居第一位。3 年表现抗性稳定。1987 年 75 个品种罩笼人工接虫鉴定结果表明:中 99 蚜害指数最低,为 0.41,确定为高抗型;1988 年据中国农业科学院棉花研究所鉴定,在上述三个时期蚜害指数分别比抗棉蚜对照非洲 E40 减少 22.5%、22.8% 和 4.4%,在苗蚜期和苗蚜蚜害恢复期达高抗水平,在伏蚜期达抗性水平。1987 年据四川省农业科学院棉花研究所网室鉴定,蚜害指数比对照 73-27 减少 31.2%;1988 年网室鉴定,蚜害指数比对照品种简阳芽黄、中棉所 12 和 73-27 分别减少 1.7%、17.5% 和 21.4%;河北省农业科学院植保研究所鉴定结果,中 99 蚜害指数在三叶期、五叶期分别比抗蚜对照非洲 E40 减少 12.2% 和 2%,另据中国农业科学院植保研究所 1987 年和 1988 年鉴定,苗期蚜害指数分别比抗蚜对照非洲 E40 减少 55.6% 和 21.6%,均达高抗水平。上述结果说明,中 99 对棉蚜有明显抗性,且在不同年份和地域表现稳定。

1989 年在河南汤阴县示范试种 10 公顷,在棉蚜发生期比中棉所 12 平均减少治蚜 2~3 次,每 667 米^2 节约农药投资 10~15 元。1990 年在河南修武、上蔡、西华及河北吴桥等县共试种 333 公顷,棉蚜发生期比中棉所 12、冀棉 14 等延迟 7~10 天,40% 面积可免除治蚜,80% 面积减少治蚜 2~4 次,每 667 米^2 节约农药投资 10~20 元。

3. 茸毛与抗棉叶蝉性 茸毛长度在 0.6 毫米以上,其抗棉叶蝉效果明显,因为棉叶蝉雌虫产卵管的长度为 0.71 毫米,由于产卵管是顺着虫体腹面而弯曲的,从基部到末端的直线长度平均为

0.65 毫米。早在 20 世纪 40 年代,非洲就利用该性状育成了抗棉叶蝉品种,如埃及育成的 Bathim101 等,其大面积推广种植解决了非洲大陆曾一度出现的因虫害而不能植棉的危机,此后又育成了多茸毛品种非洲 E40 等。

4. 茸毛与抗棉叶螨性 茸毛性状与抗棉叶螨性研究结果,每毫米^2 茸毛密度达 100 根以上时,棉叶螨活动严重受阻;在茸毛密度为每毫米^2 50 根时,对棉叶螨爬行影响减少;而如果每毫米^2 茸毛密度等于或小于 30 根时,棉叶螨可自由活动。

四川省农业科学院棉花研究所在抗棉叶螨性研究和抗性品种培育中,明确了棉花多茸毛性可抗棉叶螨,并利用此性状培育出抗棉叶螨种质系抗 77,此后利用该种质系与常规品种杂交等,育成了抗棉叶螨性突出的优良品系川 98 等,并进一步育成了优良品系 D5、98-12 和 98-30 等。D5 品系抗棉叶螨性达中抗水平,螨害级较中棉所 12 降低 24.5%,蚜害指数 3.25,达高抗级,在 1994 年全国抗虫棉联合试验中皮棉 667 米^2 产量达 119 千克,居试验第一位,较常规棉对照品种增产 16%;98-12 品系具有抗棉叶螨特性,在抗虫棉联合试验中,抗螨性鉴定结果,螨害级数较常规品种中棉所 12 低 31.6%,皮棉 667 米^2 产量 114.3 千克。

5. 多茸毛性的其他特点 多茸毛性状对一些害虫具有抗性,但对某些其他害虫无抗性甚至具有感虫性。据华中农业大学研究结果,多茸毛性状易感棉大卷叶螟为害,对棉铃虫和棉红铃虫影响的研究很多,但结论并不一致。目前被多数人接受的观点是:多茸毛性状有利于棉铃虫和棉红铃虫产卵,使卵的附着力增加,不易被风吹落和雨水冲掉,因而为害加重。

(二)光 滑 叶

与多茸毛性状相反,有些抗虫材料叶表面具有极少茸毛甚至基本无茸毛,这种性状称为光滑叶。光滑叶性状抗虫的原因是叶片光滑不适于某些害虫产卵或所产卵粒易受风吹雨淋影响而剥落。据国外报道,甘薯粉虱在棉株上的卵附着于叶毛基部,显然光滑叶上卵量较少。郭香墨等经过连续观察,证明具有光滑叶的棉花品种棉铃虫卵数和蕾铃受害均比多毛品种显著减少,抗虫效果明显(表2-2)。

表2-2　不同茸毛品种棉铃虫产卵与为害比较(1991)

品种类型	品种数(个)	单株卵量(粒)	单株蕾铃受害数
光滑叶	5	11.4	0.355
多茸毛	5	16.1	0.595

我国早已注意和利用了光滑叶性状,20世纪50年代即从岱字棉15中经系统选育育成了光叶岱字棉,对棉铃虫和棉红铃虫具有一定的抗性,并在黄河流域和长江流域大面积推广种植;"八五"期间华中农业大学育成了光滑叶棉花品种华棉101,到1995年累计推广面积3.3万公顷以上。

但也有报道说,光滑叶性状易遭烟芽夜蛾和棉大卷叶螟的为害。美国等国培育光滑叶棉花品种一方面是利用其抗虫性,另一方面在于减少机械收花时棉纤维的杂质含量。

(三)无 蜜 腺

对棉叶和苞叶的背面仔细观察,发现一般品种在叶片主脉和一级侧脉上有一小孔,叶龄较长的棉叶上的小孔会变褐色,这种小孔即蜜腺。如早晨观察,会看到蜜腺分泌出透明液体,这是棉花在新陈代谢中排出的水分、糖分、氨基酸及其他化学物质。许多研究结果证实,蜜腺的分泌物可招致害虫产卵量增加,棉株上虫口数量增加,为害加重。

陆地棉中的无蜜腺性状是从半野生棉中转育而来的,在棉花抗虫性利用上很有价值。过去无蜜腺性状对棉铃虫是否有抗性的说法不一,有的研究表明该性状可使棉铃虫产卵量和蕾铃被害率降低,另一些研究则认为蜜腺有无对棉铃虫为害程度无明显相关性。近年来通过采用近等基因系(即供研究材料间除了蜜腺有无之差以外,其他性状基本相同)的研究表明,无蜜腺性状可减少棉铃虫产卵量,因而减轻为害。观察结果表明,棉铃虫幼虫在无蜜腺棉株上常停留在上部 1/3 处,在有蜜腺棉株上则喜向下移动,因多数捕食性昆虫栖息在上部,因此无蜜腺棉上棉铃虫虫口显著低于有蜜腺棉。根据郭香墨等 1992 年的研究结果,无蜜腺的 4 个品系平均单株蕾铃受害为 0.879 个,而常规棉 4 个品种平均蕾铃受害为 2.17 个,两者差异显著。无蜜腺对棉红铃虫的抗性已有不少报道,与正常有蜜腺的品种相比,棉铃被害的虫孔数可减少 39%~50%。田间鉴定表明,无蜜腺品种(系)和有蜜腺品种(系)相比,虫口数和籽害率均显著降低。

国内外均将无蜜腺性状作为棉花抗虫性的有利性状加以利用,并育成了一些无蜜腺品种或品系。美国斯字棉公司育成的斯字棉 825 和斯字棉 731N,均属光滑叶和无蜜腺品种,华中农业大学育成的华棉 101 品种也具有无蜜腺性状,此外还有华棉 102、华棉 103 等,中国农业科学院棉花研究所也于 20 世纪 80 年代后期育成了抗棉铃虫的品系中 4717 和中 5905 等,抗虫效果明显。

(四)窄卷苞叶和张开苞叶

正常棉花植株棉铃上的苞叶着生于棉铃基部,呈展开状,苞叶周围锯齿状,苞叶靠近棉铃。窄卷苞叶是苞叶呈扭曲状,并向外翻卷,使棉铃暴露充分,山西运城地区棉农称这种棉花为"扭丝棉";张开苞叶则是苞叶从棉铃基部向外伸展。窄卷苞叶和张开苞叶都是正常苞叶性状突变而产生,是棉花抗虫性的一种有利性状。

根据国内外大量研究,这两种性状对棉铃虫、棉红铃虫和棉铃象虫均有较好的抗性,其抗性机制一方面在于不适于为害蕾铃的害虫在棉株上的转移活动,造成幼虫产卵、取食和钻蛀棉铃的时间比正常苞叶型棉花要长得多,另一方面使幼虫在棉株上的隐蔽性大大减少,极易造成天敌捕食和接触农药中毒而死亡。此外,这两种性状在棉铃的生长发育过程中增加了棉铃的透光性,使铃壁较早木质化,硬度的增加影响了棉红铃虫在铃上的蛀入,也影响了钻入棉铃内幼虫的生长发育。

国外曾培育出具有窄卷苞叶性状的抗虫棉花种质系,Culp 在20 世纪 80 年代对美国 PeeDee 试验站育成的窄卷苞叶棉品系PD695 与对照品种斯字棉 213 等品种在使用半推荐剂量(即普通使用剂量的一半)杀虫剂处理的比较试验中,PD695 的蕾铃受害率减少 20.7 个百分点,每百个花蕾的幼虫数减少 13.8 个百分点,说明在具有窄卷苞叶性状的棉株上农药使用效果比常规品种明显有效。Bailey 对美国 70 年代育成的窄卷苞叶品系 LAFR3159 的研究则认为,该品系的抗螨性最强,这可能由于该品系中含有其他抗棉叶螨的生化物质。一般认为窄卷苞叶性状与抗棉叶螨性无关。中国农业科学院棉花研究所利用窄卷苞叶性状育成了适于麦棉套种的棉花新品种中棉所 33(C378),在 1994～1995 年山西省区域试验中抗棉铃虫明显,而且具有高产、优质、抗病等优良特性,1998 年通过山西省农作物品种审定委员会审定。利用张开苞叶性状育成棉花品种,迄今尚未见报道。

美国、澳大利亚等产棉国除了应用窄卷苞叶作为抗虫性应用外,还作为机械化采棉的优良性状利用。具有这种性状的棉花品种,在机械化采棉过程中苞叶混入籽棉较少,棉纤维中杂质含量较低,可提高棉花级别。

另据报道,窄卷苞叶性状对盲椿象发生和为害有利,其作用机理尚不清楚。

(五)鸡脚叶和超鸡脚叶

普通陆地棉品种的叶片为掌状,叶片前部有 2～4 个缺刻,一般较浅。鸡脚叶是棉花叶片的一种特殊可遗传性状,其表现为缺刻较深,一般为叶片长度的 1/2～2/3,像鸡爪状;而超鸡脚叶的叶片缺刻更深,一般可达叶片长度的 2/3 以上,这种叶也称为条形叶。

具有鸡脚叶或超鸡脚叶的棉花品种多具有早熟性,而且植株冠层松散,使棉田小气候与常规棉田不同,湿度降低,易于透光。鸡脚叶和超鸡脚叶棉花不利于棉红铃虫为害,而且对棉铃象虫也具有较好的抗性。

澳大利亚在培育鸡脚叶棉品种上成效显著,尤其是近几年培育的 SIOCRA 等系列鸡脚叶品种,占澳大利亚的绝大部分种植面积,利用该性状不仅有效地控制了棉红铃虫和棉铃象虫的为害,而且鸡脚叶棉改善了棉田通风透光条件,提高了密度,减少了烂铃,从而提高了棉花产量。我国的生态条件与澳大利亚不同,多数人在研究中认为鸡脚叶或超鸡脚叶棉田面积小,对光合作用不利,并且该性状对棉花纤维品质会产生某些不利影响,因此难以利用。笔者认为,我国新疆棉区棉花密度大,光照资源丰富,可考虑利用该性状培育具有抗虫性的棉花品种。

(六)红 叶

普通棉花的叶子为绿色,但有一种棉花茎、叶、苞叶呈现红色,甚至幼铃也为红色。研究表明,棉株的红色尤其是叶片的红色,棉铃象虫对此具有明显的不选择性,甚至中等或轻微的红色也不被选择,因此具有明显的抗虫效果。红色的抗性机制在于棉株反射出的波长较长的红色光对棉铃象虫等不具有吸引力,成虫不易发现这种颜色,或不喜欢这种颜色,因而成虫不选择在红色棉株产卵。

但是,多年研究发现,红叶棉光合作用速率明显低于正常绿叶棉,形成茎秆细弱,叶片较小,生长速度较慢,导致棉铃变小。1991年对红叶棉和普通绿叶棉调查中,前者株高 72 厘米,单株成铃 7.8 个,而后者株高达 102 厘米,单株成铃 14.9 个,红叶棉铃重仅为 3.9 克,而正常棉的铃重达 5.8 克。这说明虽然红叶对棉铃象虫具有较好的抗性,但利用十分困难。目前国内外尚无育成和推广红叶棉品种的报道。

(七)早 熟 性

棉花的早熟性指苗期、蕾期、花铃期和吐絮期持续时间较短,一方面表现为棉蕾和棉铃发育时间较短,发育速度快,另一方面表现为同一株上棉铃发育的起始和终止时间较短,重叠率高。就黄河流域而言,目前中熟品种的生育期一般为 135~140 天,麦棉套种棉花品种的生育期为 120~130 天,而短季棉品种为 110~115 天,"九五"期间国家棉花育种的攻关目标之一是培育生育期 100 天左右的短季棉花新品种。

棉花具有早熟性主要是为适应棉田耕作改制的需要,更好地实行间作套种,减少棉花与其他作物的共生期,在单位面积上获得较高的经济效益,同时早熟性是棉花的一种避虫特性,可减少害虫为害。目前较普遍的看法是,早熟性可避开棉铃象虫和棉红铃虫等钻蛀性害虫的发生和为害高峰期,减轻棉铃受害,也可减轻棉花生长后期造桥虫等叶面害虫的为害。

我国在棉花早熟性育种上成就显著,居世界领先地位。中国农业科学院棉花研究所于 20 世纪 80 年代初培育成第一个适于黄河流域麦套种植的棉花新品种中棉所 10 号,累计推广面积达 66.7 万公顷以上。迄后育成中棉所 16,累计推广面积 133 万多公顷,1995 年获国家科技进步一等奖。90 年代后期育成的中棉所 27,生育期进一步缩短(110 天),不仅在黄河流域棉区迅速推广种植,而且在新疆北部具有较好的丰产性和适应性。

(八)叶片厚度与结构

前苏联的别列杰夫于 1957 年发现棉叶下表皮和海绵薄组织的厚度、细胞结构的致密程度、细胞渗透压的大小均与抗棉叶螨性有关。海绵薄组织厚度在 0.129 6～0.136 5 微米之间,因未超过棉叶螨口针的长度而适于刺吸,如厚度在 0.167 1～0.174 9 微米时,因口针难以刺穿叶组织吸食,而使棉叶螨始终处于饥饿状态,造成发育阶段延长。叶片细胞致密,亦属同样情况。另外据研究,叶片表面蜡质层厚度,对棉蚜和棉叶螨也具有一定的抗性。因这类抗性难以测定,在育种实践中难以掌握和运用,所以至今未见有意识地利用这类抗性培育抗虫棉的成功范例,而只是发现了两者间的关系。

(九)铃壳厚度与致密度

铃壳壁厚而致密度大的棉花品种,对棉红铃虫有一定抗性。其机制是具有这类性状的品种,使棉红铃虫幼虫在钻蛀棉铃时造成较大的机械阻力,并且由于铃壳在因虫害侵袭形成残破的过程中,细胞不断增殖,对棉红铃虫造成挤压,铃内空气通透状况不好而影响棉红铃虫幼虫的活动和取食。

从棉花育种的总体目标考虑,铃壳较厚的品种往往吐絮不畅,收摘困难,因此较难利用;而铃壳组织致密较有实际利用价值,它不影响棉铃吐絮。测定铃壳的致密度,一种方法是通过组织切片技术,在显微镜下观察其致密度;另一种方法是称铃壳的重量,再求出铃壳的体积,根据两者之比计算铃壳的比重,比重较大的铃壳其致密度越高。

在棉花抗虫育种中,往往是通过对棉红铃虫抗性的观察和鉴定结果进一步分析其抗性机制,尤其是铃壳的厚度和致密度,很少有人先研究铃壳厚度和致密度,再以此为抗棉红铃虫的选择指标指导育种工作,因鉴定铃壳厚度和致密度工作量大,效率较低。如何将此性状应用于抗棉红铃虫育种,是今后研究中需要解决的问题。

二、生化抗虫性

(一)害虫生化抗性反应

同其他植物一样,棉花对害虫利用其作为食物来源的抗性反应可分以下三种类型:

1. 忌避或抑制作用　棉花产生的物质,使觅食害虫避开,离去或阻碍害虫取食,就是忌避或抑制作用。由于这种反应表现程度不同,从而造成不同害虫对不同品种的嗜食性不同,因而为害程度也不同,甚至同一种害虫对不同棉花品种的为害也不相同。棉花害虫对棉花的为害不同是由于不同品种中含有不同的次生物质所造成的。次生物质是指植物在生长发育的代谢中产生的部分中间物质,这种物质不再参与新陈代谢,但对植物、对病虫等逆境反应有一定的作用。当害虫对某些棉花品种的某些次生物质不喜欢或不能适应时,便不以含这种成分的品种为食;反之,如某些品种不含这种化学成分,或含量极低,则常易造成害虫的为害取食,并对它们表现趋性。也就是说,害虫是利用这种成分作为信号刺激,以寻找适宜的为害品种。

2. 对害虫消化的影响　棉花代谢产生某些次生物质,阻碍害虫对食物的消化分解和利用,如在某些棉花品种植株中含有较高的鞣酸、木质素等,对棉铃虫、棉红铃虫、棉铃象虫等害虫的消化分解极其不利,造成害虫消化不良而减少为害。

需要说明的是,棉花植株体内产生的某些对害虫消化和分解造成阻碍作用的次生物质,在不同的发育阶段含量不同,甚至会基本消失,这种现象是棉花在漫长的进化中形成的特异性防御机制,是由遗传基因决定的,它们虽有抵御虫害的生态重要性,但不能认为这是它们唯一的作用,因植物体的化学体系和总的代谢策略是一致的,所以次生性物质的作用可能是多方面的,它们可作为一种物质储存于植物体内,在生长发育过程中对植物产生调节作用。

3. 毒害作用 产生某些物质能使害虫中毒,造成死亡,或延迟其生长发育,降低繁殖率,而使棉花本身免于蒙受更大的伤害。如棉酚是一种倍半萜类物质,由根部合成后,储存于棉株的很多部位,甚至棉铃和种子中,低浓度时对棉铃虫、棉红铃虫和棉铃象虫有助食和促使产卵的作用,但含量超过 2% 便抑制害虫生长;棉株中的杀夜蛾素存在于棉株的各个部位,对棉铃虫、棉红铃虫等鳞翅目害虫有毒杀作用;棉株体内的类黄酮类物质槲皮酮,对棉红铃虫和烟芽夜蛾有抑制生长、延缓发育的作用。

据不完全统计,棉花对害虫产生的有害化学物质有数百种,其作用机制大致分为以上三类,至于某些生化物质引起棉花早熟或迟熟等,使棉株避开了目标害虫的为害期,本书中归纳为形态抗性,在此不作专题论述。

(二)几种生化抗虫物质

1. 棉酚 对正在生长的棉株进行观察,会发现叶片、茎秆、苞叶、蕾铃等器官上着生斑状的黑点,甚至将棉花种子切开,仍可见黑点分布于胚上,这种斑状黑点一般呈卵圆形或球形,这就是棉花的色素腺体。在显微镜下观察,会进一步看到色素腺体呈中空的腔状,腔内充满各种有色素类物质,其中生物活性最强的物质是棉酚。近年来的研究结果进一步发现,根据棉酚的旋光性可分为两种,一种为左旋棉酚,另一种为右旋棉酚。对棉株不同发育时期棉酚含量测定结果,棉株出现第一片真叶时棉酚含量最高,第四、第六片真叶和现蕾盛期时,棉酚含量明显下降。

棉酚是棉花代谢中产生的一种次生物质,对许多害虫具有广泛的毒性,表现为使幼虫体重及蛹重降低,发育历期延长,化蛹率及羽化率降低,死亡率升高等。对棉铃虫的抗性研究结果,低浓度的棉酚对棉铃虫生长发育无明显影响,棉酚含量超过 1.2%(以干重计)时,棉铃虫幼虫死亡率可达 50%;对棉红铃虫的抗性与棉铃虫大致相同,棉酚对棉红铃虫的毒性较大,棉蕾中棉酚含量较高的品种(如 HG-BR-8,斯字棉 731N 等),比棉酚含量较低的品种(如 AET-5 和中无 473 等)幼虫存活率降低 30% 左右;许多试验证明,棉酚对棉蓟马、棉盲椿象、地老虎、拟地虫、金龟子和蟋蟀等均有较好的抗性,并且对棉蚜也有较高的抗性。

前文已述,棉酚存在于色素腺体中,尽管某些组织看不到色素腺体而仍能测出棉酚存在,但这部分棉酚对棉花的抗虫性的作用微乎其微。色素腺体的密度主要由 Gl_1、Gl_2 和 Gl_3 等位基因所控制,Gl_1 等位基因仅影响茎、胚轴、叶柄和心皮壁上的腺体形成,而 Gl_2 和 Gl_3 除影响上述部位外,还影响子叶和叶片腺体的形成。在花器官上,Gl_3 较强烈地影响棉酚的含量,Gl_2 和 Gl_3 的效应是累加的,即在这两个显性基因共同存在时,棉酚含量较高。来自美洲的野生棉蕾蒙得氏棉的等位基因,使得花器官上的腺体数多于 Gl_2,因而蕾中棉酚较高,抗性利用价值更大。

国外早已利用了高棉酚性状培育抗虫棉品种。美国于 20 世纪 70 年代育成的高棉酚含量品种 HG-BR-8 和 HG-177-166-30 等品种,对控制棉铃虫和烟芽夜蛾为害产生了积极作用。美国先后开发、推广了一系列高棉酚的抗棉铃虫种质系,印度、前苏联和澳大利亚等国均有效地利用高棉酚特性育成棉花抗虫品种,在大面积推广种植中减轻了虫害威胁。我国于 80 年代开展利用高棉酚性状培育抗虫棉品种,四川省农业科学院棉花研究所育成了抗虫棉川 98,中国农业科学院棉花研究所育成了抗棉红铃虫和棉铃虫的种质系中 99 和中 5905 等,均作为抗虫亲本应用于棉花抗虫育种中。

值得注意的是,高棉酚含量虽然具有较好的抗虫性,但给综合利用带来了困难。棉花茎叶中棉酚含量高,作为家畜和家禽饲料时会产生一定的副作用,如动物厌食、消化不良等,棉籽轧油后残留的饼粕作动物饲料时也会产生类似的问题。特别值得一提的是,高棉酚含量的棉籽榨出的油中棉酚含量相对偏高,长期食用也会对人类健康产生不良影响,甚至引起不孕症等。近年来研究发现,棉花的二倍体野生种比克氏棉中具有腺体延缓发生基因,即种子中不含或含极少棉酚,形成棉苗后棉酚含量迅速增加,这种特性既不对人类健康构成威胁,也可起到控制害虫的作用,因此很有利用价值。中国农业科学院棉花研究所通过几年的努力,已成功地将此性状转育到陆地棉品种中,将会对棉花抗虫性状的利用产生积极的作用。

2. 鞣酸　鞣酸是棉花植株中普遍存在的另一种次生物质,它的分子上的羟基可与蛋白质分子上的羟基结合形成稳定的交叉链,所以能抑制害虫的活性,或使害虫体内的蛋白质或参加代谢的酶类鞣化,使害虫消化和代谢受阻。鞣酸分为缩合鞣酸和可水解鞣酸两种,前者为儿茶酸或无色花色素的聚合物,性质稳定,后者为葡萄糖与没食子酸等结合而成,也称为鞣化鞣酸。

鞣酸的作用在于干扰害虫肠道内的消化系统,与昆虫体内的蛋白质和消化酶结合,也能与昆虫摄入的淀粉结合而影响昆虫对淀粉的消化,所以害虫对高含鞣酸的棉花植株有拒食作用。

近年有研究表明,棉株体内鞣酸含量的多少与抗棉蚜性有关,可降低蚜虫的繁殖率而影响群体数量,感蚜品种的鞣酸含量明显低于平均水平,抗性品种则相对较高。棉株受蚜害后,鞣酸含量明显增加,说明它是棉株受害后产生的一种抗性反应,可诱导产生;棉株中鞣酸含量较高,可降低棉铃虫幼虫的消化率,抑制幼虫生长和发育,使虫体瘦小,化蛹受阻。一般情况下,当棉株中鞣酸含量达 0.1%时,可对棉铃虫幼虫生长产生明显的抑制作用,含量达到 0.5%时,可降低幼虫消化率,抑制其生长发育;在缩合鞣酸含量达到 0.2%时,对美洲棉铃虫生长也可产生明显的抑制作用。另外,棉花植株中高含鞣酸可使棉红铃虫对棉铃的虫孔数、蛀入虫数和单铃活虫数减少,而这些指标正是抗棉红铃虫性鉴定和评价的主要指标和可靠指标。棉红铃虫对鞣酸高含量食物的异常反应,其机制可能在于鞣酸与害虫肠道中消化蛋白质的酶类发生作用,使之钝化甚至失活,从而影响棉红铃虫对棉铃和种子内营养物质的吸收和利用,以至对生长发育产生阻碍作用。特别是铃壳内鞣酸含量高,棉红铃虫幼虫在钻蛀时即发生毒性反应,使之产生拒食作用和躲避反应。

鞣酸含量高的棉花品种,对棉铃象虫也有一定的抗性,对其生长发育产生不利影响。而对棉叶螨的抗性,说法不一,研究较少。四川省农业科学院棉花研究所研究表明,鞣酸含量高对棉叶螨有明显的抗性,并用该指标与其他生化指标结合,育成了抗棉蚜和棉叶螨的优良品种川 98-30。

要把鞣酸高含量性状作为抗虫性育种的指标加以利用,首先要认识鞣酸的遗传规律。目前为多数人接受的观点是:鞣酸在植物体内遗传受数量较多的微效多基因控制,杂交后代一般表现出两亲本的中间值,即高含量亲本与低含量亲本杂交后,杂种一代表现含量中等,杂种二代植株分离出从含量高到含量低的一系列变异,该性状要分离若干代才能稳定,因此在育种上要配合对产量、纤维品质等性状的选择,同时注意鉴定和选择鞣酸含量高的抗虫植株,并不断纯化提高。华中农业大学利用棉铃和棉籽仁中鞣酸含量高作为生化抗性的指标之一,选出了对棉红铃虫抗性较好的华棉 101 和华棉 103 等品种和品系,这是我国利用该性状应用于棉花生产的最早范例。此外四川省农业科学院也注意利用了高鞣酸含量性状培育抗棉红铃虫和棉叶螨品种,其抗虫性和产量、纤维品质性状得到了和谐的统一。

3. 槲皮酮 槲皮酮是一种有毒性的酚类物质,分布于棉株各个器官中,但不同品种间含量差异很大,也是棉花害虫的一种抗性物质。

槲皮酮对棉红铃虫、棉铃虫、造桥虫等夜蛾科昆虫具有一定毒性,但这些昆虫对槲皮酮含量高低的反应大不相同,在槲皮酮含量0.1％时,对棉铃虫的生长发育反而有刺激作用;含量达0.3％以上时,才能明显地抑制棉铃虫生长;含量为0.05％时,即对玉米螟和美洲棉铃虫产生抑制作用。槲皮酮高含量下对棉花害虫的抗性机制,在于它与害虫体内的蛋白质和起代谢消化作用的酶类物质作用,形成蛋白质的结合物,导致消化酶和能量、物质转化的酶类失去活性,从而延迟害虫的生长发育。

槲皮酮还对棉蚜的种群繁衍和生长发育产生不利的影响,但对棉铃象虫能刺激取食,促进幼虫发育。

4. 杀棉铃虫素 杀棉铃虫素也称杀夜蛾素,根据其化学结构可分为4种,分别以 H_1、H_2、H_3 和 H_4 表示,都是抗棉铃虫的活性物质。用 H_1 和 H_2 的不同含量对美洲棉铃虫的抗性效果做研究,结果显示:在含量达到每千克3毫克分子浓度时,即可明显抑制美洲棉铃虫的生长。杀棉铃虫素作为一种次生物质,其抗虫机制与槲皮酮大致相同,其遗传规律尚未深入研究,目前在棉花抗虫育种中尚无成功利用的先例。

5. 可溶性糖类 可溶性糖类作为营养因素,对昆虫食物的选择有密切关系。对含糖量与棉蚜发生和为害程度的关系,有两种不同的研究结果。中国农业大学研究结果认为,可溶性糖含量高的棉花品种,棉蚜发生量明显低于含糖量低的品种,尤其在受蚜害较重的情况下更为显著。而中山大学利用抗棉蚜品种中99和感棉蚜品种中棉所12的研究结果,则认为感棉蚜品种叶片中含糖量高于抗棉蚜品种,只是在非还原糖含量上,两者虽有差别但不显著。但根据笔者的研究结果及对棉株含糖量与抗棉蚜性关系的分析,可能植株含糖量高易感棉蚜的结论较易理解和被人接受。

华中农业大学 1988 年对棉叶含糖量与抗棉叶螨的关系进行了研究,结果认为,螨害级别与叶片糖分含量呈明显负相关,即棉叶含糖量越高的品种抗棉叶螨性越低。中山大学选择抗棉叶螨品种川 98、川 98-19 和感棉叶螨品种中棉所 12 进行抗螨性与叶片含糖量关系的研究,结果表明,棉花品种的抗棉叶螨性与抗棉蚜性呈现相同的趋势,感棉叶螨品种中棉所 12 的总含糖量为 1.34%,抗棉叶螨品种川 98 和川 98-19 则分别为 0.36% 和 0.54%,中棉所 12 分别比川 98 和川 98-19 高 2.7 倍和 1.5 倍;中棉所 12 还原糖含量为 1.12%,川 98 和川 98-19 则分别为 0.15% 和 0.13%,感棉叶螨品种比抗棉叶螨品种分别高 6.5 倍和 7.6 倍。对非还原糖含量的研究结果,抗棉叶螨品种和感棉叶螨品种间差异不明显。

6. 氨基酸与蛋白质　脯氨酸也是棉株体内的一种抗逆性生化物质。根据田间试验结果,受棉蚜为害棉株的脯氨酸含量明显低于未受害棉株,抗棉蚜品种中棉所 13 和普通红叶棉等脯氨酸含量明显高于感棉蚜品种简阳黄苗和岱字棉 61 等。研究发现,室内用脯氨酸处理棉苗茎叶后,随着处理浓度的增大,对棉蚜的寄主选择性和后代繁殖均有明显的制约作用。

对棉叶螨的分析研究结果显示,叶片内氨基酸含量高能使棉叶螨产生拒食反应,含量越高,拒食作用越明显。

叶外渗氨基酸是一种诱虫的营养物质,外渗量大将招致害虫大量取食和繁殖。中山大学(1988)对中 99 和感虫品种岱字棉 61 的叶片外渗氨基酸进行了比较分析,发现在测试的 15 种氨基酸中,中 99 的 11 种外渗氨基酸含量比岱字棉 61 低 1 倍左右,而叶液中氨基酸含量比 4 个感虫品种高 39.4%～63.6%,由此认为外渗氨基酸与叶液氨基酸含量呈反比,外渗氨基酸含量低可作为抗虫棉选择的一种生理生化指标。

中山大学以感棉叶螨品种中棉所 12、抗棉叶螨品种川 98 和抗棉蚜品种中 99 为材料,比较了棉花叶片内蛋白质的特点和模拟虫害处理后特异性伤激蛋白的变化,发现抗、感品种间叶片蛋白质的数量和种类有一定差异,两个抗性品种的 PI 5.14 蛋白质含量较多,而感虫品种中棉所 12 中则检测不到;而 PI 8.9 蛋白质含量则恰恰相反,感虫品种中棉所 12 最高,两个抗虫品种偏低。

7. 抑制物质 人们对棉花主要害虫的生化抗性研究中,提出了 X 因子对棉铃虫幼虫生长发育具有明显的抑制作用。现已鉴明,X 因子实际上是倍半萜烯、半棉酚酮和甲基半棉酚酮等次生物质,其中倍半萜烯内酯的化学结果已经明确,分子量为 600,有苦味,对鳞翅目害虫具有毒性;儿茶酸存在于棉株中,对棉蚜和小地老虎的生长具有抑制作用。

中山大学选用 4 个陆地棉品种的幼苗,研究了植株体内蛋白酶抑制物质分布的一般规律,发现 4 个品种的第三片真叶内都含有一定量的蛋白酶抑制物质,同一品种不同部位器官的蛋白酶抑制物质含量不同,棉苗幼根含量最多,真叶次之,子叶再次,幼茎最少。不同日龄棉叶内蛋白酶抑制的含量也不相同,幼嫩叶片比老叶片含量低。采用模拟伤激处理对棉叶内蛋白酶抑制物质含量变化的研究发现,棉花叶片经伤激处理后 5 小时,叶片中的蛋白酶抑制物质含量有一定增加,处理比未处理的叶片含量高 21.9%,不仅是伤激处理的叶片蛋白酶抑制物质含量增加,而且在相邻的未受伤激处理的叶片也由于伤害处理的刺激而出现含量上升的现象。蛋白酶抑制物质含量变化的研究进一步表明,棉株受虫害损伤后,会发生一种保护性反应,产生抵御害虫侵袭的次生物质,据此进一步推测,抗虫棉花品种或耐虫棉花品种在受到害虫攻击后,所产生的保护性反应是不相同的,这可能是棉花生化抗虫性的另一种表现。

他们选用抗棉蚜品种中 99 与感棉蚜品种中棉所 12,在三叶期和五叶期时第三片真叶的蛋白酶抑制物质含量变化进行了比较。比较结果表明，三叶期感棉蚜品种中棉所12与抗棉蚜品种中99棉叶蛋白酶抑制物质的含量水平相差不大，随着苗龄的增加，两者间的含量水平有一定差异。五叶期抗棉蚜品种叶片的蛋白酶抑制物质含量水平明显高于感棉蚜品种中棉所12。抗感棉蚜品种叶片蛋白酶抑制物质含量的差异，说明棉花植株体内蛋白酶抑制物质的含量与抗棉蚜性有一定关系，该研究结果为寻找专一、准确、快速的抗棉蚜性鉴定方法提供了新的途径。

据有关研究报道，棉株体内含有可水溶性的抑制物质和刺激物质，存在于棉株的所有地上部分，其中一种影响棉铃象虫产卵的抑制因子已被发现和利用，含有这种产卵抑制因子的棉花品种与一般商业品种相比，可减少棉铃象虫产卵量24％～40％，有些原种的落卵量可减少50％以上。

由于棉盲椿象的为害，棉花叶片常造成破损，植株顶尖被害后不定芽丛生，或焦枯变黑，蕾铃被害后则大量脱落。现已在棉株体内发现一种抑制因子，可影响棉盲椿象的活动和取食，减轻虫口密度。目前尚未见到有关该抑制因子深入研究和利用的有关报道。

8. 其他抗虫物质　除上述次生物质、营养物质和酶类外，有些棉花材料的植株中有含量较高的芦丁、芳香苷、花青苷等物质，这些物质多属于黄酮类物质，对棉铃虫、棉红铃虫、棉叶螨、烟芽夜蛾等害虫具有抑制作用，可影响上述害虫幼虫的发育速率和化蛹率。由于这类生化物质比其他抑制或毒杀害虫的生化物质含量相对较低，而且这类棉花材料迄今被发现较少，所以在棉花生化抗虫育种中尚未深入研究和系统利用，在有条件的情况下，也应深入研究和加以利用，以提高棉花对害虫的复合抗性效果，达到控害的目的。

（三）次生物质对害虫天敌的影响

棉株在长期进化中形成和积累了抵御害虫侵袭，维系种群繁衍的次生代谢物质,但自然界的物质－害虫－天敌间存在着互为依赖、互为制约的生态关系。因此植物所产生的次生物质必然会对害虫天敌存在着直接或间接的影响。棉花上关于害虫与其天敌之间相互影响的报道很多,但对次生物质及其含量高低对害虫天敌的影响却报道得较少。

据 1990 年的报道,棉酚含量与棉铃虫及其主要天敌齿唇姬蜂三者间存在着相互作用,高棉酚剂量下可抑制棉铃虫对食物的消化,但对齿唇姬蜂却产生负效应,即随着棉酚含量的增加,棉铃虫幼虫体重显著降低,但齿唇姬蜂可寄生的时段却大为增加,蜂的幼虫期天数基本不变;棉酚剂量低却可促进棉铃虫的消化物转化,对齿唇姬蜂的生长发育为正效应(表 2-3)。

表 2-3　棉酚对棉铃虫和齿唇姬蜂的影响

棉酚浓度	寄主可寄生的时段(小时)	棉铃虫幼虫期末体重(毫克)	蜂成虫重(毫克)	蜂幼虫期(天)	蜂蛹期(天)
0	135.52	22.8	2.9	6.4	6.8
0.1%	120.95	29.8	2.9	8.0	5.0
0.5%	173.67	14.7	1.8	8.0	6.0

在栽培管理完全相同的相邻低酚棉和有酚棉大区试验田分别取 2～3 龄棉铃虫幼虫,并在室内继续用相应棉花类型的叶片饲喂,进行了棉铃虫天敌齿唇姬蜂和侧沟茧蜂寄生情况调查,如表 2-4 所示。

表 2-4　棉铃虫天敌寄生情况调查

幼虫来源	齿唇姬蜂寄生率(%)	蛹期(天)	平均蛹重(毫克)	羽化率(%)	雌雄比	侧沟茧蜂寄生率(%)
低酚棉田	70.5	5.21	9.75	98.5	15∶1	0
有酚棉田	55.0	5.50	9.13	93.3	2∶1	12.4

以上结果表明,低酚棉田齿唇姬蜂的寄生率大于有酚棉田的寄生率,平均蛹重及羽化率略高于有酚棉田,蛹期略短于有酚棉田,雌雄比大于有酚棉田。侧沟茧蜂尚未发现,而有酚棉田侧沟茧蜂的寄生率达 12.4%,说明棉酚影响了棉铃虫天敌齿唇姬蜂的生长发育和群体数量。

三、转基因抗虫性

转基因抗虫棉是把其他植物或微生物中的抗虫基因通过生物技术途径分离出来,或人工合成后转育到棉花中,以增强对虫害的抗性,这类棉花称为转基因抗虫棉。如转 B. t. 基因抗虫棉是指把苏云金芽孢杆菌的合成毒蛋白基因转育到棉花上。与形态抗性或一般生化抗性的抗虫棉相比较,转基因抗虫棉抗虫性要强得多,可大幅度节省治虫农药施用量,达到安全、降低成本、省工省时、保护生态环境的目的。

(一)转基因抗虫棉的诞生背景

1. 我国虫害的猖獗发生 进入 20 世纪 90 年代以来,虫害的频繁发生和严重为害使棉花生产蒙受重大损失。据国家有关部门统计,每年因各种虫害造成的棉花产量损失为 15%～20%,年损失皮棉 60 万～80 万吨,1990 年仅河北省虫害直接经济损失竟高达 1 亿多元。1992 年全国棉铃虫空前大暴发,北方棉区尤为严重,据河北、山东、河南、山西、陕西、辽宁及江苏、安徽、湖北 9 省统计,各类作物累计发生面积达 2 000 多万公顷,其中棉田达 1 000 多万公顷,直接经济损失 50 亿元以上。1994 年我国北方(河南、河北、山东)棉铃虫的大暴发,其来势之猛、发生之严重、损失之巨大与 1992 年基本相当。大量的事实说明,仅依靠以前研究和利用的形态抗虫性和生化抗虫性,已远不足以抵御迅速加重的虫害攻击,在巨大的虫害危害面前,这种常规抗虫棉难以显示其优势和威力,对新的更高水平的抗虫棉的需要和渴望已成为培育转基因抗虫棉的必然发展趋势。

2. 世界虫害的加重发展 棉花害虫不仅在我国如此,近几年在世界其他主产棉国也大有为害加重的趋势。目前,棉铃虫已成为当今世界棉虫治理中的突出难题,对棉花生产的持续、稳定发展威胁较大。1983～1984 年度澳大利亚昆士兰州的主产棉区埃塞勒得尔河谷首次报道,因棉铃虫为害,棉花减产幅度高达 20% 以上。1986～1987 年度美国中南部地区因使用菊酯类农药防治实夜蛾属害虫未能奏效,损失皮棉 10 多万吨。1987～1988 年度印度主要棉区安得拉邦棉铃虫大暴发,在菊酯类农药防治下平均每株幼虫仍高达 10 头以上,80% 棉田不见花蕾和棉铃。20 世纪 80 年代中后期泰国因棉铃虫的猖獗为害,使棉田面积从 80 年代初的 14.6 万公顷下降至 1988 年的 3 万公顷。世界棉花害虫发生和为害的增加,是转基因抗虫棉得以问世的大环境因素。

3. 害虫对农药抗性的迅速增加 随着农药的长期而普遍的使用,棉花害虫对农药逐渐产生了抗性,使农药的使用效果不断降低,导致用量进一步加大,这种恶性循环是害虫的抗药性进一步加强。以棉铃虫为例,我国 1982 年以前主要使用 DDT、1605、1059、3911 等有机磷杀虫剂和氨基甲酸酯类杀虫剂,1975 年在河南、河北两省测得棉铃虫对 DDT 的抗性比 1964 年分别增长了 116 倍和 136 倍;1982 年在江苏测得对 DDT 的抗性比 1975 年提高了 12 倍,对西维因也产生了 5 倍的抗性。1982 年以后主要使用菊酯类农药防治棉铃虫,1983～1990 年对河北、山东、河南、江苏、安徽等省 21 个点的棉铃虫抗性进行了系统监测,结果表明,我国棉铃虫对溴氰菊酯和氰戊菊酯抗性的发展经历了敏感(抗性倍数 3 倍以下)、敏感性降低(3.1～5 倍)、低水平抗性(5.1～10 倍)、中等水平抗性(10.1～40 倍)和高水平抗性(40.1～160 倍)五个阶段。

4. 相关科学技术的发展

（1）对基因结构和作用的认识进一步深化　20世纪80年代，随着现代遗传学的发展，人们对基因的认识已提高到分子水平，认为基因是染色体上的一段脱氧核糖核酸，具有双螺旋结构，一个基因包括启动子（翻译氨基酸的启动信号）、终止子（翻译氨基酸的终止信号）、结构基因（能表达某种性状的基因）、调节基因（对结构基因起调节作用的基因）等，并可准确地读出某一个基因的核苷酸序列，还可把某个完整的基因分离出来或人工合成，这种高技术的形成和发展，使人类分离和转移抗虫基因成为现实。

（2）生物技术的飞速发展　20世纪70年代以前，人们就能够利用分离出来的烟草细胞，通过适宜的外部条件培育成完整的烟草植株，但利用棉花的下胚轴细胞产生愈伤组织，并进一步培养形成胚状体，直至产生完整的棉花再生植株只是在20世纪80年代发展起来的新兴技术，这一技术通过不断修改和完善，已使许多棉花品种的体细胞可通过人工培养诱导产生再生植株，并可全面继承原品种的特性，这为外源基因的转育提供了场所和寄主。

（3）转移外源基因的媒介　第一种广泛应用的媒介是外源基因分离或人工合成后，构建在农感菌的Ti质粒的环形染色体上，然后通过与棉花细胞的共培养，把目的基因转入棉花植株；第二种途径是通过基因枪技术。基因枪的原理与一般的枪支相同，即把需要转移的目的基因附着在"子弹"上，把供转育的植物材料的幼茎或细胞放在靶子的位置，通过机电装置使子弹产生高速运动，在遇到"靶子"前把"子弹"挡在金属网上，只让目的基因高速穿入"靶子"中，然后经过培养即能产生具有该基因控制性状的植株；第三种途径是把分离或人工合成的基因通过花粉管注射进入胚囊母细胞中，直接与胚细胞结合形成嵌合体，经过进一步分裂而形成具有目的基因的种子。当然还有其他的外源基因转育技术，以上三种是当前广泛采用的，每种技术在棉花上都有许多转育外源基因成功的例子。

(二)转 B. t. 基因抗虫棉

1. 转 B. t. 基因抗虫棉含义　　B. t. 是苏云金芽孢杆菌拉丁学名 *Bacillus thuringensis* 的简写。众所周知,苏云金芽孢杆菌能分泌一种毒素蛋白质,称为 δ-内毒素,属于土壤中生存的一种杆菌,这种细菌作为防治农田、果园和森林中鳞翅目害虫的生物药剂,已使用 30 年之久,至今仍是杀虫效果较好、无副作用、安全性能好的生物农药。B. t. 细菌产生的 δ-内毒素,能使鳞翅目害虫如棉铃虫害虫取食了此类晶体蛋白后,在碱性的肠道中被溶解,形成前毒素单体,然后经肠道蛋白酶的活化,降解成对鳞翅目害虫具有毒性的多肽。这种活化的毒素作用于害虫的上皮细胞,从而产生明显的病理变化,例如肠细胞膨胀破裂、肠壁崩裂等,最终导致害虫中毒死亡。

2. 国外的转 B. t. 基因抗虫棉　　比利时的植物系统公司于 20 世纪 80 年代首次从苏云金芽孢杆菌中分离出了产生内毒素的基因,并进行了结构上的核苷酸序列分析,并利用土壤中的农感菌的 Ti 质粒作为载体,以花椰菜病毒的 35s 小亚基作为起动子,经科学的构建后与烟草细胞进行共培养,率先育成了转 B. t. 基因的烟草植株。这个转化的 B. t. 基因是全长的 Cry IA(晶体蛋白 IA,下同)基因,并有一个 3′端缺失、只保留 5′端的编码晶体蛋白核心区域。试验进一步证实,具有这种基因的烟草再生植株能有效地抵抗 1 龄烟草天蛾幼虫的为害。随后,美国的 Agracetus 公司的科学家也把 B. t. 晶体蛋白基因转化到烟草、番茄和棉花中。几乎与此同时,中国农业科学院生物技术研究所的谢道昕等人将苏云金芽孢杆菌的两个变种的杀虫基因分离出来,并通过花粉管道途径分别导入我国棉花品种中棉所 13、中棉所 12、3118 和 1434 中。美国孟山都公司的科学家从两方面着手来解决 B. t. 晶体蛋白含量低的难题。这样,B. t. 基因在转基因棉花中得到了高效的表达,使 B. t. 基因合成杀虫晶体蛋白的量从原来的占可溶性蛋白的 0.01%提高到 0.05%~0.1%,使其抗虫效果得到明显改善。

美国多年多点对转基因抗虫棉的试验结果表明,B. t. 基因导入棉花后对产量、产量构成因素以及纤维品质的影响不同。在皮棉产量方面,除转基因系 T-62、T-629 低于亲本品种珂字棉 312 外,其他转基因系的皮棉产量均高于亲本,与当地推广的优良品种 MD52 ne 相比,大多数转基因抗虫棉的产量均较低,但有两个转化系 T-82 和 T-84 的皮棉产量高于当地优良品种,且 T-82 的皮棉产量显著高于对照品种 MD52 ne,增产 7.4%。

经过多年多点试验,美国选出了两个较好的转基因抗虫棉 33B 和 35B,1996 年在美国投入商品化种植,当年种植面积 72 万公顷,占全美棉田面积的 13%,1997 年种植面积进一步扩大。这两个品种是孟山都公司与岱字棉公司合作育成,其中 33B 是将 B. t. 基因转育到推广品种 DP5415 上育成的,35B 是 B. t. 基因转育到推广品种 5690 上育成的。1996 年美国岱字棉公司与河北省有关部门合作,将 33B 引入河北省种植,当年种植 70 公顷左右,试验示范结果表明,33B 抗虫性强,产量水平较高。据此,河北省品种审定委员会采取特殊措施,当年予以审定通过,1997 年在河北省种植 2 000 公顷以上。

3. 我国的转 B. t. 基因抗虫棉　中国农业科学院棉花研究所采取生物技术与常规育种相结合的技术途径,自 20 世纪 90 年代初开始转 B. t. 基因抗虫棉育种研究,通过杂交、回交和复合杂交等多种途径,已成功地将 B. t. 基因转入丰产、优质、抗病的推广品种中棉所 12、中棉所 16 和中棉所 17 等推广品种中,1994 年鉴于棉铃虫严重暴发,棉花生产严重滑坡的局面,把转 B. t. 基因抗虫棉在河南、河北、山东等省的部分棉铃虫高发区进行示范试种,显示了转 B. t. 基因抗虫棉对棉铃虫的高度抗性,田间农药施用量与常规品种相比可减少 60%～80%,不少试点的皮棉产量高于同类常规棉品种,最高每公顷皮棉产量可达 1 500 千克左右。从示范试种中暴露的问题看,转 B. t. 基因抗虫棉由于世代较低,存在着抗虫性和其他性状不同程度的分离现象,田间整齐度指数偏低,此外与美国抗虫棉类似的是铃重偏小,苗期生长发育较迟缓。针对上述问题,国家设专项研究,对 B. t. 转基因抗虫棉进行了遗传改良。从 1995 年开始,部分转基因抗虫棉参加了全国抗虫棉区域试验和生产试验,从几年来的试验结果看,短季转基因抗虫棉中棉所30(R93-6)和抗虫杂交棉中棉所 29(RH-1)表现较为突出,在减少治虫和正常治虫两种条件下,上述品种(杂交种)均比常规棉对照品种不同程度地增产,最高增产幅度可达 60%左右。根据试验示范结果,两个抗虫棉已于 1998 年通过全国品种审定。此外,中熟抗虫棉中棉所 32(R-68)和适合麦棉套种的抗虫棉中棉所 31(KC-2)在省级以上区域试验和生产试验中表现也很突出,均已通过品种审定。

进入 21 世纪,中国农业科学院生物技术中心郭三堆等构建的B. t. 基因在国内得到广泛的应用,通过体细胞培养和花粉管注射等技术途径,把人工合成的 B. t. 基因也成功地转入中棉所系列品种以及泗棉 3 号、鲁棉 6 号、晋棉 7 号等品种中;育成的新品种95-1 率先通过山西省品种审定委员会审定,GK12 等品系参加了全国抗虫棉区域试验和生产试验,并通过省级以上品种审定;常规棉品种鲁棉研 16、17、21、28 等,抗虫杂交棉品种中棉所 47、鲁棉研 15、湘杂棉 3 号、湘杂棉 5 号等,对鳞翅目害虫表现出高度的抗性,皮棉产量达到和超过了常规棉对照品种,已作为转基因抗虫棉品种大规模应用于棉花生产。

4. 培育双价转基因抗虫棉 培育双价转基因抗虫棉已势在必行。由于转 B. t. 基因抗虫棉属显性单基因控制,棉铃虫在 B. t. 内毒素高效量存在的棉田生态环境中容易产生抗性,培育双价转基因抗虫棉已势在必行。美国孟山都公司已将 B.t. 基因和豇豆胰蛋白酶抑制剂基因同时转入珂字棉 312 等棉花品种中,育成了双价转基因抗虫棉,这种抗虫棉除具有专一抗虫性外,又具有较广泛的杀虫性,而且遗传性较稳定,使棉铃虫等鳞翅目害虫产生抗性的概率大大减少,这种转基因工程的棉花在美国已由小区试验转向大面积生产试验。据有关专家报道,抗虫程度和抗虫范围比 B.t. 单基因要强。

中国农业科学院生物技术中心郭三堆等人,于 1995 年也利用基因工程技术构建了 B.t. 基因和豇豆胰蛋白酶抑制剂基因的复合体,与中国农业科学院棉花研究所、河北省石家庄农业科学院和江苏省农业科学院经济作物研究所等合作,利用农杆菌介导法和花粉管通道法,把双价抗虫基因转入中棉所 23、石远 321、泗棉 3 号等常规棉品种中,育成我国第一个双价转基因抗虫棉中棉所 41 以及中棉所 45、SGK321 等,利用这 3 个品种做亲本,全国育成双价转基因抗虫棉和抗虫杂交棉品种 50 多个,成为我国抗虫棉主推品种。

5. 胰蛋白酶抑制基因抗虫棉 蛋白酶抑制剂是植物体内天然含量较高的一类蛋白质,其中研究较多的是豇豆胰蛋白酶抑制剂,外文简称 CpTI。若干年前,有人在保存豆类种质资源时,发现在其他种质资源被害虫侵害较严重的情况下,唯有一份豇豆材料未被害虫寄生,由此引起了科学家的兴趣。经过反复化学分析测定,发现这种豇豆内存在一种特殊蛋白质,对储存材料的害虫具有高度抑制作用,分析结果证明这种物质是豇豆胰蛋白酶抑制剂,它是一个含有 80 个氨基酸分子的多肽,昆虫取食后会抑制其正常消化所必需的胰蛋白酶的活性,并影响胰蛋白酶的分泌,这种抑制物质经昆虫神经系统反馈后,使昆虫厌食,消化道受阻,导致发育迟缓,停止发育甚至死亡。胰蛋白酶抑制剂与苏云金芽孢杆菌产生的 δ-内毒素相比,具有良好的杀虫广谱性,在棉花害虫的试验鉴定中,不但对棉铃虫、烟芽夜蛾、棉红铃虫、玉米螟等鳞翅目害虫具有较高的毒杀效果,而且对鞘翅目的一些害虫如棉象甲、棉铃象虫等害虫也有一定的杀虫效果。

据报道,美国亚利桑那大学的波内尔等人首先得到胰蛋白酶的抑制基因,并已将其转入棉花再生植株中;美国孟山都公司也已将胰蛋白酶抑制基因导入珂字棉 312 等棉花品种中,并且连同 B.t.基因一起导入,育成了双价转基因抗虫棉,这种抗虫棉除具有专一抗虫性外,又具有广泛的杀虫性,而且遗传性较稳定,昆虫对其产生抗毒性的概率大大减小,这种转基因的工程棉花在美国已出小区试验转向大面积生产试验,据有关专家报道,抗虫程度和抗虫范围比单基因 B.t. 的棉花要强。与苏云金芽孢杆菌的 δ-内毒素基因相比较,豇豆胰蛋白酶抑制剂基因也有其不足之处:一是目前豇豆胰蛋白酶抑制剂基因在棉花植株中表达量较低,在该基因单独存在时不足以控制棉铃虫、棉红铃虫等害虫幼虫的为害;二是产生抗性效果需要的时间较长,因此棉花害虫仍可造成一定程度的为害。上述问题的解决,除了对胰蛋白酶抑制基因进一步加以改造,以提高其表达水平外,还需要同其他杀虫基因(如 B.t. 基因等)配合,组成双价或多价基因,才能互相取长补短,达到共同控制虫害的理想效果。

6. 外源凝集素基因抗虫棉　凝集素是自然界广泛存在的另一类蛋白质。主要存在于植物细胞的蛋白粒中。凝集素是对同翅目害虫有效的杀虫蛋白,如雪花莲凝集素(GNA)、伴刀豆球蛋白(ConA)等,被昆虫取食后,外源凝集素就会在昆虫食道中释放,与神经树突及消化道表皮膜上的糖蛋白结合,抑制昆虫对糖类等营养物质的正常吸收,导致昆虫消化功能受阻或诱发病灶;同时,外源凝集素还能在昆虫消化道内诱发病灶,使昆虫消化道受到感染,导致昆虫最终死亡。

外源凝集素基因的分离和构建已在美国取得成功,美国加州大学和阿肯色大学的科研人员合作,正在试图将外源凝集素基因转入棉株。中国农业科学院生物中心正着手构建该基因,并希望培育出对棉蚜有抗性的转基因抗虫棉。

如果外源凝集素基因在棉花上转育成功,预计其抗虫效果与豇豆胰蛋白酶抑制剂基因类似,可能仍要与其他抗虫基因配合使用,构成双价或多价抗虫棉,才能对同翅目害虫产生强而稳定的抗性,同时使害虫对抗虫基因产生抗性的概率降低,长期发挥抗虫效果。

7. 蜕皮激素抑制剂基因抗虫棉　昆虫在幼虫阶段每长大一龄,要蜕掉一层皮,一般要经过 3～4 次蜕皮才能完成幼虫阶段的发育,进入化蛹期。如果幼虫阶段不能顺利完成表皮脱化,幼虫将始终处于一个发育阶段,虫体无法长大,完不成世代发育。研究证明,昆虫的蜕皮受内源激素控制,这种激素称为蜕皮激素。如果蜕皮激素合成受到干扰,昆虫就无法完成蜕皮过程,正是基于这一原理,科学家设计了蜕皮激素抑制剂基因,如果把这个基因转入昆虫,将能有效地控制其为害。

美国于 20 世纪 90 年代初提出这一构想,并正在构建这一基因,中国也在此领域开展研究,预计不远的将来会获得成功。

8. 蝎毒素基因抗虫棉　蝎子体内可分泌一种毒素物质,称为蝎毒素,这种毒素可导致其他动物神经系统中毒,引起肿胀,甚至局部细胞坏死。

美国科学家在研究棉花抗虫基因来源时,同样考虑了蝎毒素基因的利用,一些实验室正在对蝎毒素基因进行序列分析,并着手构建和往棉花上的转育。如蝎毒素基因在棉花上转育成功并获得高效表达,将对多数棉花害虫具有毒性效应,这个基因具有广谱性,因此,应用前景广阔。但应注意,蝎毒素在对害虫构成毒性威胁的同时,也许会对人类构成危害,所以在构建此基因时,选择有特异性的启动子至关重要,使之只对棉花害虫产生毒性,对家畜和人类无毒性。

9. 其他基因抗虫棉　除上述基因外，目前正在研究的棉花抗虫基因还包括几丁质酶基因（合成对鳞翅目等害虫生长发育造成障碍的几丁质）、核糖体失活蛋白基因（导致害虫能量合成和物质转化运输受阻）、脂肪氧化酶基因（害虫脂肪氧化而导致代谢紊乱）和昆虫病毒基因（有利于昆虫病毒在体内寄生，造成害虫免疫系统破坏，因感染病毒而死亡）等，以培育出遗传背景更具有多样性的、多种基因控制的抗虫基因工程棉。

第三章　我国抗虫棉代表性品种简介

一、形态和生化抗性抗虫棉品种

(一)川 棉 109

1. 品种来源　川棉109是四川省农业科学院棉花研究所用多茸毛的陆地棉和海岛棉杂交后代抗77为母本，以苏棉1号为父本，进行一次杂交、二次回交和连续定向选择育成的抗虫棉品种，1993年通过四川省农作物品种审定委员会审定，至1997年已在四川、湖北、河南等地累计推广面积53万公顷左右。

2. 特征特性　生育期128天，属中熟类型品种，株高100厘米左右，果枝与主茎夹角较小，植株较紧凑，呈塔形，茎秆坚实，根系发达，生长势旺。叶色浅绿，叶宽适度，赘芽少。全株密被茸毛，据测定苗期叶片每平方厘米着生茸毛1 155根，花蕾期1 624根，具有明显的抗棉蚜性状。铃重5克，衣分42%，衣指7.4克，子指9.9克。出苗好，结铃性强，后期生长势强，不易早衰，吐絮畅，烂铃少。

3. 产量表现　参加四川省区域试验和生产试验、长江流域抗病区域试验、全国抗虫棉联合试验及抗棉蚜性产量鉴定试验共61点次，平均每公顷产皮棉1 227千克，比对照品种73-27平均增产7.8%。1989年和1992年两年生产试验中，平均每公顷产皮棉1 089千克，比对照品种增产13.6%。1987～1988年四川省区域试验中，平均每公顷皮棉产量为1 156.5千克，比对照品种73-27略有增产。

4. 纤维品质 经长江流域抗病区域试验,四川省区域试验,四川省生产试验统一送样,北京市纤维检验所和农业部棉花品质监督检验测试中心分别测试结果平均:纤维主体长度 29.3 毫米,单纤维强力 4.3 克,细度每克 5 600 米,断裂长度 24.1 千米。

5. 抗虫性 抗 1～2 级蚜害,蚜害指数比推广品种 73-27 降低 20％以上,卷叶株率降低 5％,一般棉蚜发生较轻年份可不用农药防治,发生较重年份可减少喷药 2 次,对产量、纤维品质均无影响,属高抗至抗棉蚜型品种。

6. 抗病性 川棉 109 枯萎病指 7.5～7.9,属抗枯萎病类型。中抗棉立枯病,室内接菌和苗床鉴定,死苗数比川 73-27 减少 12％。此外,川棉 109 还抗倒伏,耐瘠薄。

7. 栽培技术要点 川棉 109 籽大皮薄吸水快,采用育苗移栽时,宜在 4 月上旬晴天育苗。种子用 3％多菌灵拌种,出苗揭膜后再用 3％多菌灵和 1 500 倍液敌杀死喷苗 1～2 次,以防治苗病和地老虎为害。留苗密度以每公顷 37 500～45 000 株为宜。播种或移栽时基肥施用量应占全生育期施肥总量的 40％,花铃期施肥量占总量的 50％以上。迟栽迟播棉田要早管、控氮、增磷、补钾。在整个生长过程中注意抗旱防涝,及时摘除顶心赘芽,每株留果枝以 14 个为宜。长势旺、可能造成荫蔽的棉田,于花期喷缩节胺 1～2 次。5 月至 6 月上旬,干旱岗坡台地要及时防治棉红蜘蛛,中后期对食铃害虫要彻底防治,不要过早停止用药。根据棉蚜发生情况决定是否需要农药防治,一般苗蚜不必防治,伏蚜发生期未造成卷叶可尽量推迟农药防治。

8. 适宜种植区域 川棉 109 适宜在四川盆地、鄂北平原地区和河南省南阳等地种植。

(二)华 棉 101

1. 品种来源 华棉 101 是华中农业大学用丰产优质品种鄂

沙 28 和美国光叶品种岱字棉 80 杂交,后代经多年定向抗虫性筛选和精心培育而成的抗虫棉花品种。1992 年 2 月通过湖北省农作物品种审定委员会审定,1993 年列入国家科委重点推广项目。品种育成后,在湖北、河南、安徽等地示范推广,据湖北省新洲县、麻城市、河南省新蔡县 1990～1992 年 3 年统计结果,累计推广面积 0.9 万公顷,比当地推广品种增收皮棉 818 吨,节省治虫投资 117.6 万元,经济效益显著。

2. 特征特性 生育期 138 天,株高 110 厘米左右,叶片光滑,茎秆粗壮少毛,铃短卵圆形,吐絮畅,易收摘。结铃性强,脱落率低,单铃重 5.2 克,衣分 41% 左右,子指 10 克,纤维色泽洁白,外观质量好,皮棉售价高,抗棉铃虫、棉红铃虫和棉蚜。

3. 产量表现 湖北省区域试验中,在及时治虫条件下,每公顷皮棉产量 1 059 千克,与对照鄂荆 1 号持平。但抗虫性利用试验结果,在减少农药治虫次数的条件下,一般比推广品种增产 1～2 成。

4. 纤维品质 湖北省区域试验棉样,经北京市纤维检验所测定,绒长 30 毫米,单纤维强力 3.61 克,细度每克 5 634 米,断裂长度 20.3 千米,成熟系数 1.82,各项纤维品质指标均优于对照品种鄂荆 1 号。另据抗虫育种攻关联合试验棉样,经农业部棉花品质监督检验测试中心测试结果,2.5% 跨长 29.6 毫米,断裂比强度 20.12cN·tex^{-1},麦克隆值 4.4,综合品质指标优于攻关目标要求。

5. 抗虫性 由于华棉 101 叶片光滑,茎秆少毛,叶片、铃壳等营养体棉酚和鞣酸含量高,铃壳厚且致密度高,对害虫兼具形态和生化抗性,所以其抗虫性有三个特点:一是兼抗性好,二是抗性强,三是抗性稳定。1987～1988 年抗棉铃虫性罩笼鉴定结果,蕾铃受害率为 11.18%,比抗虫对照品种 HG-BR-8 平均减退率为 26.17%,抗性达 Ⅰ 级。抗棉蚜性:苗蚜期蚜害指数为 61.6,抗性为Ⅰ级;恢复期蚜害指数为31.7,抗性为Ⅰ级;伏蚜期蚜害指数为54.1,抗性为Ⅲ级。抗棉红铃虫性:在罩笼接虫条件下,单铃活虫数二代为0.17头,三代0.31~0.44头,比对照品种鄂荆1号相对下降30%左右,抗性为Ⅱ级。在充分利用品种内在抗虫性和采取相应的综合防治措施下,棉花全生育期可减少2~4次农药治虫而不减产,每667米² 可节省农药投资15~20元。

6. 栽培技术要点 华棉101适宜在肥力中等偏上、无枯、黄萎病或轻病棉田种植,尤其适宜在丘陵、岗地栽培。播种前精选良种,抢晴天晒种,药剂拌种用5份多菌灵粉剂加100份草木灰或细土可拌1000份棉种。大田直播在4月10日前后为宜,种植密度每公顷52 500~60 000株。施肥上首先施足基肥,一般以农家肥或饼肥配合过磷酸钙,为夺取丰收奠定基础;用人粪尿或化肥做苗肥施用,达到壮苗早发;稳施蕾肥,保证棉株生长迅速;重施花铃肥,以饼肥或农家肥配合适量化肥施用,做到棉株健而不旺,枝多而不荫蔽,蕾铃多而脱落少;后期巧补铃肥,可采用根外追肥,力争棉株早熟不早衰。棉蚜防治尽量做到以天敌控制为主,必要时考虑农药防治;对棉红铃虫应重点防治,一般第一代不必农药防治,2~3代棉红铃虫发生期各农药防治1~2次,未达到防治标准坚持不用药。

7. 适宜种植区域 华棉101适于长江中游和淮河流域中等或中等偏上肥力地区种植,棉田应无枯、黄萎病或发病较轻,也适于丘陵、岗地栽培种植。

(三)中棉所17

1. 品种来源 中棉所17是中国农业科学院棉花研究所以7259×6651为母本,以短季棉品种中棉所10号为父本杂交和连续多代回交选育而成,具有高产、优质、抗病、抗虫、中早熟等优良特性,1990年和1991年先后通过山东省、河南省和全国农作物品种审定委员会审定,1994 年获农业部科技进步一等奖,1996 年获国家科技进步二等奖,是我国首次育成的适合麦棉套种的棉花品种。

2. 特征特性 中棉所 17 植株呈塔形,茎叶密生茸毛,叶色偏淡,铃卵圆形,铃重 6 克,衣分 38%,子指 11.5 克,出苗快,苗期长势旺,发育早,株型较紧凑,果枝着生节位 6 节,第一至第五个果枝节间短,往上果枝节间明显较长,层次分明,有利于中后期通风透光。结铃性强,烂铃少,吐絮畅而集中,早熟性好,生育期 125 天,在麦棉套种条件下霜前花率 85%以上,对棉蚜和棉铃虫具有一定抗耐性。

3. 产量表现 在各类套作区域试验中,霜前皮棉平均每公顷 871.5 千克,比春棉对照中棉所 12 增产 21.5%,比短季棉对照品种辽棉 9 号和中棉所 16 增产 23.3%,均居参试品种首位;每公顷产小麦 3 860 千克。

4. 纤维品质 纤维洁白有丝光,福建三明棉纺厂曾纺 80 支细纱。1984~1986 年北京市纤维检验所测试结果,纤维主体长度 31.47 毫米,单纤维强力 3.99 克,细度每克 6 402 米,断裂长度 25.5 千米,成熟系数 1.58,试纺 32 支纱品质指标高达 2 703 分,综合评价为上等优级。

5. 抗虫性 中棉所 17 茎叶茸毛密生,对棉蚜抗性达到抗级,棉蚜中等发生年份可减少农药防治 1~2 次。该品种具有海岛棉血统,抗棉铃虫鉴定抗性达到中抗级,在同样治虫条件下比常规品种受害轻。

6. 抗病性 中棉所 17 抗枯萎病、耐黄萎病,抗病性鉴定中枯萎病指在 10 以下,黄萎病指在 30 以下。

7. 栽培技术要点 在麦棉套种中选用矮秆、早熟、高产、抗倒伏的小麦品种作为配套品种,采取 3—1 式(即 3 行小麦,1 行棉花,下同)或 4—2 式种植方式,小麦宽行间距 40 厘米。棉花播种期为 4 月 25 日至 5 月 5 日。施足基肥,以农家肥为主,增施适量磷、钾肥,初花期以磷酸二铵或尿素追肥 1 次,后期可喷施适量叶面肥,防止早衰。现蕾后至花铃期用缩节胺进行化学调控,防止旺长,提高产量、纤维品质和霜前花率。棉蚜和棉铃虫防治根据田间虫害调查结果和防治指标确定,苗蚜期蚜虫不造成卷叶和明显为害尽量推迟农药防治,或减少治虫,以便有效地保护有益昆虫。

8. 适宜种植区域　中棉所 17 适于黄淮海棉区、河海滩涂碱地和黑龙港产棉区春套种植。

(四)中棉所 19

1. 品种来源　中棉所 19(原名 7886)是中国农业科学院棉花研究所以中早熟丰产、优质材料(7259×6651)×中 10 为母本,以抗枯萎病、耐黄萎病材料 7263×6429 为父本杂交和连续选择育成,适合麦棉春套种植,该品种 1992～1993 年分别通过陕西省、河南省和全国农作物品种审定委员会审定。

2. 特征特性　生育期 128～130 天。植株筒形,株高 110 厘米,果枝与主茎夹角较小,茎秆硬且多毛,抗倒伏,赘芽少,第一果枝节位 6～7 节。叶片小,色浓绿,缺刻深,微皱。铃卵圆形,铃重 5.4 克,衣分 42.3%,子指 9.2 克。抗耐棉铃虫和棉蚜,高抗棉红铃虫,兼抗枯萎病、黄萎病,耐棉苗根腐病。

3. 产量表现　1989～1990 年河南省抗病区域试验,霜前皮棉平均每公顷产量 1 017 千克,比对照中棉所 12 增产 2.6%。1990 年河南省麦套棉区域试验,平均每公顷霜前皮棉产量 1 068 千克,比对照中棉所 17 增产 4.3%,每公顷产小麦 5 550 千克。1990～1991 年参加陕西省区域试验,霜前皮棉每公顷产量 922.5 千克,比对照中棉所 12 增产 15.4%,居首位。1991～1992 年长江流域抗病区域试验,平均霜前皮棉每公顷产量为 987 千克,比对照中棉所 12 增产 12.9%,居首位。1990 年和 1991 年河南省麦套棉生产

试验结果,平均每公顷霜前皮棉产量分别为 1 078.5 千克和
1 276.5 千克,比中棉所 12 增产 24.2%,比中棉所 17 增产 5.3%,
小麦分别为每公顷 4 290 千克和 4 453.5 千克。

4. 纤维品质　陕西省区域试验测试结果,2.5%跨长 29.1 毫
米,断裂比强度 21.2cN·tex^{-1},麦克隆值为 4。河南省麦套棉区
域试验取样测试,主体长度 30.9 毫米,单纤维强力 3.77 克,细度
每克 6 448 米,断裂长度 24 千米。长江流域抗病区域试验取样测
试,2.5%跨长 29.4 毫米,断裂比强度 21.2cN·tex^{-1},麦克隆值
4.5,环纺纱强 122,气流纺品质指标 1 841 分。

5. 抗虫性　1990 年中国农业科学院棉花研究所植保研究室
抗棉蚜鉴定结果,苗期蚜害指数 0.6,比对照非洲 E40 减轻
5.17%;伏蚜期蚜害指数 0.475,比对照减轻 1.04%,属Ⅱ级抗蚜
类型。华中农业大学抗棉红铃虫鉴定结果,抗性达高抗级。

6. 抗病性　河南省抗病区域试验鉴定结果,枯萎病指为
1.13,黄萎病指为 4.26。陕西省区域试验鉴定,枯萎病指为 4.26,
黄萎病指为 11.85。均属兼抗类型。1989 年河南省抗病区域试验
苗期鉴定结果,棉苗根腐病指数 22.3,比对照中棉所 12 减轻
14.7%。

7. 栽培技术要点　地膜覆盖植棉的适宜播期为 4 月 10 日前
后,直播棉为 4 月 15~25 日,麦棉套种为 4 月 20 日至 5 月 1 日。
套种预留棉行 45~54 厘米,每 667 米^2 密度 3 500~4 000 株。苗
期生长势较弱,应施足基肥,加强前期水肥供应;中后期增施磷、钾
肥,用缩节胺科学化学调控,防止旺长或早衰。

8. 适宜种植区域　本品种适于病地种植和黄河流域麦棉套
种,也适合在长江中下游水肥地种植。

(五)中棉所 21

1. 品种来源　中棉所 21(中 1361)是中国农业科学院棉花研

究所以美国抗虫品种斯字棉 213 为母本,以抗病、优质的 758×849 为父本复合杂交育成,具有抗病、抗棉蚜和棉铃虫、高产、优质等优良特性。1994 年 3 月通过河南省品种审定委员会审定,1995年列入国家级新产品重点推广项目。

2. 特征特性 生育期 135 天左右。植株筒形,第一果枝着生节位第五至第六节,果枝上仰,节间较短,结铃性强。叶片中等大小,叶色深绿,边缘上翘,透光性强。铃长圆形,铃重 5.5 克,衣分41%~43%,子指 9.5 克。种子活力强,易全苗。由于植株体内棉酚、鞣酸、儿茶酸含量较高,具有抗棉蚜和棉铃虫的特性,一般年份可减少治虫 2~3 次。

3. 产量水平 1991~1993 年河南省区域试验,平均每公顷霜前皮棉产量为 952.5~1 030.5 千克,比中棉所 12 增产 6%~8.4%。1992~1993 年河南省生产试验,平均每公顷皮棉产量为1 071 千克,霜前每公顷皮棉产量为 931.5 千克,分别比中棉所 12增产 9% 和 9.5%。在生产示范中,高产田块每公顷霜前皮棉产量为 1 500 千克。其适应性不仅在高产条件下表现明显,在自然条件不利的情况下增产更为明显。

4. 纤维品质 1991 年河南省区域试验测试,纤维主体长度32.6 毫米,单纤维强力 4.18 克,细度每克 5 710 米,断裂长度 23.9千米,成熟系数 1.58。1992~1993 年经农业部棉花品质监督检验测试中心测试,2.5% 跨长 29.8 毫米,断裂比强度 20.5cN·tex^{-1},麦克隆值 4.6,整齐度指数 50.4%。纤维洁白有丝光,售棉等级高,符合纺织工业用棉要求。

5. 抗虫性 1991~1993 年全国抗虫育种联合试验鉴定结果,蚜害指数平均为 0.294 8,减退率 19.23%,抗棉蚜性达高抗水平;抗棉铃虫性鉴定结果,在减少治虫条件下,蕾铃被害率 36.46%,减退率 14.6%,达抗性水平。节省农药试验结果,全生育期可减少棉蚜防治 1~2 次,减少棉铃虫防治 1~2 次,每年每 667 米² 可节省农药投资 10~15 元,减少皮棉损失 3~5 千克。

6. 抗病性　河南省区域试验鉴定结果,枯萎病指为 4.44,黄萎病指为 9.19,属兼抗枯萎和黄萎病品种。

7. 栽培技术要点　中棉所 21 适合春播、育苗移栽和春套种植。育苗移栽适宜播期为 3 月中下旬,春季直播适宜期为 4 月 15~20 日,春套种植一般在 4 月 20~25 日播种。每公顷密度 45 000 株左右。在施足基肥的基础上,苗期适当施氮肥,见花后追施复合肥。缩节胺的使用应略少于其他品种。苗期一般可减少防治棉蚜 1 次,棉铃虫可减少防治 2 次左右,其防治标准应根据田间虫情和为害程度决定,棉蚜发生期棉叶不明显卷缩一般不必防治。该品种对棉铃虫为害的补偿能力较强。

8. 适宜种植区域　中棉所 21 适于黄河流域春播或春套种植。在简化栽培条件下稳产性好,棉蚜和棉铃虫为害严重地区种植效果较明显。

(六)中棉所 33

1. 品种来源　中棉所 33(中 C378)是中国农业科学院棉花研究所以短季棉中 10-211 选系为母本,窄卷苞叶无蜜腺材料 15173 为父本杂交选育而成,具有早熟性好、高产、优质和抗病虫优良的特性。该品种于 1998 年通过山西省品种审定委员会审定。

2. 特征特性　生育期 120 天左右,比对照品种晋棉 12 早熟 5 天,属中早熟品种。植株塔形,茎秆粗壮,有微茸毛,叶片浅绿色,中等偏小,叶缘上翘,叶脉较粗。苞叶窄而上部扭曲,具有形态抗虫性。铃椭圆形有尖,铃重 5.1 克,衣分 39%,子指 9.8 克。

3. 产量表现　1994~1995 年参加全国耐旱品种联合试验,山西省试点平均每公顷霜前皮棉产量为 745.7 千克,比对照中棉所 12 增产 21.6%;1995~1996 年参加山西省中早熟抗病品种生产试验,两年平均每公顷皮棉产量为 1 020 千克,比晋棉 12 增产

18.2%。

4. 纤维品质 2.5%跨长 29.4 毫米,断裂比强度 23.3cN·tex^{-1},麦克隆值 4.1,整齐度指数 49.2%。

5. 抗虫性 由于苞叶扭曲,对棉铃虫和棉红铃虫具有一定抗性,且农药防治效果优于正常苞叶品种。此外对棉蚜有一定耐性。

6. 抗病性 高抗苗病,病情指数 7.6;耐枯萎病,病情指数 11.9,抗黄萎病,病情指数 10.4。

7. 栽培技术要点 播种期以 4 月下旬至 5 月 5 日为宜,适于密植,要求每公顷留苗 75 000 株。下部叶枝成铃率较高,可保留 1～2 个叶枝。株型紧凑,可少用或不用缩节胺。水肥地要加强中后期管理,防止早衰和倒伏。

8. 适宜种植区域 适宜黄河流域棉区麦棉春套种植。适应简化栽培要求,在棉蚜和棉铃虫为害地区种植效果较好。

二、黄河流域转基因抗虫棉品种

(一)新 棉 33B

1. 品种来源 转 B. t. 基因抗虫棉品种新棉 33B 是河北省种子总站 1995 年从美国岱字棉公司引进。该品种以 B. t. 转基因抗虫棉岱字棉 90 为母本,以岱字棉 50 为父本杂交,于 1993 年育成。1996 年在河北省大面积示范试种并获成功,1997 年 2 月通过河北省农作物品种审定委员会审定并命名。

2. 特征特性 幼苗整齐健壮,长势稳,茎秆光滑,坚硬不倒伏,株型紧凑,株高 85 厘米左右。叶色深绿,叶片中等大小。铃圆形,较小,尖嘴,单铃重 5.1 克,铃壳薄,衣分 36.6%,子指 9.9 克。中熟品种,生育期 122 天左右。结铃性强,吐絮畅而集中。高抗棉铃虫,抗枯萎病,耐黄萎病。

3. 产量表现　在 1996 年河北省抗虫棉区域试验中,平均 667 米² 产皮棉 52.7 千克,比对照冀棉 20 号常规治虫条件下增产 19.5%;生产试验中 667 米² 产皮棉 72.8 千克,比对照冀棉 20 号常规治虫条件下增产 39.7%。

4. 纤维品质　2.5% 跨长 29.7 毫米,断裂比强度 21.5cN·tex^{-1},麦克隆值 4.3,环纺纱强 124.7 磅,气流纺品质指标 1 853.7。

5. 栽培技术要点　播种期 4 月 25～30 日,地膜覆盖 4 月 15～20 日,每 667 米² 密度 3 500～4 000 株,不宜间作或套种其他作物。化学调控应在长出 4 个花蕾时进行。除棉铃虫等鳞翅目害虫外,其他棉田害虫应及时进行农药防治。

6. 适宜种植区域　适宜在河北省中南部春播棉区种植。

(二)中棉所 29

1. 品种来源　中棉所 29 是春播转 B.t.基因抗虫杂交棉,母本来自中国农业科学院棉花研究所选育的丰产抗病品种,父本是转 B.t.基因抗虫棉品系中 422。该杂交种 1994 年杂种一代和杂种二代同时参加产量比较试验和抗虫性鉴定试验,1995～1996 年参加全国抗虫棉区域试验,1996～1997 年参加全国抗虫棉生产试验,1998 年 1 月通过全国农作物品种审定委员会审定。

2. 特征特性　中棉所 29 生育期为 130 天左右。出苗快,苗壮,早发,生长稳健。叶片中等大小,叶色深绿,植株清秀,结铃性强,吐絮畅而集中,铃重 5 克以上,衣分 40% 左右。高抗棉铃虫及其他鳞翅目害虫,兼抗枯萎病和黄萎病。

3. 产量表现　在全国抗虫棉区域试验中,1995 年在少治虫和不治虫情况下每公顷皮棉产量分别为 1 299 千克和 1 075.5 千克,分别较对照(长江流域泗棉 3 号,黄河流域中棉所 17)增产 47.7% 和 79.7%,1996 年在常规治虫和少治虫情况下,每公顷皮棉产量分别为1272千克和1210.5千克,分别较对照(长江流域为泗棉3号,黄河流域为中棉所19)增产15.6%和39.9%。1996~1997年在全国抗虫棉生产试验中,杂种一代皮棉产量平均比对照(泗棉3号或中棉所12)增产27.8%,杂种二代平均比对照增产15.4%。

4. 纤维品质 2.5%跨长29毫米,断裂比强度24cN·tex^{-1},麦克隆值5,整齐度指数51%。

5. 抗病虫性 枯萎病指2.3,黄萎病指19.7,属兼抗枯萎病和黄萎病类型。该杂交种由于B.t.基因的作用,对各世代棉铃虫和棉红铃虫幼虫具有良好的毒杀性能,对低龄幼虫毒杀效果更好。室内鉴定结果,3天内幼虫死亡率达80%,6天内死亡率达95.2%。杂种一代在杂种二代其棉铃虫发生期一般不需农药防治,杂种三代至四代每代仅需农药防治2~3次,每年每667米^{2}可节省农药投资50元左右。

6. 栽培技术要点 制种过程要严格把关,防止自交种产生。亲本严格隔离种植,严防机械混杂和人为混杂。精细播种,节省杂交种,降低植棉成本。每667米^{2}密度3500~4000株。棉铃虫发生期要根据幼虫发生量,一般百株3龄以下幼虫超过20头,3龄以上幼虫超过15头方可进行农药防治。该杂交种仅对棉铃虫和棉红铃虫等鳞翅目害虫有毒杀作用,对其他害虫仍要及时防治。

7. 适宜种植区域 该杂交种适合在黄河流域或长江流域春播种植,也适合麦棉套种。在水肥条件较好的田块种植尤为适宜。

(三)中棉所30

1. 品种来源 中棉所30(R93-6)是以丰产、优质、抗病的短季棉品种中棉所16为母本,以转B.t.基因棉种质系为父本杂交,并以中棉所16回交,经河南安阳和海南中国农业科学院作物南繁中心进行两地选育和加代繁殖育成的短季转B.t.基因抗虫棉新品种。1995年起参加全国抗虫棉区域试验,1996年起参加生产试验,1998年1月通过全国农作物品种审定委员会审定,同年4月通过河南省品种审定委员会和山东省品种审定委员会审定。

2. 特征特性　生育期115天。株高80厘米,塔形,叶片大小适中,叶色浓绿,茎秆坚韧,抗倒伏,通风透光性好,果枝节位4～5节。铃卵圆形,铃重5.3克,衣分39%,子指9.8克。结铃性强,吐絮集中,纤维洁白,品质优良。抗枯萎病耐黄萎病,高抗棉铃虫,2代棉铃虫可免除农药防治,3～4代仅需农药防治2～3次。

3. 产量表现　1995年在全国抗虫棉区域试验中,不防治棉铃虫条件下每公顷皮棉产量为586.5千克,比对照中棉所16增产49.4%;在常规治虫条件下每公顷皮棉产量634.5千克,比对照中棉所16增产29.9%。1997年在全国抗虫棉区域试验中,在减少防治棉铃虫的条件下每公顷皮棉产量为732千克,比对照中棉所16增产29.5%;在常规治虫条件下每公顷皮棉产量为817.5千克,比对照中棉所16增产10.3%。在1996～1997年全国抗虫棉生产试验中,减少治虫条件下每公顷皮棉产量为729千克,比中棉所16增产39.1%;常规治虫条件下每公顷皮棉产量为696千克,比中棉所16增产16.4%。

4. 纤维品质　国家纤维测试中心测试,中棉所30主体长度28.2毫米,品质长度30.8毫米,单纤维强力3.6克,断裂长度22.8千米,成熟系数1.39。农业部棉花品质监督检验测试中心1995～1996年检验结果:2.5%跨长29.2毫米,断裂比强度21.5cN·tex^{-1},麦克隆值4.7。

5. 抗病虫性　中棉所30枯萎病株率4.5%,枯萎病指6.7,黄萎病株率13.6%,黄萎病指17.8,表明该品种具有抗枯萎病、耐黄萎病的特性。在1995年全国抗虫棉区域试验中,不防治棉铃虫条件下,植株顶尖被害率比中棉所16减少31.2个百分点,蕾铃被害率减少22.6个百分点。1997年植株顶尖被害率为0.9%,蕾铃被害率为2.0%,均比中棉所16显著减少。在生产示范中,1995

年中棉所 30 植株顶尖被害率 1.3%,蕾铃被害率 9.1%,全生育期防治棉铃虫用药 5 次,而中棉所 16 植株顶尖被害率 32%,蕾铃被害率 46.5%,全生育期防治棉铃虫用药则多达十几次。

6. 栽培技术要点 集中连片种植,周围设 20 米以上保护区,防止昆虫传粉混杂;施足基肥,适时早播,以 5 月 10~15 日播种为宜,每公顷种植 7.5 万~9 万株;现蕾前加强肥水管理,促苗早发,搭好丰产架子;苗期和收花前注意田间去杂保纯;注意观察虫情,3 龄以上棉铃虫达到每百株 10 头以上时辅以农药防治;适时打顶,提高霜前花率。

7. 适宜种植区域 适于黄河流域棉区夏套或夏直播种植,也可在京、津、塘地区做春播种植。

(四)中棉所 31(KC-2)

1. 品种来源 转 B.t.基因抗虫棉品种中棉所 31 是以短季棉品种中棉所 16 为母本,以转 B.t.基因抗虫棉种质系为父本杂交,经多代连续抗虫性鉴定和南繁加代选育而成的麦棉套种抗虫棉品种,于 1998 年通过河北省农作物品种审定委员会审定。

2. 特征特性 中棉所 31 生育期 120 天左右,比中棉所 16 长 3~5 天。植株塔形,根系发达,茎秆坚韧。株高 70~80 厘米,果枝 9~12 个。叶片中等,叶色深绿,皱褶明显。铃卵圆形,铃重 4.5 克,衣分 37.6%,子指 10.5 克,衣指 6.4 克。吐絮畅而集中,色泽洁白,出苗较弱,现蕾前生长明显加快,结铃性强,早熟不早衰,抗旱性强。

3. 产量表现 1996~1997 年在全国抗虫棉区域试验河北省试点,减少治虫条件下皮棉产量和霜前皮棉每公顷产量分别为 559.5 千克和 495 千克,分别比对照常规棉品种中棉所 16 增产 53.3% 和 55.8%;常规治虫条件下每公顷皮棉和霜前皮棉产量分别为 622.5 千克和 517.5 千克,分别比中棉所 16 增产 25.2% 和

27.3%,均居参试品种首位;在生产试验中每公顷皮棉和霜前皮棉产量分别为769.5千克和667.5千克,分别比对照中棉所16增产15.3%和8.9%。晚春播条件下每667米^{2}皮棉产量可达98千克。

4. 纤维品质　1996～1997年农业部棉花品质监督检验测试中心测试结果:2.5%跨长28.5毫米,断裂比强度21.8cN・tex^{-1},麦克隆值4.6。另据1997年河北省生产试验纤维品质测试结果:2.5%跨长28.7毫米,断裂比强度22.5cN・tex^{-1},麦克隆值4.1,品质综合指标符合纺织工业要求。

5. 抗病虫性　中国农业科学院棉花研究所检测结果,中棉所31枯萎病指为4.3,黄萎病指为7.7,均达到抗性水平。高抗棉铃虫,1997年全国抗虫棉区域试验河北省调查,在减少治虫条件下,中棉所31植株顶尖受害率仅2%,蕾铃受害率8%,对产量基本无影响。4代棉铃虫饲喂结果:72小时幼虫死亡率高达96%。全生育期可减少棉铃虫防治80%左右,害虫发生较轻年份和地区可基本不用防治。

6. 栽培技术要点　在河北省邯郸以南地区,播种期以5月10～20日为宜,密度以每公顷6万～8.25万株较好。在施足基肥的基础上,苗期以促为主,以水促肥,可适当喷施叶面肥,使现蕾前株高达到常规棉的生长水平;花铃期增施氮、磷肥,及时浇水;后期去下部老叶,防止烂铃。棉铃虫防治要根据虫情调查,一般2代棉铃虫不必农药防治,3～4代适当防治,其他虫害防治与常规棉相同。

7. 适宜种植区域　适宜河北省邯郸以南地区晚春套或夏套种植,也可在河北北部地区春播种植。

(五)中棉所32

1. 品种来源　中棉所32(R-68)是中国农业科学院棉花研究

所以中棉所 17 为母本,转 B. t. 基因棉种质系为父本杂交选育而成的中熟转 B. t. 基因抗虫棉新品种。1996～1997 年参加山西省抗虫棉生产试验,1998 年通过山西省农作物品种审定委员会审定。

2. 特征特性　中棉所 32 生育期 130～136 天。植株近筒形,根系发达,茎秆坚韧,株高 75 厘米左右。叶片大小适中,叶色较深。第一果枝节位 6～7 节,铃卵圆形,铃重 5.3 克,衣分 40% 左右,子指 10 克,衣指 6.5 克。

3. 产量表现　1996～1997 年参加山西省生产试验,平均每公顷皮棉产量 1 098.8 千克,比对照品种中棉所 19 平均增产 7.04%。

4. 纤维品质　1996～1997 年纤维品质检测结果,2.5% 跨长 28～28.6 毫米,断裂比强度 19.9～22.5cN·tex^{-1},纤维整齐度指数 47.3%～48.6%,麦克隆值 4.4～4.5,各项品质指标符合纺织工业用棉要求。

5. 抗病虫性　中国农业科学院棉花研究所植保研究室鉴定结果,枯萎病指为 2.4,黄萎病指为 12.5,属抗枯萎病、耐黄萎病品种。高抗棉铃虫,在不治虫或少治虫条件下,植株顶尖受害率 3.4%～7.3%,蕾铃受害率 24.5%,比常规品种(分别为 12.8% 和 30.5%)显著减少。

6. 栽培技术要点　播种期以 4 月 20 日前后为宜,育苗移栽中育苗期可提前到 3 月下旬。密度以每公顷 5.25 万～5.55 万株为宜。在施足基肥的基础上,苗期以促为主,以水促肥,可适当喷施叶面肥,使现蕾前植株达到常规品种生长水平。初花期增施复合肥,及时浇水,根据苗情和长势适当加以化学调节,但缩节胺用量比常规棉少。后期及时收摘,去掉棉株下部老叶,防止烂铃。棉铃虫防治要根据虫情灵活掌握,一般情况下 3 龄以上幼虫达到百株 10 头以上,或 3 龄以下幼虫达到百株 15 头以上时进行农药防治,达不到防治指标尽量推迟用药时间。

7. 适宜种植区域　该品种适于黄河流域春播或春套棉田种植。

(六)国抗95-1

1. 品种来源　国抗95-1是山西省农业科学院棉花研究所利用农感菌介导法把 B. t. 杀虫蛋白基因导入晋棉 7 号经连续选择育成的中熟转基因抗虫棉品种。该品种于1998年通过山西省农作物品种审定委员会审定。

2. 特征特性　国抗95-1生育期120～135天。植株呈筒形,株高70厘米。叶片较小,颜色较深。苗期长势弱,中期逐渐由弱转强,果枝 11～12 个,铃重 5.53 克,衣分 40% 左右,子指 9.4～10.8 克,衣指 6.7～7 克。

3. 产量表现　1996～1997 年参加山西省抗虫棉生产试验,两年平均每公顷皮棉产量为 1 081.5 千克,比对照品种晋棉 12 和中棉所 19 平均增产 5.01%。

4. 纤维品质　1996～1997 年纤维品质检测结果,2.5% 跨长28.8 毫米,断裂比强度 $21cN \cdot tex^{-1}$,麦克隆值 4.7,符合国家规定标准。

5. 抗病虫性　山西省农业科学院棉花研究所植保研究室鉴定结果,枯萎病指 12.5,黄萎病指 22.6,属耐病类型。高抗棉铃虫,二代棉铃虫发生期,百株残虫 0～2 头,蕾铃受害率 0～16%,不需要进行农药防治,三四代棉铃虫发生期根据情况适当进行农药防治。

6. 栽培技术要点　播种期以 4 月 20 日前后为宜,播种时适当加大播量,高水肥地密度以每公顷 7.5 万株左右为宜。应较常规品种早施肥、早浇水,以促苗早发。

7. 适宜种植区域　该品种适合山西省中南部地区春播种植。

(七)杂 66

1. 品种来源 杂交抗虫棉杂 66 是河北省农业科学院以常规棉 103 为母本,以中国农业科学院棉花研究所培育的转 B.t. 基因抗虫棉品系 R93-4 为父本培育成的杂交抗虫棉。1998 年河北省品种审定委员会对其杂种一代进行审定。

2. 特征特性 杂 66 杂种一代属中熟棉杂交种,生育期 120 天左右,株型略松散,株高 84 厘米左右,茎秆粗壮,叶片较大,铃卵圆形,铃重 5.8 克,衣分 37.6%,子指 10.7 克。

3. 产量表现 1996～1997 年河北省抗虫棉区域试验结果:平均每公顷产皮棉 1 125 千克,产霜前皮棉 1 050 千克。1997 年生产试验中,平均每公顷皮棉产量 1 425.6 千克,霜前皮棉产量 1 375.5 千克,分别比对照新棉 33B 增产 11.6% 和 14.6%,居第一位。

4. 纤维品质 纤维 2.5% 跨长 28.9 毫米,断裂比强度 22.3cN·tex^{-1},麦克隆值 4.8,气流纺纱品质指标 1 893.5,综合纤维品质优良。

5. 抗病虫性 该杂交种高抗枯萎病,耐黄萎病。高抗棉铃虫,全生育期可减少防治棉铃虫用药 60% 以上,但对其他棉田害虫应及时防治。

6. 栽培技术要点 制种时父母本同期播种,父母本种植比例以 1:5 较适宜,母本田采用大小行种植,密度每公顷 4.5 万株左右,需要人工去雄和授粉。杂交一代播种期 4 月 20～30 日,施足基肥,适墒浅播,水肥地每公顷留苗 52 500 株左右,旱薄地留苗 60 000 株左右。追肥掌握在初花期重施,不晚于 8 月 10 日再补施一次盖顶肥。

7. 适宜种植区域 适宜河北省中南部春播棉区种植,在棉铃虫高发区的种植效果更佳。

(八)DP20B

1. 品种来源 转基因抗虫棉 DP20B 是美国岱字棉公司以 NUCOTN33B 与岱字棉 20 杂交并用后者作轮回亲本回交转育而成。该品种于 1994 年育成,1996 年由河北省种子总站引种,1998 年通过河北省品种审定委员会审定。

2. 特征特性 该品种生育期 120 天左右,属中熟类型。幼苗整齐,健壮。植株筒形,株高 78.6 厘米左右,茎秆硬,叶片较小,铃卵圆形,铃重 5.4 克,衣分 37.9%,子指 10.6 克,结铃性强,吐絮畅。

3. 产量表现 1996~1997 年河北省区域试验结果:平均每公顷皮棉产量 1 182 千克,霜前皮棉产量 1 017 千克;1997 年生产试验中,平均每公顷分别产皮棉和霜前皮棉 1 357.5 千克和 1 291.5 千克,分别比对照新棉 33B 增产 6.27% 和 7.65%。

4. 纤维品质 2.5% 跨长 29.75 毫米,断裂比强度22.15cN·tex^{-1},麦克隆值为 4.8,气流纺纱品质指标 1 879.3。

5. 抗病虫性 抗枯萎病,耐黄萎病。高抗棉铃虫,但对其他非鳞翅目害虫仍应及时防治。

6. 栽培技术要点 播种期 4 月 25~30 日,地膜覆盖棉田可提早 5 天播种。不宜间作或套种其他感棉铃虫的作物。现蕾至初花期每公顷追尿素 375 千克左右,后期不需灌溉,比常规棉早停水 7 天。

7. 适宜种植区域 适宜在河北省中南部春播棉田种植。

(九)中棉所 41

1. 品种来源 中棉所 41 是国审双价转基因抗虫棉。2000~2001 年参加黄河流域抗虫棉区域试验,2001 年参加生产试验,先后通过河南、山东、安徽、河北四省转基因安全性评价。2002 年通过全国品种审定委员会审定,2007 年获得陕西省科技进步一等奖、农业部中华神农科技二等奖和中国农业科学院科技成果一等奖,2008 年获得植物新品种保护权,2009 年获国家科技进步二等奖。

2. 特征特性 中棉所 41 生育期 130 天。植株高度 1 米左右,筒形。叶片中等大小,叶色中绿。棉铃卵圆形,铃重 5.8 克,衣分 41%,铃壳薄,铃嘴尖,吐絮畅。皮棉色泽洁白,有丝光,子指 11 克,种子短绒灰白色。发芽出苗性能好,前期生长发育快,开花、结铃、吐絮早而集中。

3. 产量表现 2000 年在黄河流域抗虫棉区域试验中,每公顷皮棉和霜前皮棉产量分别为 1 278 千克和 1 068 千克,分别比对照抗虫杂交棉中棉所 29 增产 1.4% 和 0.1%。2001 年每公顷皮棉和霜前皮棉产量分别为 1 488 千克和 1 396.5 千克,均比对照品种抗虫杂交棉中棉所 38 增产 3.1%。2001 年参加生产试验,平均皮棉和霜前皮棉每公顷产量分别为 1 494 千克和 1 402.5 千克,比对照杂交棉中棉所 38 增产 6.1% 和 5.4%。

4. 纤维品质 农业部棉花品质监督检验测试中心检测:纤维上半部平均长度 29.7 毫米,断裂比强度 30.6cN・tex^{-1},麦克隆值 4.6,整齐度指数 85.4%,伸长率 6.4%,反射率 74.1%。

5. 抗病虫性 抗病性鉴定结果:枯萎病指 13.7,黄萎病指 27.3,抗耐枯、黄萎病。2000～2001 年抗虫性鉴定结果:二代棉铃虫蕾铃被害减退率分别为 72% 和 74.6%,三代棉铃虫三龄以上幼虫存活率分别为 0 和 10,抗棉铃虫性突出。

6. 栽培技术要点

(1)适时播种,合理密植 适宜播种期为 4 月下旬,采用地膜覆盖或营养钵育苗。北方高水肥地块密度以每公顷 4.4 万～5.25 万株为宜,中等肥力地块每公顷密度 5.25 万～5.7 万株。

(2)科学施肥 要施足基肥,重施蕾花肥,补施盖顶肥,后期视长势情况追施叶面肥以防早衰。缺钾地块要及时施足钾肥,确保植株中后期生长活性。

(3)适当应用生长调节剂　一般蕾期每公顷喷缩节胺 7.5～15 克,初花期每公顷用量 22.5 克,盛花期每公顷用 45～60 克为宜。

(4)虫害管理　一般二代不需要防治棉铃虫;三代后视田间幼虫数量决定是否防治,一般百株幼虫达到 15 头,或百株三龄以上幼虫 10 头应采取化学防治。对棉蚜、红蜘蛛、盲椿象等害虫要及时防治。

7. 适宜种植区域　该品种适宜在黄河流域棉区推广种植。

(十)中棉所 44

1. 品种来源　中棉所 44 是由中国农业科学院棉花研究所育成的常规中早熟抗虫棉花新品种。2004 年通过河南省农作物品种审定委员会审定(审定编号:豫审棉 2004004 号)。2008 年通过天津市农作物品种审定委员会审定(引种编号:津准引棉 2007002)。2009 年获得国家品种权号(CNA20050563.7)。

2. 特征特性　中棉所 44 属中早熟春棉品种,生育期 129 天左右。出苗快,根系发达,叶片掌状,中等偏小,叶色淡绿。植株塔形,稍紧凑,株高 80 厘米。结铃性强且集中,果枝数 15.1 台,单株结铃 21.5 个,铃卵圆形,单铃重 5.6 克,子指 10.8 克,衣分 41.6%,霜前花率 95.6%。前中期长势强健,丰产潜力大,吐絮畅而集中,易收摘。

3. 产量表现　2000～2001 年参加河南省麦棉套棉花品种区域试验,两年平均每 667 米^2 产籽棉 229.9 千克、皮棉 93.16 千克、霜前皮棉 84.63 千克,分别比对照中棉所 19 增产 8.23%、13.24% 和 10.71%。

4. 纤维品质　2000～2001 年区域试验棉样经农业部棉花品

质监督检验测试中心测定:纤维上半部平均长度 29.4 毫米,断裂比强度 30.4cN·tex^{-1},麦克隆值 4.9,纤维洁白,品质优良。

5. 抗逆性 2000～2001 年河南省区域试验抗病性鉴定:高抗枯萎病,病指 5 以下,耐黄萎病,病指 20.2。2004 年中国农业科学院棉花研究所植保室抗虫性鉴定:高抗棉铃虫,蕾铃被害减退率 85.6%。1998～1999 年中棉所种质资源室抗盐性鉴定:在土壤含盐量达 0.4%条件下,相对成活苗率 81.3%,达抗盐水平。

6. 栽培技术要点

(1)播期和密度 一熟春播地区 4 月 25 日前后直播,如地膜覆盖,播期可适当提前。一般每 667 米^2 密度 3 500～4 000 株,高水肥地的为 2 500～3 000 株,偏旱碱、瘠薄地为 5 000 株左右。

(2)施肥浇水 施足基肥,氮肥应占总施肥量的 50%,磷、钾肥全施。每 667 米^2 施优质农家肥 3 米^3 以上,磷酸二铵 20 千克,尿素 10 千克,钾肥 20 千克;重施花铃肥,以尿素为主,10 千克左右;施肥与浇水相结合,一般先施肥,后浇水。中后期及时喷叶面肥。

(3)全程化学调控 适量喷洒缩节胺 2～3 次,株高控制在 90 厘米左右。

(4)防治病虫害 注意对三代棉铃虫、棉蚜和甜菜夜蛾的防治。

7. 适宜种植区域 适宜黄河流域做麦(油菜、蔬菜等)套春棉种植。

(十一)中棉所 45

1. 品种来源 中棉所 45(原系号中 221)于 1996 年从中棉所种质资源圃 95-1 材料中系统选育,当年到海南加代,选系 961027。1997 年利用花粉管通道法对入选系 961027 进行抗虫基因(B.t.＋CpTI)转育,当年海南加代,并进行抗虫性鉴定,决选抗棉铃虫系为 759221(SGK-中 27)。2000～2001 年参加黄河流域麦套棉棉花品种区域试验,2002 年参加国家黄河流域麦套棉品种生产试验,2003 年获得国家转基因生物安全生产证书,同年通过全国农作物品种审定委员会审定。

2. 特征特性　生育期 128～131 天,株高 82 厘米,果枝始节6.3 节,植株呈塔形,茎秆粗壮,抗倒性强,叶片中等大小,缺刻深,色泽深绿,结铃性强,单株结铃 15.6 个,铃椭圆形有尖,铃重 5.6克,衣分 39%,霜前花率为 85% 以上,不孕籽率低,早熟性好,吐絮畅且集中,絮色洁白,适于黄河流域棉区棉田春套或直播。

3. 产量表现　2000～2001 年参加全国黄河流域麦棉套区域试验,平均每公顷籽棉产量 3 393 千克,皮棉产量 1 297.5 千克,霜前皮棉产量 1 126.5 千克,比对照中棉所 19 分别增产 20.7%、16.6% 和 12.8%,增产显著,霜前皮棉产量居参试品种第二位。推荐参加 2002 年全国黄河流域麦棉套种棉品种生产试验,籽棉、皮棉和霜前皮棉产量分别为每公顷 3 750 千克、1 426.5 千克和1 309.5 千克,分别较对照豫 668 增产 23%、10.1% 和 5.9%,籽棉产量居首位,皮棉、霜前皮棉产量分别为二、三位。

4. 抗病虫性　经中棉所植保室网室和人工病圃鉴定,中棉所45 棉铃虫顶尖被害率 4%,蕾铃被害率为 12.7%,虫害减退率为78.7%,百株幼虫少于 5 头,减少防治棉铃虫化学农药用量 80%。2002 年在国家黄河流域麦套棉生产试验中,枯萎病指为 9.6,黄萎病指为 13.3,综合评价为抗枯萎病,兼抗黄萎病品种类型。

5. 纤维品质　农业部棉花品质监督检验测试中心测定两年平均结果:纤维上半部平均长度 30.1 毫米,整齐度指数 86.6%,断裂比强度 30.8cN·tex^{-1},品质优良,适于纺中高支棉纱。

6. 栽培技术要点

(1)适时播种　黄河流域棉区最佳播期 4 月 15～25 日,京津唐地区播后应及时覆膜。长江流域棉区最佳播期 4 月 10～20 日,播后覆膜或膜后播种均可。播后 7～10 天应及时查苗,缺苗及时补种,地膜棉要及时放苗,等苗长出 2～3 片叶时及时间苗、定苗。

(2)合理安排群体结构　黄河流域棉区留苗每公顷 3 万～5.25 万株,长江流域棉区,种植密度每公顷 2.55 万～3 万株。

(3)科学追肥　应遵循轻施蕾肥,重施初花肥,补施花铃肥的原则。在 6 月中旬现蕾前后,每公顷追施尿素 105～112.5 千克;7 月上中旬开花初期重施花铃肥,每公顷将磷酸二铵 150～225 千克和尿素 150～225 千克混合一次施用;8 月上旬如有缺肥现象,可追施 2～3 次叶面肥。

(4)及时防治虫害　一般年份二代棉铃虫不需防治,三四代棉铃虫常年也可以不治,如遇严重发生年份,可结合其他害虫兼治。但对盲椿象、棉蚜、红蜘蛛、棉蓟马等应重视,要治早、治彻底。

(5)及时灌水　一般在 6 月下旬至 7 月初,棉花现蕾后期到开花初期,结合施肥培土灌头水,随后每隔 16～20 天再浇一次水。灌水次数应视旱性而定,常年黄河流域在 8 月 20 日前后不再灌水,长江流域棉区可推迟到 8 月下旬。

(6)合理化学调控　促营养生长与生殖生长的协调发展,一般应掌握温度调控为主。一般棉田全生育期化学调控 3 次,现蕾至初花期每公顷用量为 7.5～15 克,加水 300 升;盛花期用缩节胺 22.5～30 克,加水 600 升;花铃期用缩节胺 22.5～30 克,加水 750 升。

7. 适宜种植区域　中棉所 45 适宜黄河流域春播和春套种植。

(十二)中棉所 54

1. 品种来源　中棉所 54 是以用带有标记性状的抗虫双隐性核雄性不育系为母本,以抗虫品系为父本培育而成的杂交种。2000 年配制杂交种组合,2004 年参加山西省区域试验,2005 年进入生产试验,2006 年获得基因安全评价证书[农基安证字(2006)第 304 号],2007 年通过山西省品种审定委员会审定(审定编号:晋审棉 2007001)。

2. 特征特性 生育期 128 天左右,出苗快,苗壮、早发;植株较高大,植株塔形,茎秆粗壮抗倒伏;生长势强,整齐度指数好,叶片色深、稍大;结铃性强,铃重 5.9 克,衣分 41.7%;吐絮畅而集中,易采摘,早熟性好。

3. 产量表现 2004 年区域试验,平均每公顷产皮棉 1 521 千克,比对照晋棉 31 号增产 46.7%。2005 年平均每公顷皮棉产量 1 812 千克,比对照中棉所 41 增产 10.8%。两年区域试验平均结果:每公顷皮棉产量 1 666.5 千克,比对照增产 28.8%;生产试验平均每公顷皮棉产量 1 797 千克,比对照中棉所 41 增产 16.7%。

4. 纤维品质 经农业部棉花品质监督检验测试中心 2004～2005 年测定,两年平均结果:纤维上半部平均长度 29.6 毫米,整齐度指数 83.6%,断裂比强度 $29.9cN \cdot tex^{-1}$,伸长率 6.6,麦克隆值 4.4,反射率 78.1%,黄度 7.8,纺纱均匀性指数 138。

5. 抗病虫性 抗病性鉴定区域试验,2004 年枯萎病指 7.2,黄萎病指 40.2;2005 年鉴定,枯萎病指 9.9,黄萎病指 41.5,综合抗病性评判为抗枯萎病,轻感黄萎病。抗虫性鉴定结果:高抗棉铃虫,达二级抗性水平,棉铃虫防治次数或用药量可较非抗虫棉减少 70%左右。

6. 栽培技术要点

(1)适时播种,合理密植 营养钵育苗移栽一般在 4 月上旬播种,采用露地直播一般在 4 月 20 日前后抢晴播种。麦棉套作密度以每公顷 3.75 万～4.5 万株为宜,一季春播密度以每公顷 3.3 万～3.75 万株为宜。

(2)科学施肥,适时化学调控 该杂交种生长发育快,结铃性强,需肥量大,要施足基肥。基肥以有机肥最佳,增施钾肥,重施蕾花肥,后期视长势情况追施叶面肥。从现蕾期至花铃期,根据天气和长势情况适量化学调控,以前轻后重,少量多次为宜。

(3)田间管理 整枝及时彻底,发育早的地块在整枝时除去下部1～2个果枝的早蕾,以防烂铃;8月上旬打顶,宜留果枝16个左右。

(4)害虫适当防治 根据棉铃虫发生轻重,适当结合农药防治,防治四、五代棉铃虫要重于二、三代棉铃虫。另外,该杂交种抗虫具有选择性,仅对棉铃虫和红铃虫低龄幼虫具有抗性,其他棉花害虫如红蜘蛛、棉蚜、斜纹烟蛾、盲椿象等需要防治。

7. 适宜种植区域 适合于山西省轻病区春棉种植,也适合麦棉套种。

(十三)中棉所57

1. 品种来源 中棉所57(中杂302)是中国农业科学院棉花研究所以高产、广适的双价转基因抗虫棉中棉所41为母本,以自育的优质、抗黄萎病的常规棉品系中077为父本,经多年多点测试选育而成的杂交棉新品种,自2003年参加多点杂交棉试验以来,2004～2005年参加黄河流域杂交棉区域试验,2005年参加生产试验,同年获得转基因生物生产应用安全评价[证书号农基安证字(2005)第244号],2006年通过全国品种审定委员会审定(审定编号:国审棉2006009)。

2. 特征特性 该杂交种株高1米左右,植株塔形,下部果枝上举,中上部果枝较平展,通风透光性好,茎秆柔韧,茎叶茸毛稀少。叶片中等偏大、平展,叶色中绿。铃卵圆形,五瓣居多。种子短绒灰白色,出苗好,前期长势稳健,中后期长势强,整齐度指数高。结铃性强,早熟性好,生育期132天,现蕾、开花、吐絮集中,霜前花率93.3%,单铃重6.3克,衣分40%以上,子指11.3克,吐絮畅,皮棉洁白有丝光,易采收。产量高,稳定性较突出。

3. 产量表现　2004 年黄河流域杂交棉区域试验中,平均每公顷籽棉、皮棉和霜前皮棉产量分别为 3 657 千克、1 503 千克和 1 395 千克,分别比对照增产 24.3％、26％和 28.1％,2005 年平均每公顷籽棉、皮棉和霜前皮棉产量分别为 3 711 千克、1 495.5 千克和 1 404 千克,比对照分别增产 14.2％、16.9％和 16.9％。两年 36 个试验点次平均,每公顷皮棉和霜前皮棉产量分别为 1 500 千克和 1 399.5 千克,比对照分别增产 21.3％和 22.1％。2005 年参加黄河流域生产试验,每公顷皮棉和霜前皮棉产量分别为 1 455 千克和 1 414.5 千克,分别比对照增产 11.5％和 11.6％,该品种高产稳产的主要原因是结铃性强、铃大衣分高,对逆境抗性好。

4. 纤维品质　经农业部棉花纤维品质监督检验测试中心两年测试结果:纤维上半部平均长度 29.5 毫米,断裂比强度 29.5cN・tex^{-1},麦克隆值 4.7,整齐度指数 84.9％,伸长率 6.7％,反射率 74.5％,品质较优。

5. 抗病虫性　抗棉铃虫性强。国家区域试验 2004～2005 年鉴定结果,二代棉铃虫蕾铃被害减退率分别为 76.2％和 71.55％,三代棉铃虫三龄以上幼虫死亡率分别为 98％和 100％,居所有参试品种之首。高抗枯萎病、耐黄萎病。2004～2005 年抗病性鉴定结果:枯萎病指分别为 4.3 和 3,黄萎病指分别为 18.7 和 25.9,均居参试品种前列。

6. 栽培技术要点

(1)科学施肥　中棉所 57 早熟性好,结铃性较强,需肥量大,要施足基肥,重施蕾花肥。基肥以农家肥为主,氮肥一半做基肥,另一半做追肥,磷、钾肥全部做基肥。及时喷施叶面肥。中后期视情况,喷施叶面肥,提高叶面光合能力,防止早衰。

(2)适时播种,确保密度　采用地膜覆盖或营养钵育苗,密度以每公顷 2.7 万株为宜,麦棉套种密度为每公顷 37 500 株左右。

(3)化学调控　适当应用生长调节剂,用量以少为宜,注意开花期的调控,防止旺长。

(4)加强管理 该品种前期长势稳健,现蕾节位较低,要求整枝彻底,地膜覆盖或营养钵育苗可摘去下部1～2果枝的早蕾,防止烂铃和早衰。

7. 适宜种植区域 中棉所57适应性较强,主要适于黄河流域春播和麦棉春套移栽种植,长江流域部分棉区也可种植。

(十四)中棉所64

1. 品种来源 中棉所64(中825)是由中国农业科学院棉花研究所以SGK中27为母本与常规短季棉中394为父本杂交,自F_2代群体采用生化辅助育种方法,筛选棉株体内SOD、POD和CAT酶活性高的个体育成,2004～2005年参加黄河流域棉区短季棉品种区域试验,2006年参加生产试验,同年获得国家转基因生物生产应用安全证书[农基安证字(2006)第316号],2007年通过国家品种审定。

2. 特征特性 生育期104天,塔形,较紧凑,株高66厘米。出苗好,前期长势旺,中期平稳。植株较矮,茎秆粗壮,青紫色,着生稀茸毛,抗倒性好。果枝始节5.7节,叶片中等偏小,深绿色。开花结铃集中,结铃性强,上铃快,单株有效铃8.3个,铃重5.3克,衣分38.6%,子指10克,吐絮洁白,品质较好。

3. 产量表现 2004～2005年参加黄河流域棉区短季棉品种区域试验,平均每公顷籽棉产量为2818.5千克,皮棉产量为1089千克,霜前皮棉产量为1008千克,分别较对照品种中棉所30增产19.2%、17.5%和17.9%。2006年黄河流域棉区短季棉品种生产试验,平均每公顷籽棉产量2929.5千克,皮棉1140千克,霜前皮棉1071千克,居第一位。

4. 纤维品质 经农业部棉花品质监督检验测试中心测试:纤维上半部平均长度29.9毫米,断裂比强度29.2cN·tex^{-1},麦克隆值 4.2,各项指标搭配合理。

5. 抗病虫性　经中国农业科学院生物研究所检测:中棉所 64 的 B.t. 蛋白含量在每克 467~540 纳克之间,抗虫株率达到 100%。中国农业科学院棉花研究所植保室统一鉴定抗虫性:二代棉铃虫蕾铃被害率 1.6%~10.0%,减退率 97.9%~79.5%,三代棉铃虫幼虫校正死亡率达 100%,综合评定达抗虫以上水平。枯萎病指 8~12.4,为耐病水平;黄萎病指 28~31.1,达耐病水平。

6. 栽培技术要点　播种期 5 月 20~25 日,在小麦行间播种,或 5 月 10 日前后育苗,麦收后 6 月中旬以前移栽。苗期田间管理:麦田套种夏棉,麦收后要及时灭茬,灌提苗水,施提苗肥,以促苗早发。密度:麦套种夏棉合理密度,每公顷 7.5 万~10.5 万株,单株留果枝 7~10 个。初花期至花铃期喷施缩节胺 2~3 次,每次每公顷用原粉 7.5~37.5 克。一般二代棉铃虫可以不防治,如遇虫害严重的年份可喷药 1~2 次,对其他害虫如棉蚜、棉蓟马、盲椿象、红蜘蛛、隆背花薪甲等应及时防治。

7. 适宜种植区域　适于黄河流域棉区的轻病区作麦套夏棉种植,也适于晋北、辽宁和甘肃等特早熟棉区作一熟春棉种植。

(十五)中棉所 68

1. 品种来源　中棉所 68(中夏杂 04)是由中国农业科学院棉花研究所以育种中间材料 MC502 系为母本,与抗虫棉品系 MK428 杂交育成的早熟、丰产、抗病杂交新品种,2006~2007 年参加河南省短季杂交棉品种区域试验,2007 年参加生产试验,同年获得国家农业转基因生产应用安全证书[农基安证字(2007)第 130 号],2008 年通过河南省审定(审定编号:豫审棉 2008014)。

2. 特征特性　生育期 107 天。苗壮,植株塔形,较紧凑,株高 81.9 厘米,茎秆坚韧,青紫色,抗倒伏。叶片中等大小,叶色深绿。第一果枝着生 5.4 节,开花结铃集中,结铃性强,单株结铃 11.7

个,铃重 5.3 克,衣分 39.7%,子指 11.3 克。霜前花率 91.3%,吐絮畅,絮色白。

3. 产量表现　2006～2007 年在河南省短季杂交棉品种区域试验中,平均每公顷籽棉、皮棉和霜前皮棉产量分别为 1 846 千克、1 084 千克和 988 千克,分别比对照品种银山 1 号增产 9.1%、9.2%和 11.1%,均达显著水平,霜前花率 91.3%。2007 年在河南省短季杂交棉生产试验中,平均每公顷皮棉和霜前皮棉产量为 1 097 千克和 861 千克,均居参试品种第一位,霜前花率 78.5%。

4. 纤维品质　由河南省短季杂交棉品种区域试验供样,农业部棉花品质监测中心测试,纤维上半部平均长度 29.4 毫米,断裂比强度 29cN·tex^{-1},麦克隆值 4.5,反射率 74.9%,黄度 7.6,整齐度指数 85.3%,纺纱均匀性指数 145.9,主要指标符合目前纺织工业的要求。

5. 抗病虫性　经中国农业科学院棉花研究所植保室抗病鉴定,两年平均枯萎病指为 7.2,黄萎病指为 27.4,属抗枯萎病、耐黄萎病品种。2007 年经中国农业科学院生物研究所抗虫鉴定:中棉所 68 的抗虫株率达 100%,抗虫纯度极高;B.t.蛋白质的含量为每克 510.6 纳克,高抗棉铃虫。

6. 栽培技术要点

(1)适时播种,合理密植　5 月中下旬下种,移栽棉田应提早在 5 月 10 日前后育苗,于麦收后及时移栽。麦套夏棉采用 3—1 式小套种植方式,并注意小麦预留棉行不能小于 30 厘米,点种棉花时距小麦行不得小于 15 厘米。中上等地力每公顷留苗 6 万～6.75 万株,中下等地力,每公顷留苗 6.75 万～7.5 万株,单株留果枝 9～11 个,保铃 10～12 个,每公顷总铃数 72 万～82.5 万个,确保每公顷皮棉产量达到 1 050～1 200 千克的高产水平。

(2)科学施肥　前茬作物应施足基肥,一般每公顷施饼肥 450～600 千克,磷肥 450 千克,尿素 300 千克。苗期每公顷追施尿素 110～150 千克,盛蕾后期施尿素 300～450 千克,花铃期叶面喷施 0.2％磷酸二氢钾 2～3 次。

(3)及时防治虫害　二代棉铃虫一般不用防治,三、四代棉铃虫如遇严重发生年份应喷药 1～2 次,但对非鳞翅目害虫,如棉蚜、棉叶螨、盲椿象等要及时防治。

(4)适时化学调控　苗期一般不用化学调控,开花初期用低浓度缩节胺加以调控,一般每公顷用缩节胺原粉 7.5～15 克,加水 300 升喷洒即可;打顶后应加大缩节胺用量,一般每公顷用原粉 22.5～45 克,对水 600～750 升及时喷洒,据棉花的长相,塑造丰产群体结构。

7. 适宜种植区域　适于河南省及黄河流域麦棉两熟棉区作麦套夏棉种植,也适于育苗麦后移栽,油菜、大麦茬后直播用种。

(十六)中棉所 69

1. 品种来源　中棉所 69 是由中国农业科学院棉花研究所培育的双价转基因抗虫棉品种,以国审双价转基因抗虫棉中棉所 41 为母本,非转基因棉品系 077 为父本杂交,采用系谱法选择育成。2006～2007 年参加河南省中熟棉区域试验,2007 年参加生产试验,同年获得农业转基因生物安全证书[农基安证字(2007)107 号],2008 年通过河南省品种审定委员会审定(豫审棉 2008002)。

2. 特征特性　中棉所 69 生育期 121 天左右。株高 105 厘米,植株筒形。叶片中等大小,叶色中绿,茎叶茸毛稀少。铃卵圆形,铃重 6.2 克,铃壳薄,铃嘴尖,吐絮畅。衣分 41.3％,子指 10.9 克,霜前花率 95％以上。种子短绒灰白色,发芽出苗性能好。前期生长发育快,开花、结铃、吐絮早而集中,抗棉铃虫性突出。

3. 产量表现　2006～2007 年参加河南省春棉区域试验,两年平均结果,每公顷皮棉和霜前皮棉产量分别为 1 491 千克和 1 428.8 千克,分别比对照鲁棉 21 增产 10.1％和 10.7％。在

2007 年生产试验中,平均每公顷皮棉和霜前皮棉产量分别为 1 303.5 千克和 1 200 千克,比鲁棉 21 增产 7％和 5.2％。

4. 抗病虫性 河南省两年区域试验鉴定结果:中棉所 69 枯萎病指为 8.9,黄萎病指为 23.8,属抗枯萎病,耐黄萎病品种。抗虫性鉴定结果:二代棉铃虫蕾铃被害减退率分别为 72％和 74.6％,三代棉铃虫 3 龄以上幼虫存活率为 0,抗虫株率 100％,B. t. 毒蛋白表达量 613.53 纳克·克$^{-1}$,高抗棉铃虫。

5. 纤维品质 2006～2007 年农业部棉花品质监督检验测试中心检测结果:纤维上半部平均长度 29.7 毫米,断裂比强度 28.6cN·tex^{-1},麦克隆值 4.9,整齐度指数 85.5％,伸长率 6.5,纺纱均匀性指数为 140.6。

6. 栽培技术要点

(1)适期播种,合理密植 营养钵育苗时以 4 月 15 日前后播种为宜,露地直播以 4 月 25 日左右播种为宜。一熟棉田以每公顷种植 4.5 万～5 万株为宜,麦棉套种以每公顷种植 5 万～5.5 万株为宜。

(2)科学肥水管理 中棉所 69 需肥量大,适当增施有机肥或磷、钾肥,重施基肥和花铃肥,早施蕾肥,早喷叶面肥,适当补施微量元素。后期视长势情况追施叶面肥以防早衰。

(3)及时中耕与整枝打顶 在中耕除草松土的基础上,结合深施蕾肥,起垄培土。当棉苗出现果枝后,应及时去掉部分叶枝,棉株有 13～18 个果枝时,根据长势即可打顶。提倡打小顶,摘掉一叶一心。

(4)适时化学调控 蕾期、花铃期和顶后可用化学药剂调控,遵循"少量多次,一次用量不宜过大"的原则。

(5)做好病虫害防治 对二代棉铃虫可不防治。当蚜虫、盲椿象、红蜘蛛等害虫的发生量达到防治指标时,应及时进行防治。

7. 适宜种植区域 该品种适宜在河南省棉区种植,在该省周边相似生态区也可引种种植。

(十七)sGK 棉乡 69

1. 品种来源 sGK 棉乡 69 是由河南省新乡市锦科棉花研究所从(锦科 S98-124×sGK958)F₁×sGK36 的后代经病圃地系选而成。2001 年组合杂交,后经南繁北育,2004 年育成,2005 年进行省内多点比较试验;2006~2007 年参加河南省春棉品种区域试验和生产试验,该品种综合农艺性状表现特别突出。2008 年 4 月经河南省农作物品种审定委员会审定通过(审定编号为:豫审棉2008001)。

2. 特征特性 sGK 棉乡 69 为双价转基因抗虫常规春棉品种。出苗好,前期长势稳健,中期长势强健。植株较高,株型较松散,呈塔形;茎秆粗壮,韧性好,较光滑;果枝较长,果枝节间近主茎的较短,远主茎的中等;叶片大小适中,叶色深,叶功能好,叶片缺刻中等,皱褶明显;结铃性强,铃卵圆形中等,铃壳较薄,铃嘴尖,吐絮畅,易采摘。生育期 136 天,株高 103 厘米,第一果枝节位 6.8节,果枝 13~15 个,单株结铃 22~35 个,铃重 5.3~5.8 克,子指10.8 克,衣分 41.2%,霜前花率 93%。广适性好、抗枯萎病、耐黄萎、高抗棉铃虫,高产、优质。

3. 产量表现 2006~2007 年参加河南省常规春棉区域试验,每公顷籽棉、皮棉、霜前皮棉产量分别为 3 606 千克、1 486.5 千克和 1 404 千克,比对照鲁研棉 21 分别增产 10.9%、9.9%和 8.8%,增产均达显著水平;2007 年参加河南省常规春棉生产试验,平均每公顷籽棉、皮棉和霜前皮棉产量分别为 3 528 千克、1 426.5 千克和 1 326 千克,分别比对照鲁研棉 21 增产 18.5%、17.2%和16.2%,在春棉 1 组 6 个参试品种中均居第一位,增产均达极显著水平。

4. 抗病虫性 2006~2007 年经中国农业科学院棉花研究所

植保室抗病性鉴定:两年平均枯萎病指 9.6,黄萎病指 24.7,属抗枯萎病耐黄萎病品种。2007 年经中国农业科学院生物技术研究所抗虫鉴定:抗虫株率 100%,B.t. 毒蛋白表达量 814.3 纳克·克$^{-1}$,高抗棉铃虫。2007 年 12 月获中华人民共和国农业转基因生物安全证书(农基安证字 2007 第 121 号)。

5. 纤维品质 2006~2007 年经农业部棉花品质监督检验测试中心测定:纤维上半部平均长度 30.5 毫米,断裂比强度 27.7cN·tex^{-1},麦克隆值 4.8,伸长率 6.5%,光反射率 75.6%,黄度 7.6,整齐度指数 85.2%,纺纱均匀性指数 138.5。符合纺织工业的用棉要求。

6. 栽培技术要点

(1)适期播种 露地直播棉田 4 月 15~25 日播种,地膜棉田 4 月 5~15 日播种,育苗移栽棉田于 4 月上旬育苗,5 月中旬移栽。

(2)合理密植 该品种植株较高,株型较松散,每公顷高水肥棉田种植 2.25 万~3 万株;中等肥力棉田种植 3 万~3.75 万株,土壤肥力偏差的棉田种植 3.75 万~4.5 万株,也可根据当地种植模式调整密度。

(3)适量化学调控 该品种苗蕾期长势稳健,一般不用化学调控;花铃期长势强健,可酌情化学调控,一般每公顷每次用缩节胺 15~22.5 克。

(4)科学施肥 对于多年种植棉花的田块应测土配方施肥,重施有机肥,增施磷、钾肥,合理施用氮肥,现蕾后注意喷施叶面肥。

(5)整枝打杈 高水肥田块可简化整枝;中低等肥力的田块应及时整枝。7 月 15 日前后进行打顶。

(6)中耕除草 5~6 月份注意中耕除草,疏松土壤,6 月下旬至 7 月初进行培土。

(7)病虫害防治 使用适乐时与高巧进行种子包衣,花铃期使用新克黄枯生物制剂进行枯、黄萎病的防治,酌情防治棉铃虫,及时防治棉蚜、红蜘蛛、盲椿象、白飞虱等害虫。

7. 适宜种植区域　该品种适宜黄淮棉区春直播和多种套作种植。

（十八）sGK791

1. 品种来源　sGK791（锦科 791）是河南省新乡市锦科棉花研究所以锦科 93003-7-16 为母本，以双价 450 为父本，采用常规杂交育种技术在病圃地系谱选育而成。2003～2005 年参加河南省春棉品种区域试验和春棉品种生产试验，同时进行优系速繁与品系纯化。2005 年 12 月获农业部颁发农业转基因生物安全证书，证书号为：农安基证字（2005）第 017 号；2006 年 4 月通过河南省农作物品种审定委员会审定并命名（审定编号为：豫审棉 2006005）。

2. 特征特性　该品种出苗良好，苗势壮且整齐，前中期长势强健，后期长势稳健，生育期为 128 天。植株塔形，较大而松散，透光性良好，茎秆微紫、粗壮较光滑，叶片中等大小，缺刻深，前期葱绿，后期深绿，叶功能较好。铃卵圆形中等，铃壳较薄，脱水开裂快，下部结铃中等，中上部结铃性强，吐絮畅，易收摘。霜前花率 90.4%，衣分 38.1%～41%，大铃，铃重 6.5 克，子指 11.2 克。

3. 产量表现　2003～2004 年参加河南省春棉品种区域试验，平均每公顷籽棉、皮棉和霜前皮棉产量分别为 4 960 千克、1 855 千克和 1 768 千克，分别比对照增产 11.8%、7.6% 和 9.7%。2005 年参加河南省常规春棉生产试验，平均每公顷籽棉、皮棉和霜前皮棉产量分别为 5 100 千克、1 989 千克和 1 810 千克，分别比对照增产 12.9%、10.9% 和 8.9%。

4. 抗病虫性　经中国农业科学院棉花研究所植保室 2003～2004 年抗病性鉴定：枯萎病指数 5.9，黄萎病指数 28.7，属于抗枯萎病、耐黄萎病类型；2003～2004 两年抗虫性鉴定结果：抗棉铃虫级别为中高抗。

5. 纤维品质　2003~2004年经农业部棉花品质监督检验测试中心测定,纤维上半部平均长度29.4毫米,断裂比强度27.7cN·tex^{-1},麦克隆值4.9,纺纱均匀性指数135.1,整齐度指数85.5%,伸长率7.6%,反射率74.3%,黄度8.2。

6. 栽培技术要点　在黄河流域棉区育苗移栽棉田,宜4月初育苗,5月初移栽,地膜覆盖棉田宜4月中旬播种,直播棉田宜4月20日左右播种,每公顷种植密度2.7万~3.3万株。棉铃虫、棉红铃虫的防治应视虫情发生情况防治,其他虫害应及时防治。该品种前期长势旺,直播棉田现蕾前应轻控勤控,每公顷化学调控缩节胺用量应不超过7.5克,现蕾至开花期应小剂量轻控,开花后酌情化学调控。施肥应增施有机肥,重施磷、钾肥,开花期喷施硼肥。

7. 适宜种植区域　适宜在河南省各地推广种植。

(十九)创杂棉20号

1. 品种来源　创杂棉20号是由河北省农林科学院与创世纪转基因技术有限公司合作育成的转B.t.基因抗虫棉杂交种,于2005~2006年参加黄河流域棉区杂交春棉组品种区域试验,2007年通过国家审定(国审棉2007003)。

2. 特征特性　出苗好,苗期长势一般,中后期生长势强,整齐度指数好,不早衰。株型松散,茎秆粗壮,叶片中等偏大、绿色,铃卵圆形,苞叶大,吐絮畅,抗枯萎病,耐黄萎病,抗棉铃虫。黄河流域棉区春播生育期122天,株高108厘米,第一果枝节位7.5节,单株结铃15.3个,铃重6.8克,衣分38%,子指11.4克,霜前花率93.2%。

3. 产量表现　2005年参加黄河流域棉区杂交春棉组品种区域试验,每公顷籽棉、皮棉及霜前皮棉产量分别为3 847.5千克、

1 456.5 千克和 1 356 千克,分别比对照中棉所 41 增产 20.9%、16%和 15.2%。2006 年参加黄河流域棉区杂交春棉组品种区域试验,每公顷籽棉、皮棉和霜前皮棉产量分别为 3 763.5 千克、1 434 千克和 1 336.5 千克,分别比对照鲁棉研 15 增产 10.4%、3.8%和 2.2%。

在 2006 年生产试验中,每公顷籽棉、皮棉和霜前皮棉产量分别为 3 598.5 千克、1 399.5 千克和 1 326 千克,分别比对照鲁棉研 15 增产 3.1%,减产 1.6%、减产 3.8%。

4. 抗病虫性 中国农业科学院棉花研究所植保室鉴定结果:该品种抗枯萎病,耐黄萎病,其中 2005 年枯、黄萎病指分别为 3.9 和 17.7,大田枯、黄萎病指分别为 3.9 和 20;2006 年枯、黄萎病指分别为 8.2 和 23.7,大田枯、黄萎指数分别为 2.0 和 14.7。抗棉铃虫,2005 和 2006 年 B.t.毒蛋白表达量分别为 645.87 纳克·克$^{-1}$和 936.20 纳克·克$^{-1}$,田间罩笼及室内叶片喂食抗虫性鉴定,对棉铃虫的抗性级别达到抗级。

5. 纤维品质 经农业部棉花品质监督检验测试中心测定,纤维上半部平均长度 30.4 毫米,断裂比强度 30.4cN·tex^{-1},麦克隆值 4.8,伸长率 6.7%,反射率 74.2%,黄色深度 7.8,整齐度指数 84.9%,纺纱均匀性指数 148。

6. 栽培技术要点 地膜棉田 4 月 15～22 日,直播棉田 4 月 25 日至 5 月 1 日播种。每公顷种植密度,高水肥地 2.25 万～3 万株,中等水肥地 3 万～3.75 万株,瘠薄旱地 3.75 万～4.5 万株。播种前每公顷施磷酸二铵 300～450 千克,钾肥 225 千克,尿素 150 千克。地膜棉田在初花期前和花铃期应及时追肥浇水,一般每公顷施尿素 225～375 千克,后期根据需要补施盖顶肥。根据棉田长势,适当化学调控,每公顷缩节胺用量为:蕾期 22.5～30 克,花铃期 37.5～45 克。注意及时防治地下害虫、盲椿象、蚜虫、红蜘蛛等棉田害虫。

7. 适宜种植范围　适宜在河北东南部、中南部,山东北部,河南中部、北部等黄河流域棉区春播种植。

(二十)创杂棉27号

1. 品种来源　创杂棉27号(金杂116)是由河南金北斗农业科技有限公司以配合力高,综合性状优良的D01为母本,以遗传基础广泛、抗病强的P164为父本组配而成的强优势棉花杂交种,2005~2007年参加河南省杂交棉区域试验及生产试验,2008年通过河南省农作物品种审定委员会审定(审定编号豫审棉2008009)。

2. 特征特性　全生育期129天,株高107厘米,植株塔形,较松散,茎秆粗壮,坚韧。叶片中等大小,叶色较深,茎叶绒毛中等;铃较圆,中等偏大,结铃性强。平均第一果枝节位6.3节,单株果枝14.6个,单株结铃26.9个,铃重6.1克,衣分41.9%,子指110克,霜前花率93%。出苗好,前中期长势较强,后期稳健,叶片功能好,结铃快而集中,吐絮畅,纤维色泽洁白。

3. 产量表现　2006~2007年在河南省杂交春棉区域试验中,该品种平均每公顷皮棉、霜前皮棉和籽棉产量分别为1 565.83千克、1 475千克和3 912.76千克,分别比对照豫杂35增产10%、10.5%和9.5%,两年皮棉产量连续第一,且增产达极显著水平。2007年参加河南省杂交春棉生产试验,8点平均每公顷皮棉、霜前皮棉和籽棉产量分别为1 431千克、1 474.5千克和3 421.5千克,分别比对照豫杂35增产11.8%、13.7%和11%,在杂交2组5个品种中均居第一位。

4. 抗病虫性　经中国农业科学院棉花研究所鉴定:2006~2007年两年平均枯萎病指2.1,黄萎病指18.6,属高抗枯萎病,抗黄萎病类型。2007年中国农业科学院生物所抗虫鉴定结果:抗虫株率100%,B.t.毒蛋白表达量686.7纳克·克$^{-1}$,为高抗棉铃虫品种。

纤维品质　经农业部棉花品质监督检验测试中心测定：2006～2007 年纤维上半部平均长度 29.1 毫米，断裂比强度 28.4cN·tex^{-1}，麦克隆值 4.8，伸长率 6.4％，反射率 75.8％，黄度 7.3％，整齐度指数 85.6％，纺纱均匀性指数 142.3。

5. 栽培技术要点

(1)适期播种　5 厘米地温稳定通过 12℃后即可播种，一般露地直播的在 4 月中下旬，地膜覆盖的播期在 4 月中旬，麦棉套种于 4 月初育苗，5 月中旬移栽。

(2)合理密植　中肥棉田密度为每公顷 2.7 万～3.75 万株，高水肥棉田为每公顷 2.25 万～3 万株，肥力较差的棉田为每公顷 3.75 万～4.5 万株。

(3)平衡施肥　施足基肥，以有机肥为主，注意氮、磷、钾肥平衡施用；苗期视苗情酌施氮肥，花铃期每公顷追施棉花专用肥 150～300 千克，后期可叶面喷施 0.3％磷酸二氢钾及 0.5％尿素混合液。

(4)科学化学调控　根据苗情进行科学的化学调控，可以简化整枝，充分发挥杂交棉的简化栽培优势，一般每公顷棉田在蕾期、花铃期、打顶后分别喷缩节胺 15 克、30 克和 45 克进行化学调控。

(5)及时防治病虫草害　及时中耕除草，也可采取草甘膦定向喷雾进行化学除草。根据病情预报，提前用多菌灵、甲基硫菌灵等杀菌剂 600～800 倍水溶液均匀喷雾，在发病期连防 2～3 次；及时防治棉花害虫，苗期做好对地老虎、棉蚜和棉红蜘蛛的防治，中期注意防治伏蚜、盲椿象、棉粉虱等害虫。

6. 适宜种植范围　适宜在河南省各棉区及黄河流域大部分棉区春直播和麦棉套作种植。

(二十一)冀棉616

1. 品种来源 冀棉616是河北省农林科学院棉花研究所从冀棉20×转基因抗虫棉品系596系杂交后代中,经过多年南繁北育选育而成的新品种,2007年4月通过河北省农作物品种审定委员会审定(审定证号:冀审棉2007001号)。

2. 特征特性 生育期133天。出苗快,苗病轻,苗势壮。株高中等,植株塔形。叶片中等,叶色深绿。中期长势强而稳健,单株结铃性强,吐絮肥畅,铃重6.4克,衣分40%。高抗枯萎病、抗黄萎病,耐瘠、抗早衰,适应性广,高产稳产,纤维品质好。

3. 产量表现 2004~2005年河北省区域试验,平均籽棉、皮棉和霜前皮棉产量分别为每公顷3 840千克、1 527千克和1 378.5千克,分别比对照99B增产15.3%、22.7%和21.8%,其中2005年籽棉、皮棉和霜前皮棉产量均居参试品系第一位。2006年生产试验中,平均每公顷籽棉、皮棉和霜前皮棉分别为3 825千克、1 521千克和1 432.5千克,分别比对照增产16.3%、25%和26.6%,均居参试品种第一位。

4. 抗病性 河北省农业科学院植保所抗病性鉴定结果:2004年枯萎病指为2.8,黄萎病指18;2005年枯萎病指平均为6.9,黄萎病指17.3,属于抗枯萎病、抗黄萎病品种。

5. 纤维品质 经农业部棉花品质监督检验测试中心测定:纤维上半部平均长度31.2毫米,整齐度指数84.9%,麦克隆值4.9,断裂比强度29.5cN·tex^{-1},伸长率6.1%,反射率73.4%,黄度7.9%,纺纱均匀性指数144。

6. 栽培技术要点

(1)播前准备 冬耕晒垡。基肥多用有机肥,一般每公顷施鸡粪15~30米^{3}或猪粪45~60米^3,结合施用磷酸二铵300~375千克,钾肥150~225千克,尿素225~300千克。基肥可以结合耕地一次性翻入地下,然后浇水;或直接均匀撒在地面,再浇水。播前3～10天每公顷用氟乐灵1 500克加水450升,均匀喷洒于地面,防治多数杂草。

(2)适时播种　一般在4月20日至5月1日寒潮将过,暖天将至时播种;重茬病重地块或盐碱地可推迟到5月1～5日。

(3)合理密植　整枝棉田建议用大小行种植,大行距90～110厘米,小行距40～50厘米,株距30～40厘米。每公顷密度3.45万～4.5万株。简化整枝棉田每公顷密度3万株左右,株距40～50厘米,大行距100～120厘米,小行距40～50厘米,但以80厘米等行距种植的效果更好。

(4)整枝打顶　整枝棉田:提倡新式整枝技术,即在麦收以后整枝时打掉弱势叶枝和无效叶枝,同时对已长出1～2个次生果枝的优势叶枝打顶。简化整枝棉田,见花前后去掉棉株基部的弱势叶枝和无效叶枝,根据密度留靠近主茎果枝始节以下的1～3个优势叶枝。当叶枝长出3～5个果枝时,及时打顶。打顶时间一般在7月20日完成。

(5)落实关键肥、水　麦收前后是棉田需水关键时期,不可等雨、怕雨,应于6月10～25日及时浇水,以促进棉花多结桃;后期长势弱、基肥少的,可用2%尿素或磷酸二氢钾喷施。

(6)合理化学调控　化学调控的原则是,遇透雨或浇地后使用,生长势旺多施,生长势弱少施。一般年份蕾期无需化学调控,但多雨年份下透雨后对长势旺盛的棉田,要及时进行化学调控,每公顷缩节胺用量7.5克;初花期是化学调控的关键时期,缩节胺用量15～30克;打顶后3～7天是最后一次化学调控,缩节胺用量45～75克。

(7)及时治虫　搞好病、虫测报及时防治。

7. 适宜种植范围　适宜河北省各地种植。

(二十二)富 棉 289

1. 品种来源 富棉 289 是河南省开封市富瑞种业有限公司以石远 321 的优良选系做母本,泗棉 3 号转 B.t. 基因抗虫 GK12 选系为父本,经过连续多年枯、黄萎混生重病地鉴定选育而成。2005～2006 年参加河南省常规棉区域试验,2006 年同时进行生产试验,2007 年获得农业部农业转基因生物安全证书[农基安证字(2007 第 207 号)],2008 年通过河南省品种审定委员会审定(审定编号:豫审棉 2008006)。

2. 特征特性 该品种为中早熟常规抗虫棉,生育期 127 天。出苗好,全生育期长势强;植株塔形,茎秆粗壮,有茸毛,抗倒伏;叶片中等大小,叶色较深,透光性好,耐阴湿,在多雨年份更显其优势,很少有空果枝;铃卵圆形,较大,结铃性强,开花结铃集中。第一果枝节位 6.7 节,中部铃重 6.5～7 克,子指 11 克,衣分 39.9%～41.5%,霜前花率 95.1%。吐絮畅,易采摘;纤维色泽洁白。

3. 产量表现 2005 年参加河南省常规棉区域试验,平均每公顷籽棉、皮棉和霜前皮棉产量分别为 3 154.5 千克、1 243.5 千克和 1 173 千克,比对照中棉所 41 增产 6.5%、7.1% 和 7.4%。霜前皮棉产量居第二位。2006 年续试,平均每公顷籽棉、皮棉和霜前皮棉产量分别为 3 804 千克、1 536 千克和 1 476 千克,比对照鲁棉研 21 平均增产 10.3%、9.9% 和 8.9%。籽棉产量、皮棉产量均居第一位。高产稳产性好。2006 年参加河南省常规棉生产试验,平均每公顷籽棉、皮棉和霜前皮棉产量分别为 3 669 千克、1 441.5 千克和 1 380 千克,比对照鲁棉研 21 增产 5.6%、5.6% 和 5.9%。皮棉、霜前皮棉产量均居第二位。

4. 抗病虫性 中国农业科学院棉花研究所植保室病圃鉴定,2005～2006 两年平均:枯萎病指数 9.7,黄萎病指数 28,为抗枯萎病、耐黄萎病品种。2006 年经中国农业科学院生物所抗虫鉴定:

抗虫株率100％,B.t.毒蛋白表达量453.12纳克·克$^{-1}$,高抗棉铃虫。

5. 纤维品质 2005～2006年所有区域试验点棉样,经农业部棉花纤维品质监督检验测试中心测定:纤维上半部平均长度29.5毫米,断裂比强度28.6cN·tex^{-1},伸长率6.6％,麦克隆值4.6,反射率73.1％,黄度8.1,整齐度指数84.9％,纺纱均匀性指数140.6。

6. 栽培技术要点

(1)适时播种 营养钵育苗4月5～10日播种;地膜覆盖棉田4月15～20日播种。

(2)合理密植 一般棉田每公顷3.75万株左右,高肥地每公顷3万株左右。

(3)配方施肥 基肥重施有机肥,增施磷、钾肥和锌、硼微肥;追肥重施花铃肥,补施盖顶肥;后期喷磷酸二氢钾2～3次,防止早衰。

(4)全程化学调控 蕾期、花期用助壮素化学调控,塑造理想株型。

(5)综合防治病虫害 苗期用多菌灵喷洒,防止苗病及枯萎病。二代棉铃虫一般不需防治,三、四代棉铃虫酌情防治。注意防治地老虎、盲椿象、蚜虫、红蜘蛛等害虫。

7. 适宜种植范围 适宜河南省麦套棉区,也可在黄淮流域棉区套作种植。

(二十三)鑫 杂 086

1. 品种来源 鑫杂086是山东济南鑫瑞种业科技有限公司与中国农业科学院生物技术研究所合作,以中棉所17选系318系为母本、中棉所41选系107为父本杂交选育的杂交棉新品种,2007年11月通过国家审定(国审棉2007011)。

2. 特征特性 鑫杂 086 春套种植生育期 120 天,出苗好,前中期生长势较强,后期长势一般,整齐度指数较好。株型较松散,株高 97 厘米,茎秆茸毛少,叶片较大、深绿色,第一果枝节位 7.1 节;单株结铃 17.4 个,铃卵圆形,吐絮畅,铃重 6.5 克,衣分 38.4%,子指 11.7 克,霜前花率 93.6%。

3. 产量表现 在 2005~2006 年黄河流域棉区麦棉套组品种区域试验中,平均籽棉、皮棉和霜前皮棉每公顷产量分别为 4 000.5 千克、1 534.5 千克和 1 437 千克,分别比对照中棉所 45 增产 19.7%、23% 和 29.1%。在 2006 年生产试验中,籽棉、皮棉和霜前皮棉每公顷产量分别为 3 514.5 千克、1 362 千克和 1 258.5 千克,分别比对照中棉所 45 增产 16.7%、18.5% 和 24.7%。在 2005~2006 年黄河流域棉区麦棉套组品种区域试验中,平均籽棉、皮棉和霜前皮棉产量均居参试品种第一位。

4. 纤维品质 经农业部棉花品质监督检验测试中心测定,2005~2006 年区域试验两年平均:纤维上半部平均长度 29.2 毫米,断裂比强度 29.9cN·tex^{-1},麦克隆值 5,伸长率 6.7%,反射率 72.3%,黄色深度 8.5,整齐度指数 84.9%,纺纱均匀性指数 141;2006 年生产试验:纤维上半部平均长度 30.1 毫米,断裂比强度 30.3cN·tex^{-1},麦克隆值 5.2,伸长率 6.2%,反射率 73.1%,黄色深度 7.8,整齐度指数 85.5%,纺纱均匀性指数 145。

5. 抗病虫性 2005~2006 年黄河流域区域试验抗病性鉴定,两年平均枯萎病指 17.1,黄萎病指 21.9,属于耐枯萎病,耐黄萎病品种。2006 年经中国农业科学院生物技术研究所抗虫鉴定:抗虫株率 100%,平均 B.t. 毒蛋白表达量 470 纳克·克$^{-1}$,抗棉铃虫。

6. 栽培技术要点

(1)适期播种 黄河流域棉区棉麦套种 4 月中下旬播种。

(2)合理种植密度 一般地块每公顷 2.25 万~3 万株,高肥水地块每公顷 1.8 万~2.25 万株,低肥水地块每公顷 3 万~3.75

万株。

(3)合理施肥 施足基肥,早施追肥,重施花铃肥,增施磷、钾肥。

(4)合理化学调控 使用缩节胺化学调控,掌握早施、多次和适量的原则。

(5)科学治虫 二代棉铃虫一般年份不需防治,三、四代棉铃虫卵孵化高峰期应及时进行药剂防治,全生育期注意防治棉蚜、红蜘蛛、盲椿象等非鳞翅目害虫。

7. 适宜种植区域 适宜河北省南部,山东省西北部、西南部,河南省东部、北部和中部,江苏省、安徽省淮河以北的黄河流域棉区春套种植。不宜在枯萎病和黄萎病重病区种植。

(二十四)邯 5158

1. 品种来源 邯 5158 由河北省邯郸市农业科学院育成。1996 年配置杂交组合,组合为邯 93-2×GK12。邯 93-2 为该院自育的抗病、高产品系,GK12 是中国农业科学院生物技术研究所育成的转 B. t. 基因抗虫棉品种。1996 年冬季后逐年进行南繁加代,在北方病圃中多次进行定向选育,于 2000 年从 F₇ 群体中选育出较稳定的 78 系,2001 年品系比较试验,进一步优中选优,从中选出51、58 两个优系,当年海南扩繁后混和命名为邯 5158,2002～2003年参加黄河流域春棉品种区域试验,2004 年参加黄河流域春棉 A组生产试验,2006 年 6 月通过国家农作物品种审定委员会审定。

2. 特征特性 生育期 136 天,株高 89.2 厘米,植株塔形,茎秆较硬,茸毛多。结铃性强,铃卵形,铃重 5.2 克,衣分 40.5%,子指 9.9 克,铃壳薄,吐絮畅而集中,易采摘,早熟不早衰。

3. 产量表现 2002～2003 年黄河流域春棉品种区域试验结果:每公顷籽棉产量 3 351 千克,较对照增产 14.2%;皮棉产量1 357.5 千克,较对照增产 10%;霜前皮棉 1 243.5 千克,较对照增产 12.3%。2004 年参加黄河流域春棉 A 组生产试验,籽棉每公顷产量 3301.5 千克,较对照增产 11.5%;皮棉产量 1330.5 千克,较对照增产 9.1%;霜前皮棉 1266 千克,较对照增产 11.1%。

4. 抗病性 该品种经中国棉花研究所植保室进行抗病性鉴定,2002~2003 年两年平均枯萎病指 2.3,黄萎病指 19.7,鉴定结果为高抗枯萎病、抗黄萎病品种。

5. 纤维品质 由农业部棉花纤维品质监督检验测试中心检测:纤维上半部平均长度 29.6 毫米,断裂比强度 28.4cN·tex^{-1},麦克隆值 4.4。

6. 栽培技术要点

(1)科学施肥,以基肥为主,追肥为辅 一般每公顷施有机肥 6~7 米^3,磷酸二铵 500~600 千克,氯化钾 225~300 千克。初花期追肥,每公顷追尿素 150~300 千克。8 月 10 日后酌情补追盖顶肥,每公顷追尿素 75~120 千克,或喷叶面肥 2~3 次。追肥后及时浇水,特别是后期浇水可有效提高铃重及品质。

(2)适时早播,合理密植 最佳播期 4 月 15~28 日,育苗移栽可在 4 月初下种。一般种植密度每公顷 5.7 万~6.7 万株,株距 25~30 厘米,行距 70 厘米。高水肥棉田可加大行距到 80~100 厘米,密度每公顷 4.5 万~5.25 万株。

(3)全程化学调控 遵循"少量多次、前促、中控、后防衰"的原则,缩节胺在初花期每公顷用 15~22.5 克,以协调营养生长和生殖生长,盛花期每公顷用 20~35 克,以控制旺长,防蕾铃脱落。

(4)及时打顶,精细整枝 强调早打顶,打小顶,做到"枝到不等时,时到不等枝",一般在 7 月 15~25 日打顶,平均留 13~15 个果枝。采取打群尖,去赘芽,减空枝,去老叶等一系列精细整枝措施,改善田间通风透光条件,减少落铃,烂铃,增加铃重,促早熟,提高产量及品质。

(5)及时防治棉田病虫害 着重防治地老虎、棉蚜、红蜘蛛及盲椿象等害虫。苗蚜及红蜘蛛可用吡虫啉＋哒螨灵 1 500 倍液喷洒,喷洒要细致,不能遗漏,可连喷 2 遍。

7. 适宜种植区域　该品种适宜在黄河流域春播棉区推广种植。

(二十五)邯杂 98-1

1. 品种来源　邯杂 98-1(KZ11)是河北省邯郸市农业科学院育成的高产、优质、抗病虫三系杂交棉。组合为邯抗 1A × 邯 R174,母本邯抗 1A 为陆地棉胞质雄性不育系,1995 年利用从泗棉 3 号抗虫系中选育的优良抗系,进行选株自交并与本院自主育成的陆地棉胞质雄性不育系 104-7A 回交转育 6 代以上而成的抗虫不育系。父本邯 R174 为恢复系,1991 年用具有恢复加强基因的有限果枝类型邯 R 系作母本与中 206 杂交,经过多代定向选择和育性、配合力检测,于 1995 年育成具有育性好、配合力高、衣分高的优良恢复系。1999～2000 年参加河北省春播抗虫棉区域试验和生产试验,2004 年 12 月获得转基因安全评价证书,2005 年 3 月通过河北省农作物品种审定委员会审定(审定证号为:冀审棉 2005001 号),2004～2005 年参加国家黄河流域春播棉区域试验和生产试验,2006 年通过国家农作物品种审定委员会审定(审定证号为:国审棉 2006007)。

2. 特征特性　全生育期 121 天。株高中等,94 厘米。株型较紧,茎秆茸毛多,第一果节短。叶片较大、平坦,叶色淡绿。蕾铃多,苞叶大,铃中等偏大,铃重 5.7 克,卵圆形。结铃性好,内围成铃多,单株结铃 18.6 个,衣分高,衣分 40.7％,子指 9.9 克,第一果枝着生节位 6.6 节,霜前花率 97.7％。出苗旺,前中期长势强,后期长势转弱,整齐度指数较好。吐絮畅,易采摘。耐枯、黄萎病。抗棉铃虫。

3. 产量表现　2004～2005 年两年国家区域试验平均结果:每

公顷籽棉、皮棉和霜前皮棉产量分别为 3 766.5 千克、1 534.5 千克和 1 446 千克,分别比对照中棉所 41 增产 21.7%、24.2% 和 26.2%,均居第一位。

4. 抗病虫性 2004~2005 年经中国农业科学院植保所鉴定:平均枯萎病指 14.8,黄萎病指 21.2,耐枯、黄萎病;抗虫性达到抗级。

5. 纤维品质 经农业部棉花纤维品质监督检验测试中心测定:纤维上半部平均长度 29.6 毫米,断裂比强度 $29.2cN \cdot tex^{-1}$,麦克隆值 4.5,伸长率 6.6%,反射率 75.5,黄度 8,整齐度指数 84%,纺纱均匀性指数 139。

6. 栽培技术要点

(1)施肥 施足基肥,以有机肥为主,化肥为辅,增施钾肥,重施花铃肥。播前每公顷施优质有机肥 60 米³,碳铵 750 千克,过磷酸钙 750 千克,氯化钾 225 千克。

(2)适时播种 育苗移栽棉田于 4 月上旬育苗,地膜棉于 4 月中下旬播种,裸地棉田于 4 月 25 日左右播种。

(3)合理密植 一般棉田每公顷 4.5 万~5.25 万株;高肥水棉田 3 万~4.5 万株,每公顷不宜超过 5.25 万株;免整枝棉田 1.8 万~3 万株。

(4)科学防治病虫害 二代棉铃虫发生期,一般不用防治,三四代棉铃虫发生高峰期需化学防治,并注意地下害虫、棉蚜、红蜘蛛、盲椿象等非鳞翅目害虫的防治。

(5)适时化学调控 该杂交棉前中期长势强,后期长势转弱,前中期适时化学调控,后期缩节胺用量宜减少。

7. 适宜种植区域 该品种适宜黄河流域棉区高产田推广种植。

（二十六）衡科棉369

1. 品种来源 衡科棉369是河北省农林科学院旱作农业研究所以中早熟陆地棉品种资源材料衡9273为母本，以K12父本杂交，后代多年南繁北育，经枯、黄萎病圃鉴定选择，育成的转B. t. 基因抗虫棉新品种，2006年4月通过河北省品种审定（审定编号为：冀审棉2006014）。

2. 特征特性 衡科棉369株型清秀，筒形，松紧适中，分杈少。株高中等略高，茎秆粗壮，茸毛较少，叶片中等，叶色深绿，铃大，卵球形，铃重5.8克，子指10.2克，衣分40%。种子发芽势强，出苗好，花铃期长势壮，发育快，前期稳健后期较壮。结铃性强，吐絮肥畅，易采摘。中早熟，生育期130~135天。

3. 产量表现 2003年河北省棉花区域试验，每公顷霜前皮棉产量1 234.5千克，较对照新棉33B增产9%；2004年每公顷霜前皮棉产量1 003.5千克，较对照DP99B增产0.5%。2005年河北省棉花生产试验，每公顷霜前皮棉产量1 353千克，较对照增产21.4%。2002~2005年冀州西南王、枣强马屯、深州高铺、西王庄示范平均每公顷皮棉产量1 713千克，平均比对照增产9%~18%。

4. 抗逆性 河北省农林科学院植物保护研究所2005年抗病鉴定结果：枯萎病指为8.7，黄萎病指为34.9，该品种属于抗枯萎病、耐黄萎病品种。中国农业科学院植物保护研究所鉴定为转B. t. 基因抗虫品种。试验示范表明，衡科棉369抗旱性明显，比对照水利用效率提高10%以上。

5. 纤维品质 2005年农业部棉花品质监督检验测试中心检测结果：纤维上半部平均长度29毫米，整齐度指数83.6，麦克隆值4.5，断裂比强度29.1cN·tex^{-1}，伸长率6.9%，反射率75.1，黄度8.3，纺纱均匀性指数137，短纤维指数7.7。

6. 栽培技术要点

(1)播前准备 造墒整地,施足基肥。播前晒种 2～3 天,提高发芽率。

(2)播期和播量 4 月中旬,地膜覆盖。宜早不宜迟。非包衣种,播种时可用呋喃丹颗粒剂拌种。深播浅覆土晚放苗,防倒春寒。直播棉田,每穴种量不低于 3～4 粒,一般每公顷用量 18.8～22.5 千克,育苗移栽棉田每公顷用量 7.5 千克。

(3)合理密植 该品种株型稍大,略低于常规密度。根据地力情况,每公顷高水肥地 3.75 万～4.5 万株,中水肥地 4.95 万～5.25 万株,旱薄地 6 万～6.75 万株。免整枝技术种植密度 1 500～2 000 株。

(4)肥水管理 本品种生长稳健,不易旺长,在施足基肥基础上,重施蕾肥、花铃肥。

(5)科学整枝 本品种疯杈赘芽少,管理简化,整枝 2～3 次即可。7 月 15 日打完顶。8 月 20 日去无效花蕾。

(6)合理化学调控 根据长势、地力,结合浇水,喷施缩节胺,掌握少量多次原则。蕾期每公顷喷 7.5～15 克,打顶前后可每公顷喷 30～45 克。

(7)中耕除草 播种前每公顷以 48%氟乐灵乳油 1 875～2 250 毫升对水 450 升,均匀喷施地表,后期以烯禾啶 1 500 毫升加水 450 升,在禾本科杂草 2～3 叶期补喷。7 月中旬,封垄前中耕培土。

(8)虫害防治 及时防治蓟马、盲椿象红蜘蛛、蚜虫等非鳞翅目害虫。

7. 适宜种植区域
该品种适宜在河北省中南部和东部棉区推广种植。

(二十七)衡棉 4 号

1. 品种来源　衡棉 4 号由河北省农林科学院旱作农业研究所育成,亲本组合为(省 1322×冀棉 27)×GK12,GK12 是转 B. t. 基因抗虫棉品种,省 1322×冀棉 27 是常规陆地棉材料,通过常规育种手段复式杂交方法选育而成,2004～2005 年参加河北省棉花区域试验,2006 年参加河北省生产试验,2007 年 4 月通过河北省审定(审定编号为,冀审棉 2007004)。

2. 特征特性　衡棉 4 号生育期 125～128 天,植株松紧适中,较清秀,植株塔形,株高中等。铃重 6.5 克,子指 11.8 克,衣分40.6%。种子发芽势强、出苗好,整个生育期内长势稳健,整齐度指数高,铃大,结铃性强,吐絮畅,易采摘。

3. 产量表现　2004 年河北省区域试验结果,霜前皮棉每公顷产量为 1 321.5 千克,比对照 99B 增产 28.1%,在参试组中居第二位,霜前花率 93.2%。2005 年河北省区域试验结果,每公顷霜前皮棉产量 1 387 千克,比对照 99B 增产 13.7%,在参试组中居第三位,霜前花率 95.1%。2006 年河北省大区生产试验结果,霜前皮棉产量 1 393.5 千克,比对照 99B 增产 20.1%,霜前花率 92.9%。

4. 抗病虫性　衡棉 4 号属高抗枯萎病、耐黄萎病品种。在二代、三代和四代棉铃虫发生期,平均百株幼虫数量为 2,顶尖受害率 0.1%、蕾铃受害减退率 98.6%,达到高抗级别,对靶标害虫抗性效率较高。

5. 纤维品质　2006 年农业部棉花品质监督检验测试中心测试结果:该品种的纤维上半部平均长度 30.4 毫米,整齐度指数85.1,麦克隆值 4.5,断裂比强度 28.2cN·tex^{-1},伸长率 6.6%,反射率 74.5,黄度 7.2,纺纱均匀性指数 145。

6. 栽培技术要点

(1)播前准备　播前造墒整地,施足基肥。基肥以粗肥为主,每公顷施优质粗肥 45～60 米³,磷酸二铵 300～450 千克,尿素 150～225 千克,钾肥 150～225 千克。

(2)适期播种　该品种适播期较长,4 月中下旬至 5 月上中旬均可播种。4 月中旬播种的,需地膜覆盖。播前晒种 2～3 天。非包衣种,播种时可用克百威颗粒剂拌种。直播棉田每穴种量不低于 3～4 粒,机播每公顷播种量 15～22.5 千克。育苗移栽棉田公顷用种量 112.5 千克,深播浅覆土晚放苗,防倒春寒。河北省中南部春播地区 4 月 25 日至 5 月 1 日直播;如地膜覆盖,可在 4 月 15～25 日播种。

(3)合理密植　高水肥地棉田每公顷留苗 3.45 万～4.2 万株,中等肥力棉田留苗 4.5 万～6.75 万株,旱播盐碱地 7.2 万～9万株。

(4)科学肥水管理　花铃期根据棉花长势长相适时浇水,同时每公顷追施尿素 75 千克左右;补施钾肥 112.5～150 千克。视长势,后期补施盖顶肥。

(5)虫害防治　应及时防治除棉铃虫以外的蚜虫、棉蓟马、红蜘蛛等棉花害虫。

(6)化学调控与打顶　该品种生长势较强,要求全生育期化学调控,掌握少量多次、前轻后重的原则,根据棉花的长势、灌溉和田间降水情况适时化学调控。每公顷缩节胺用量:蕾期 15 克左右,初花期 22.5 克左右,花铃期 45～60 克。7 月中旬适时打顶,打顶过早易早衰。

7. 适宜种植区域　该品种适应范围较广,适宜在河北省各地推广种植。

(二十八)冀 3927

1. 品种来源　冀 3927 是河北省棉花研究所以冀棉 20×GK12 育成的转基因棉花品系 279 系为母本,冀棉 25×冀棉 22 育成的抗病优质品系 039 系为父本杂交,经多年选育而成的高产、抗病棉花新品种。2006～2007 年参加河北省棉花品种区域试验,2007 年参加河北省生产试验,2008 年通过河北省品种审定委员会审定命名。

2. 特征特性　冀 3927 生育期 125 天,出苗快,生长稳健,植株塔形,叶片大小适中,株高 95 厘米,果枝数 13.5 个,第一果枝节位 6.9 节,单株成铃 15.4 个,铃重 6.4 克,衣分 40.2%,子指 10.2 克,后期叶功能好,抗逆性强,吐絮肥畅易采摘,霜前花率 93.4%。

3. 产量表现　河北省棉花品种区域试验结果:2006 年每公顷籽棉、皮棉和霜前皮棉产量分别为 4 236 千克、1 704 千克和 1 588.5 千克,分别较对照新棉 33B 增产 18.3%、20.1% 和 22.4%,达极显著水平。2007 年每公顷籽棉、皮棉和霜前皮棉产量分别为 3 999 千克、1 612.5 千克和 1 539 千克,分别较对照新棉 33B 增产 17.8%、27.7% 和 30.3%,达极显著水平。

2007 年河北省棉花品种生产试验结果:每公顷籽棉、皮棉和霜前皮棉产量分别为 4 095 千克、1 660.5 千克和 1 542 千克,分别较对照新棉 33B 增产 10.8%、14.8% 和 14.9%,增产显著。

4. 抗病性　河北省农林科学院植物保护研究所鉴定:平均枯萎病指 3.8,黄萎病指 19.7,抗枯、黄萎病明显好于对照 DP99B,属高抗枯萎病、耐黄萎病品种。

5. 纤维品质　农业部棉花品质监督检验测试中心测定结果:纤维上半部平均长度 29.1 毫米,整齐度指数 83.8%,麦克隆值 5.1,断裂比强度 27cN·tex^{-1},伸长率 6.5%,反射率 76.2%,黄度 8.2,纺纱均匀性指数 128。

6. 栽培技术要点

(1)适时播种,合理密植　4 月 20～30 日播种,盐碱地可适当晚播。每公顷播量 15～22.5 千克。每公顷旱薄地 4.8 万～5.25 万株,中等肥力 4.5 万～4.8 万株,肥水较好的地块 4.2 万～4.5

万株。

（2）及时治虫　及时防治棉蓟马、棉蚜、红蜘蛛等害虫,重点防治盲椿象。盲椿象几乎在棉花整个生育期都有危害,用农药氟虫腈在早晨或傍晚喷洒防治效果较好。其他害虫如红蜘蛛、棉蚜及三、四代棉铃虫等,要密切观察,及时防治。

（3）科学化学调控　一般每公顷于盛蕾期喷施缩节胺 7.5～15 克,于花铃期喷 30～45 克,浇水前或大雨后要控,同时根据天气、苗情灵活掌握。

（4）肥水管理　棉花生长期注意增施钾肥,花铃盛期棉花需水进入高峰期,必须及时浇透水、重施花铃肥,生长后期追施盖顶肥。

（5）按时整枝、培土　7 月 15～20 日打小顶,一次打完。封垄之前及时培土,能促进早熟,防止倒伏。

7. 适宜种植区域　适宜在河北省各地推广种植。

(二十九)冀 棉 3536

1. 品种来源　冀棉 3536 是河北省农林科学院棉花研究所培育的高抗枯萎病、耐黄萎病的高产杂交棉新品种。母本南 36 来自陆地棉优质系 89-127 与海岛棉的杂交后代,父本南 21 来自新陆中 8 号×K12 的杂交后代。该品种在 2004～2005 年参加河北省棉花品种区域试验,2007 年参加生产试验,2008 年通过河北省农作物品种审定委员会审定(审定编号:冀审棉 2008004 号)。

2. 特征特性　冀棉 3536 全生育期 133 天。株高 90 厘米。单株果枝数 12.4 个,第一果枝节位 6.4 节。出苗快,苗势壮,植株较高,茎秆粗壮,叶色深绿。结铃性强,铃大,衣分高,吐絮畅,色白,易采摘。铃重 6.5 克,衣分 39.65%,子指 10.8 克。

3. 产量表现　2004 年在河北省区域试验中,8 个试点平均,每公顷籽棉、皮棉和霜前皮棉产量分别为 3 796.5 千克、3 399 千克和 1 360.5 千克,分别比对照品种 99B 增产 23.9%、34.6% 和

34.9%。2005年河北省区域试验中,平均籽棉、皮棉和霜前皮棉产量分别为4 029千克、1 591.5千克和1 456.5千克,分别比对照品种99B增产14.6%、20.5%和22.1%。2007年河北省生产试验中,平均每公顷籽棉、皮棉和霜前皮棉产量为4 125千克、1 660.5千克和1 546.5千克,分别比对照冀228增产11.7%、14.8%和15.3%。

4. 抗病性 经河北省农林科学院植物保护研究所鉴定:2004年枯、黄萎病指分别为4.6和25.3,2005年枯、黄萎病指分别为0.6和25.6,属高抗枯萎病、耐黄萎病类型。

5. 纤维品质 经农业部棉花品种监督检验测试中心纤维品质检测,纤维上半部平均长度28.7毫米,断裂比强度26.9cN·tex^{-1},麦克隆值5.2,纺纱均匀性指数127。

6. 栽培技术要点

(1)施足基肥 播前平整地,多施有机肥,每公顷施鸡粪20～30米³,或猪粪45～60米³;磷酸二铵300～375千克,钾肥150千克。中性土壤、黏土地可以将化肥底施。

(2)适时播种 地膜棉一般在4月15～25日播种,可根据土壤墒情和天气情况灵活掌握,盐碱地可适当推迟播种。

(3)合理密度 根据地力每公顷一般种植3.75万株,生茬地种植3万株左右。

(4)打顶尖、去疯杈 打顶在7月20日前完成,打小顶,一次打完。

(5)落实关键肥水 开花前是搭好丰产架子的关键时期,这时正是三夏时期,且多数年份干旱,误了这次水易引起早衰和棉叶早枯;花铃盛期,棉花需水进入高峰期,要及时浇水;结铃盛期,浇水时可将尿素化成水浇到地里,如果棉花封垄不易追肥的,可用2%尿素或磷酸二氢钾喷施。

(6)合理化学调控 每公顷盛蕾期施缩节胺7.5～15克,花铃期30～45克,浇水前或大雨后要控,采取少量多次的方式。

(7)及时治虫　盲椿象5月份迁入棉田开始为害,一直到棉花吐絮,已成为目前棉田的主要害虫之一,建议用锐劲特早晨或傍晚喷施,从地边四周往中间喷洒效果好。

7. 适宜种植区域　该品种高产、抗病、适应性广,可在冀中南及黄淮流域同类生态春播棉区推广种植。

(三十)晋棉50号

1. 品种来源　转基因抗虫棉新品种晋棉50号(原名SX02)由山西省农业科学院棉花研究所与中国科学院遗传与发育生物学研究所合作研制。2006～2007年参加山西省棉花区域试验,2008年通过山西省品种审定委员会审定(晋审棉2008002),同年获得国家农业转基因生物安全证书[农基安证字(2008)第003号]。

2. 特征特性　晋棉50号全生育期125天左右,属于陆地棉中熟品种,植株整齐呈筒形,生长势强不早衰,株高100～110厘米。茎秆粗壮不倒伏,叶片掌状深绿色、较大,层次清晰,通透性较好,后期叶功能保持时间长。铃卵圆形,铃壳薄,吐絮畅,絮色洁白。果枝13～15个,铃重5.5～6克,衣分40.3%～41.2%,子指11.4克,果枝舒展,层次清晰。结铃习性强,单株铃数18个。

3. 产量表现　晋棉50号于2006～2007年参加山西省棉花区域试验,平均每公顷籽棉产量4 264.5～4 461千克,较对照中棉所41增产7.8%～9%,皮棉产量1 717.5～1 836千克,较对照增产11.27%～13.97%。

4. 抗病虫性　晋棉50号高抗枯萎病轻感黄萎病,2007～2008年抗病性鉴定结果,枯萎病指3～9.8,反应型高抗,黄萎病指23.5～35.8,反应型为耐。该品系黄萎病发病较迟,后期叶功能保持时间长,有利于棉铃正常成熟。由于晋棉50号长势较强,因此更加适宜在轻盐碱地和部分老茬地种植。

晋棉 50 号抗棉铃虫性能稳定,对二代棉铃虫抗性达到高抗水平。据山西省棉花区域试验调查,二代棉铃虫百株残虫 0.42 头,三代百株残虫 0.57 头。中国农业科学院棉花研究所植保室 2007 年检测,在二代、三代棉铃虫发生期,百株幼虫数量、顶尖被害率、蕾铃被害率均明显低于其受体品种,差异达极显著水平。另外,2007 年经中棉所对外源抗虫基因表达 B.t. 杀虫蛋白定量检测,其花期和铃期棉叶中 B.t. 杀虫蛋白表达量均高于当地主栽抗虫棉品种。

5. 纤维品质　经农业部棉花品质监督检验测试中心测试,2006～2007 两年结果平均值为:纤维上半部平均长度 30.2 毫米,整齐度指数 83.8%,断裂比强度 28.4cN·tex^{-1},伸长率 6.7%,麦克隆值 5,反射率 75.6%,黄度 8.65,可纺性指数 134.5。纤维品质符合国家所规定的标准。

6. 栽培技术要点

(1)施肥及浇水　播种前施足农家肥,并控氮、增磷、增施钾肥做基肥。4 月上旬浇足底墒水适期播种。采用地膜覆盖,保苗灵拌种减轻苗期根病,用氟乐灵喷洒地面除草。盛蕾期至初花期浇头水并追施尿素 15～20 千克。

(2)合理密植　每公顷留苗 4.5 万～5.25 万株,肥地宜稀,瘠薄地宜密。

(3)适量适时化学调控　坚持适时适量全程化学调控,8、12、16 叶期和打顶后少量多次喷施缩节胺,塑造丰产株型。

(4)害虫防治　对棉铃虫以外的地老虎、棉蚜、蓟马、红蜘蛛、烟粉虱、盲椿象等害虫要及时防治。棉铃虫一般发生年份二代不防治,三代、四代适时适量防治,大发生年份二代、三代适时防治。

7. 适宜种植区域　该品种适宜山西省中南部棉区推广种植。

(三十一)冀 优 01

1. 品种来源 冀优01是河北省农林科学院棉花研究所选育的转 B.t. 基因优质棉 F$_1$ 代杂交种,母本为品系253,父本为优质棉冀棉22。2003～2004年参加河北省春播棉花品种区域试验,表现优质、高产、抗病,2004年同步参加河北省春播棉花品种生产试验,2006年通过河北省农作物品种审定委员会审定(审定编号:冀审棉2006007号)。

2. 特征特性 冀优01生育期135天,株高88.2厘米,果枝节位始于6～7节,出苗较快,苗势壮,叶色绿,株型中等,结铃性较好,吐絮较畅,色白,有丝光。铃重5.8克,衣分41.1%,子指11.3克,不孕籽率6.3%。

3. 产量表现 2003年在河北省区域试验中,平均每公顷籽棉产量为3 340.5千克,比对照新棉33B增产10.9%;每公顷皮棉产量1 387.5千克,比对照新棉33B增产20.1%;每公顷霜前皮棉产量1 246.5千克,比对照新棉33B增产20.2%。2004年在河北省区域试验中,平均每公顷籽棉产量为3 282千克,比对照DP99B增产6%;皮棉产量每公顷1 329千克,比对照增产14.9%;霜前皮棉产量1 203千克,比对照增产16.6%。

2004年生产试验,平均每公顷籽棉产量为3 315千克,比对照DP99B增产7.9%;每公顷皮棉产量1 294.5千克,比对照增产13.8%;霜前皮棉产量1 189.5千克,比对照增产16.4%。

4. 抗病性 经河北省农业科学院植物保护研究所鉴定:2003年枯、黄萎病指分别为6.2和52.4;2004年枯、黄萎病指分别为11.7和28.9,表现为耐枯、黄萎病。

5. 纤维品质 经农业部棉花品质监督检验测试中心测试:纤维上半部平均长度为31.4毫米,断裂比强度平均为31.1cN·tex^{-1},麦克隆值为3.8,纺纱均匀性指数为153。冀优01纤维品质优异,适宜纺 60 支纱。

6. 栽培技术要点

(1)施足基肥　整地时每公顷施鸡粪 15～30 米³,或猪粪 15～60 米³,每公顷施磷酸二胺 300～375 千克,氯化钾 225 千克。

(2)适时播种　黄河流域一般在 4 月 20～30 日播种。盐碱地可适当晚播,一般在 5 月 1～5 日。

(3)合理密植　一般地力种植密度每公顷 3.75 万株左右,生茬地 3 万株左右。

(4)落实关键肥水　花铃盛期,棉花需水进入高峰期,此时不可等雨怕雨,要及时浇。

(5)按时整枝　主要是打顶尖、去疯杈。打顶尖在 7 月 15～20 日为宜,打小顶,一次打完。留营养枝棉田,一般保留上部 1～2 个生长势壮的营养枝,于 7 月 10 日前打顶尖。

(6)合理化学调控　一般于盛蕾期每公顷喷施缩节胺 7.5～15 克,花铃期每公顷喷施 30～45 克,浇水前或大雨后要控,同时根据天气、苗情灵活掌握。

(7)及时治虫　目前主要针对盲椿象,盲椿象 5 月份迁入棉田开始为害,一般用马拉硫磷、菊酯、吡虫啉、啶虫脒等混合使用,或交替使用。喷洒时,傍晚用药,从地边四周往中间喷洒。对其他害虫如红蜘蛛、棉蚜及三四代棉铃虫等,要密切观察,及时防治。

7. 适宜种植区域　该品种适合在冀中南及黄淮长江流域同类生态春播棉区推广种植,不宜在枯、黄萎病重病田种植。

(三十二)鲁棉研 30 号

1. 品种来源　鲁棉研 30 号(原代号鲁 H208)是山东棉花研究中心与中国农业科学院生物技术研究所合作,以本所选育的综合性状优良的常规棉新品系鲁 8626 为母本,泗棉 3 号转 B.t.基因抗虫棉 GK-12 选系鲁 35 为父本杂交而成的杂交棉品种。

2003～2004 年参加山东省区域试验,2006 年参加生产试验;2005～2006 年推荐参加全国黄河流域区域试验,2006 年同时参加黄河流域生产试验。2007 年 3 月通过山东省审定(鲁农审2007021 号),2007 年 8 月通过国家审定。

2. 特征特性 鲁棉研 30 号出苗好,苗齐壮,长势较强,整齐度指数好;叶片中等偏大,叶色中深,果枝节位较高,中下部果枝与主茎夹角较小,株型较紧凑,茎秆粗壮,长势旺而稳健,赘芽少,易管理;开花结铃较集中,结铃性强,铃卵圆形,大而均匀,铃壳薄,烂铃轻,吐絮肥畅、集中,易收摘。综合山东省和全国黄河流域区域试验、生产试验结果,全生育期 121～130 天,株高 101～110 厘米,果枝始节位 7.2～7.5 节,单株果枝数 13.3～14.6 个,铃重 6～6.7 克,子指 10.5～11.6 克,衣分 39.6%～40.6%,霜前花率93.2%。

3. 产量表现 2003～2004 年参加山东省区域试验,平均皮棉和霜前皮棉产量每公顷分别为 1 457.6 千克和 1 357.2 千克,分别比对照中棉所 29 增产 12.4% 和 10.78%;2005 年黄河流域杂交棉品种区域试验,籽棉、皮棉和霜前皮棉产量每公顷分别为3 649.5 千克、1 440 千克和 1 341 千克,分别比对照中棉所 41 增产14.7%、14.7% 和 13.9%;2006 年籽棉、皮棉和霜前皮棉产量每公顷分别为 3 744 千克、1 488 千克和 1 389 千克,分别比对照鲁棉研15 号增产 9.9%、7.7% 和 6.2%。2006 年黄河流域生产试验,每公顷籽棉、皮棉和霜前皮棉产量分别为 3 667.5 千克、1 474.5 千克和 1 405.5 千克,分别比对照鲁棉研 15 号增产 5.1%、3.7% 和2%。

4. 抗病虫性 经黄河流域区域试验抗病、虫性鉴定:两年平均枯萎病指为 3.7,黄萎病指为 20.4,均优于抗病对照豫棉 21 号。表现为高抗枯萎病,耐黄萎病,高抗棉铃虫。

5. 纤维品质 经农业部棉花品质监督检验测试中心测定:全

国区域试验两年结果平均,纤维上半部平均长度 30.5 毫米,断裂比强度 31.8cN·tex^{-1},麦克隆值 4.8,纤维整齐度指数 85.6%,伸长率 6.7%,反射率 73%,黄度 8.4,纺纱均匀性指数 155。生产试验测试结果:纤维上半部平均长度 30.9 毫米,断裂比强度 32.5cN·tex^{-1},麦克隆值 4.8,纤维整齐度指数 85.9%,伸长率 6.7%,纺纱均匀性指数 159。山东省区域试验两年测试结果平均:纤维上半部平均长度 31.1 毫米,断裂比强度 31.9cN·tex^{-1},麦克隆值 4.7,纤维整齐度指数 85.5%,伸长率 6.7%,反射率 75%,黄度 8.7,纺纱均匀性指数 152.5。表现为纤维长度、强力、细度等主要经济指标搭配合理,而且纤维洁白,有丝光,外观好。

6. 栽培技术要点

(1)适期播种 营养钵育苗应在 4 月初播种,5 月上旬移栽;地膜直播棉田一般在 4 月 20 日前后播种。播前要精细造墒,力争一播全苗。

(2)合理稀植,简化整枝 山东棉区密度一般每公顷 3.3 万～4.2 万株,黄淮流域南部及长江中下游棉区一般每公顷以 2.4 万～3 万株较为适宜。在肥水较好的地块应适当稀一些,并可简化整枝,每株保留 2 个营养枝,而在中等以下地力,则应适当密一些。山东南部棉区的光热条件好,土质较肥沃,密度应小一些,北部棉区则应大一些。

(3)平衡施肥 重施有机肥做基肥,增施磷、钾肥;于 6 月初追施苗蕾肥,每公顷追施尿素、磷酸二铵各 112.5 千克;6 月底见花重施花铃肥,每公顷追施尿素 187.5 千克、磷酸二铵 150 千克,并在 7 月 20 日前后,根据长势情况,追施盖顶肥,一般每公顷施尿素 75～112.5 千克。

(4)化学调控 盛蕾后注意化学调控,掌握少量多次、前轻后重的原则。一般蕾期每公顷施用助壮素 30～60 毫升或缩节胺 7.5～15 克,对水 150～225 升;初花期每公顷用助壮素 60～90 毫升或缩节胺 15~22.5 克,对水 225~375 升;盛花期每公顷用助壮素 120~150 毫升或缩节胺 30~37.5.5 克,对水 600 升,均匀喷施。

(5)科学治虫 二代棉铃虫一般不用化学防治,但在大发生年份应在卵孵化盛期进行化学防治,三、四代棉铃虫视发生轻重防治 1~2 次。及时防治棉蚜、棉红蜘蛛、盲椿象等非鳞翅目害虫。

7. 适宜种植区域 鲁棉研 30 号适于黄淮流域棉区中上等地力棉田春套或春直播种植。

(三十三)鲁棉研 27 号

1. 品种来源 鲁棉研 27 号(原代号鲁 9154)是山东省棉花研究中心与中国农业科学院生物技术研究所合作,采用山东棉花研究中心选育的综合性状优良的鲁 613 系为母本、泗棉 3 号转 B. t. 基因抗虫棉选系鲁 55 系(GK-12 初始系)为父本杂交选育而成的转 B. t. 基因抗虫棉新品种。2001~2002 年参加黄河流域麦套棉区域试验,2003 年进入生产试验,2006 年通过国家审定(国审棉 2006013)。

2. 特征特性 鲁棉研 27 号为早中熟品种,全生育期 132 天,比对照豫 668 早 4 天。铃重 5.3 克,衣分 41.8%,子指 10.2 克。该品种株高中等,叶片中等大小,叶色深绿,果枝上冲,株型较紧凑,前期发育快,长势稳健,耐阴雨,抗逆性强,适应性广,赘芽少,易管理,开花结铃集中,结铃性强,上桃快,铃卵圆形,铃壳薄,烂铃轻,吐絮肥畅、集中,易收摘,霜前花率高,早熟不早衰。

3. 产量表现 在 2001~2002 年黄河流域麦套棉区域试验中,平均每公顷皮棉和霜前皮棉产量分别为 1 582.5 千克和 1 483.5 千克,其中 2001 年皮棉和霜前皮棉产量分别比对照中棉所 19 增产 29.3% 和 30.3%;2002 年分别比对照豫 668 增产 9.1% 和 13.2%。2003 年生产试验,平均每公顷皮棉和霜前皮棉

产量分别为 1 018.5 千克和 961.5 千克,分别比对照豫 668 增产
10.8%和 17.8%。

4. 抗病虫性　据国家棉花区域试验指定抗病鉴定单位中国
农业科学院棉花研究所鉴定:鲁棉研 27 号枯、黄萎病指分别为
2.4 和 18.5,高抗枯萎病,对黄萎病亦达到抗性水平。高抗棉铃
虫。

5. 纤维品质　农业部棉花品质监督检验测试中心两年测定
结果平均:纤维上半部平均长度 29.6 毫米,断裂比强度 30.9cN·
tex^{-1},麦克隆值 4.8。

6. 栽培技术要点

(1)适期播种　4 月中下旬播种,不宜过早。播前应造好墒,
力争一播全苗。

(2)适当增加密度　鲁棉研 27 号株型较紧凑,株高中等,应适
当增加密度,发挥群体增产优势。山东省一般以每公顷 4.95 万~
5.7 万株较为适宜,具体依据地力和管理水平而定,地力条件好的
地块,密度可小些,反之密度可大些。

(3)合理施肥　重施有机肥作基肥,增施磷、钾肥。6 月底或 7
月初见花重施花铃肥,7 月 20 日前后再补施一次,后期可根据情
况进行叶面喷肥。

(4)适度化学调控　地力条件较好、密度较大的棉田,应在盛
蕾期开始化学调控,而地力一般、长势偏弱的棉田,化学调控应掌
握在梅雨期来临前进行。无论什么类型棉田,化学调控都应掌握
少量多次、前轻后重的原则。

(5)科学治虫　二代棉铃虫一般不需喷药防治,三、四代棉铃
虫视发生轻重防治 1~2 次,及时防治棉蚜、红蜘蛛、蓟马、盲椿象
等非鳞翅目害虫。但在二代棉铃虫大发生年份,应在卵孵化高峰
期辅以化学防治。

7. 适宜种植区域　该品种适于黄河流域棉区麦(油)棉春套

种植、滨海盐碱地适合晚春播种植,以及在有效积温相对较低的西北内陆棉区春播种植。

(三十四)冀 棉 169

1. 品种来源　冀棉 169 是河北省农林科学院棉花研究所以高产冀棉 20 号选系 402 系为母本,以自育抗虫、抗黄萎病棉花品系 33 为父本杂交,南繁北育,定向选择选育而成。2004～2005 年参加河北省棉花区域试验,2007 年参加河北省生产试验,2008 年通过河北省品种审定委员会审定(审定编号:冀审棉 2008001 号)。

2. 特征特性　该品种为中熟转基因抗虫棉品种,株高中等,植株塔形,整齐度指数好,长势较强,后期不早衰。叶片中等偏大,叶色深绿,叶表面蜡质层厚。结铃性强,铃卵圆,上中下结铃均匀。吐絮肥畅,色泽洁白。生育期 130 天左右,株高 87.2 厘米,单株果枝数 12.8 个,单铃重 6 克,子指 10.8 克,衣分 39.2%,霜前花率 91.1%。

3. 产量表现　2004～2005 年河北省区域试验平均结果:每公顷籽棉、皮棉、霜前皮棉产量分别为 3 684 千克、1 455 千克和 1 332 千克,分别比对照 99B 增产 10.1%、16.2%和 17.3%,增产极显著。在河北省生产试验中,每公顷籽棉、皮棉、霜前皮棉产量分别为 4 113 千克、1 648.5 千克和 1 528.5 千克,分别比对照冀棉 228 增产 11.4%、14%和 14%,增产极显著。

4. 抗病虫性　河北省农林科学院植物保护研究所鉴定:2004 年枯萎病指 6.7,黄萎病指 26.8;2005 年枯萎病指 6.4,黄萎病指 31.7。两年结果均属抗枯萎病、耐黄萎病类型。示范试种田间基本无棉铃虫、红铃虫为害。

5. 纤维品质　经农业部棉花品质监督检验测试中心检测:纤维上半部平均长度 30.5 毫米,整齐度指数 84.6%,断裂比强度 28.7cN·tex^{-1},伸长率 6.3%,麦克隆值 5.1,纺纱均匀性指数 138。

6. 栽培技术要点

(1)适时播种　地膜覆盖棉田一般在 4 月中下旬播种,播种过早温度低棉苗发育迟缓,容易引发苗病,出现烂苗、死苗现象。

(2)合理密植　高水肥地每公顷留株数 3.75 万株左右,中等肥力每公顷留株数 4.8 万株左右,旱薄盐碱地每公顷留株数 6 万～9 万株。

(3)平衡施肥　该品系生长发育快,结铃性强,需肥量大,要施足基肥,尤其以有机肥最好,增施钾肥,重施花铃肥,其氮素施肥量应掌握在总量的 40% 以上,后期视田间长势追施盖顶肥,确保后期结铃成桃。

(4)适时化学调控　该品种生长势较强,要求全生育期化学调控,并掌握少量多次原则。

(5)病虫防治　及时防治红蜘蛛和棉蚜,并在棉铃虫和盲椿象重发生年份根据情况适当防治。

7. 适宜种植区域　冀棉 169 适应性广,适宜在河北省主产棉区种植,也适宜在黄河流域部分棉区示范种植。

(三十五)中 农 51

1. 品种来源　中农 51(国棉 301)系陕西杨凌中农公司 1998 年用海陆杂种优系 8748A 的衍生系 396A 为母本,与在新棉 33B 大田中发现的自然变异单株 808 为父本杂交,经多年定向选育而成,2004～2006 年参加陕西省棉花区域试验,2006 年参加陕西省生产试验,2007 年通过陕西省品种审定委员会审定并命名。

2. 特征特性　该品种生育期 128 天,属中早熟品种。株型较松散,呈塔形,枝叶疏朗。叶色深绿,叶片缺刻深,叶片大小适中,叶层分布合理,中后期通风透光条件好。整个生育期生长势强而稳健,早熟不早衰,整齐度指数好。中后期结铃性强而集中,因而中后期对水肥需求量大,在高水肥条件下丰产潜力大。铃壳薄吐絮畅,铃重 6.5 克,衣分 41%。

3. 产量表现 在 2005 年陕西省区域试验中,每公顷产籽棉 4 204.5 千克,皮棉 1 753.5 千克,分别比对照中棉所 41 增产 14.9%和 14.1%;2006 年每公顷产籽棉 4 045.5 千克、皮棉 1 672.5 千克,分别比对照中棉所 41 增产 0.3%和 1%。在 2006 年陕西省生产试验中每公顷产籽棉 4 582.5 千克、皮棉 1 840.5 千克,分别比对照中棉所 41 增产 1.1%和 3.1%。

4. 抗逆性 中农 51 整个生育期生长势强,生长稳健,较耐前期低温,适应性强。根系发达,耐旱抗倒伏能力强。经西北农林科技大学棉花研究所病圃鉴定,枯萎病指 4.4,黄萎病指 13.8,属高抗枯萎病、抗黄萎病品种。抗虫性好。

5. 纤维品质 农业部棉花品质监督检验测试中心 2005~2006 年测试结果平均,纤维上半部平均长度 29.7 毫米,整齐度指数为 85.8%,断裂比强度 28.2cN・tex^{-1},麦克隆值 5.1,纤维品质优良。

6. 栽培技术要点

(1)选好播期 进入 4 月,以 5 厘米地温稳定通过 12℃时播种为宜,采用地膜栽培。

(2)平衡施肥 该品种增产潜力大,需肥量相对较大,尤其要重视钾肥和有机肥的投入,在做好重施基肥和花铃肥的基础上,还要做好叶面喷肥工作。

(3)合理密植 中等水肥条件的田块每公顷留苗 5.25 万株,高水肥条件的田块每公顷留苗 4.5 万株,水肥条件较差的田块每公顷留苗 6 万株。

(4)化学调控 按照早用轻用和天控人促的原则,重点做好盛蕾至初花期和打顶前后的化学调控工作,一般蕾期每公顷用缩节胺 7.5~15 克,花期每公顷用缩节胺 30~60 克。

(5)**适时防治病虫害**　病害主要是枯、黄萎病和苗病。枯、黄萎病主要靠抗病品种轮作倒茬解决,气候条件有利于其发生和发病,较重的棉田需要喷药防治,棉花苗病的发生也与天气条件密切,在多雨低温年份时可用多菌灵或甲基硫菌灵 1 000 倍液防治。棉花苗期要注意及时防治地老虎等地下害虫和苗蚜、蓟马等,全程防治蚜虫、红蜘蛛、盲椿象等棉田害虫。棉铃虫一般年份不需要防治,在棉铃重发生年份,百株 3 龄以上幼虫达到 20 头以上时应及时进行化学防治。

(6)**科学整枝**　正常年份,化学调控措施运用得当,整枝工作可以简化,一般只需要去叶枝和打顶尖。但遇到多雨年份就要精细整枝,及时抹赘芽、打老叶、打群尖,另外还要做好推株并垄工作,改变棉田通风透光条件,以减少烂桃的发生。

(7)**适时采摘**　由于棉桃自下而上、由内向外陆续吐絮,不同结铃时间的棉桃品质有明显的差异,所以对不同级别的棉花要分拾、分晒、分存、分售,并做好防"三丝"污染原棉的各项工作。

7. 适宜种植区域　适宜在陕西关中地区春播种植。

(三十六)农大棉 8 号

1. 品种来源　农大棉 8 号(原农大 156)系河北农业大学育成,组合为(冀棉 20 号×冀棉 19 号)F_2×SGK321。2003～2004 年参加河北省区域试验,2005 年参加生产试验,2006 年通过河北省农作物品种审定委员会审定。

2. 特征特性　农大 8 号出苗快,生长稳健,叶片大小适中,叶功能期长,叶片空间分布均匀,植株塔形,群体和个体的通透性好。生育期 129 天左右,早熟不早衰。结铃性强,吐絮好,易采摘。株高 92 厘米,茎秆硬、抗倒伏。铃重 5.9 克,子指 10.5 克,衣分 39.5%。

3. 产量表现　2003～2004 年在河北省棉花区域试验中,平均每公顷皮棉和霜前皮棉产量分别为 1 346.3 千克和 1 240.5 千克,2004 年皮棉、霜前皮棉分别较对照 DP99B 增产 20% 和 25.6%;在 2005 年生产试验中,每公顷籽棉、皮棉和霜前皮棉产量分别为 3 901.5 千克、3 663 千克和 1 425 千克,分别较对照增产 18.3%、26.5% 和 27.6%,均居参试品种之首位。霜前花率 93% 以上。

4. 抗病虫性　高抗枯萎病,耐黄萎病,抗棉铃虫。经河北省植物保护研究所鉴定,枯萎病指 7.8,黄萎病指 30.4,属抗枯萎病、耐黄萎病类型。

5. 纤维品质　经农业部棉花品质监督检验测试中心测试,纤维上半部平均长度 30.5 毫米,断裂比强度 30.4cN·tex^{-1},麦克隆值 4.6,整齐度指数 83.9%,纤维伸长率 6.9%。

6. 栽培技术要点

(1)施足基肥　强调多施有机肥,要注意钾肥的使用。中性土壤、黏土地可将化肥基施,但是沙土地不宜以基肥为主,而应注意基肥和追肥结合使用。

(2)播种期　露地直播在 4 月 25～30 日,地膜覆盖播种期在 4 月 15～20 日。

(3)种植密度　种植密度可根据不同地力,不同土壤,不同栽培方式确定。高水肥地块每公顷 4.5 万株左右,一般地力可种植 4.95 万～5.25 万株。沙土地尤其是保水保肥能力差的沙漏地每公顷可种植 5.25 万～6 万株。

(4)合理化学调控　采取全程化学调控,从现蕾期开始化学调控,花期可根据天气和棉株生育情况进行,采取少量多次的方式,打顶后果枝适度伸展后可适度重控。尤其是高水肥地、黏土地和雨水较多的年份,做好化学调控是必需的。

(5)防治其他害虫　抗虫棉主要是抗鳞翅目昆虫,北方主要是抗棉铃虫,因此,其他害虫防治不可缺少。苗期要注意防治地老虎、蓟马,整个生长期要防治蚜虫、干旱时候要注意防治红蜘蛛。

尤其要注意中后期盲椿象的防治。

7. 适宜种植区域 适宜河北省春播或春套种植。

(三十七)秋乐5号

1. 品种来源 秋乐5号(商9901)是由河南省商丘市农业科学院以中棉所19×338的稳定株系做母本,以113×商32的株系为父本进行复合杂交,经过多代定向选育而成。2004～2005年参加河南省春棉品种区域试验,2005年参加生产试验,2006年通过河南省品种审定委员会审定(审定编号:豫审棉2006001)。

2. 特征特性 该品种株高100厘米左右,植株塔形,稍紧凑。叶片中等大小,叶色较深,茎秆、叶柄和叶片多茸毛。果节较短,通风透光性好。出苗好,全生育期长势较强,结铃性强,早熟性好,全生育期129天。结铃吐絮集中,第一果枝节位6.6节,单株果枝14.5个,单株成铃19.8个,铃重5.6克,子指10.2克,衣分39.3%,霜前花率92.5%,吐絮畅,皮棉洁白。

3. 产量表现 2004年在河南省春棉品种区域试验中,平均每公顷籽棉、皮棉、霜前皮棉产量分别为3 484.7千克、1 371.8千克和1 274.6千克,分别比对照中棉所41号增产13.1%、10.9%和13.2%。2005年平均每公顷籽棉、皮棉、霜前皮棉产量分别为3 549.6千克、1 384.8千克和1 268.7千克,比对照中棉所41号分别增产8.6%、8.1%和7.8%。两年平均每公顷籽棉、皮棉和霜前皮棉产量分别为3 517.1千克、1 378.3千克和1 271.6千克,较对照中棉所41号分别增产10.8%、9.5%和10.5%。2005年生产试验结果:平均每公顷籽棉、皮棉和霜前皮棉产量为3 172.5千克、1 246.5千克和1 162.5千克,比对照中棉所41号分别增产9.7%、10.6%和10.9%。

4. 抗病性 经中国农业科学院棉花研究所鉴定:2004年枯萎病指4.5,黄萎病指17.4;2005年枯萎病指11.7,黄萎病指30.5,

为耐枯萎病和黄萎病型。

5. 纤维品质　经农业部棉花品质监督检验测试中心两年检测结果:纤维上半部平均长度 30.7 毫米,整齐度指数 84.6%,断裂比强度 29.3cN·tex^{-1},伸长率 6.6%,麦克隆值 4.7,反射率 74.8%,黄度 7.9,纺纱均匀性指数 141.1,纤维品质较优。

6. 栽培技术要点

(1)合理施肥　在施足有机肥的基础上,增施氮、磷、钾肥,配施微肥,稳施蕾肥,重施花铃肥。

(2)适期播种　露地直播 4 月 25～30 日,地膜棉播期 4 月 15～25 日,麦棉套种 4 月 5～15 日育苗,5 月 10～20 日移苗。

(3)合理密植　该品种生长发育较快,株型稍紧凑,适宜密植,一般棉田每公顷种植 3.75 万～4.5 万株,高产棉田 3 万～3.7 万株,旱薄棉田为 4.5 万～4.9 万株。

(4)防病治虫　根据田间发病情况测报,及时用苗菌敌、枯黄克星、多菌灵等杀菌剂防治,以防病害发生或蔓延。做好田间虫情调查,及早防治棉蚜、棉红蜘蛛、盲椿象、棉粉虱、棉铃虫等害虫。

(5)精细整枝　蕾期及时除去叶枝和赘芽,花铃期抹赘芽和腋芽,7 月 20～25 日打顶心,8 月下旬去边心,摘除中下部无效果枝和老叶。

(6)防旱排涝　遇到干旱年份要及时灌水,尤其是在棉花生育中期需水较多,占全生育期的 60% 左右,此期要保证有充足的水分。遇到连阴雨天气要及时排水,防止棉田长期积水。

(7)化学调控　秋乐 5 号生长稳健,不易疯长,易于化学调控,可结合水肥适当调控,用量不宜过大。

(8)中后期管理　视棉花长势,适当喷施叶面肥,延长叶片功能期,提高叶面光合作用,防止早衰。

7. 适宜种植区域　秋乐 5 号适合在河南省枯萎病和黄萎病轻病地种植,于春播和麦棉套作区均可推广种植。

(三十八)秋乐杂 9 号

1. 品种来源 秋乐杂 9 号(开杂棉 2118)是河南开封市农林科学院选育的转基因抗虫杂交棉花新品种,以 923 做母本,父本为 9608。2005～2006 年参加河南省杂交区域试验和生产试验,2005 年同时参加生产试验,2007 年通过河南省品种审定委员会审定(审定编号豫审棉 2007009)。

2. 特征特性 植株呈塔形,较松散,茎光滑,叶大色深,铃圆形,茎叶茸毛少,出苗好,长势强,吐絮畅。株高 105 厘米,果枝数 14.6 个,第一果枝节位 6.8 节,单株结铃 26.5 个。生育期 126 天,霜前花率 93.3%。铃重 6.1 克,子指 11.5 克,衣分 40.3%。耐肥水,增产潜力大。出苗颜色较深,叶大色深,茎枝粗,茎枝韧性好,抗倒伏能力强。株型清秀,透光性好,中后期叶功能好。

3. 产量表现 2005 年参加河南省杂交棉区域试验,平均每公顷籽棉、皮棉、霜前皮棉产量分别为 3 558 千克、1 434 千克和 1 338 千克,分别比对照豫杂 35 增产 8.7%、8.2% 和 9.2%;2006 年平均每公顷籽棉、皮棉、霜前皮棉产量分别为 4 074 千克、1 590 千克和 1 494 千克,分别比豫杂 35 增产 9.3%、10.5% 和 9.9%。2006 年参加生产试验,平均每公顷籽棉、皮棉和霜前皮棉产量分别为 3 787.5 千克、1 479 千克和 1 386 千克,比对照豫杂 35 增产 6.6%、3.6% 和 1.9%。

4. 抗病虫性 经河南省农业科学院植物保护研究所抗病鉴定,该杂交种枯萎病指 2.4,黄萎病指 31.8,属抗枯萎病、耐黄萎病品种。2006 年经中国农业科学院生物所抗虫鉴定:抗虫株率 96%,B. t. 蛋白表达量 493.1 纳克・克$^{-1}$,高抗棉铃虫。

5. 纤维品质 经农业部棉花品质监督检验测试中心测定(HVICC):2005 年纤维上半部平均长度 28.3 毫米,断裂比强度 30.7cN・tex^{-1},麦克隆值 4.7,伸长率 6.9%,反射率 74.5%,黄度 8.3,整齐度指数 84.9%。纺纱均匀性指数 144;2006 年纤维上半部平均长度 30.8 米,断裂比强度 29.3cN·tex^{-1},麦克隆值 4.7,伸长率 6.3%,反射率 75.1%,黄度 7.9,整齐度指数 85.4%,纺纱均匀性指数 148.6。

6. 栽培技术要点

(1)播期与密度 营养钵育苗移栽,应在 4 月上中旬播种,地膜覆盖直播在 4 月下旬播种。秋乐杂 9 号为杂交棉品种,播种密度应在每公顷 2.7 万~3 万株,也可简化栽培,每公顷 2.25 万株左右。

(2)施肥和浇水 秋乐杂 9 号单株结铃性强,上中下结铃均匀,应施足基肥,重施花铃肥,中后期根外喷施叶面肥,基肥以优质有机肥和氮磷钾肥配合施用,并辅以适量的微量元素,花铃期注意增施钾肥,每公顷追施尿素 225~450 千克,硫酸钾 225~375 千克。花铃期切忌缺水和田间积水,影响棉花的正常开花结铃,造成棉花蕾铃脱落。

(3)适时化学调控 品种增产潜力大,长势强,应注意在花蕾期和开花盛期分别用适量的植物生长调节剂控制棉花旺长,调节养分供应。

(4)防治病虫害 生育期间应及时防治立枯病、炭疽病、猝倒病等苗期病害和棉蚜、红蜘蛛、盲椿象等虫害。

7. 适宜种植区域 该品种适于河南省春播和春套种植,黄萎病重病区不宜种植。

(三十九)瑞 杂 816

1. 品种来源 瑞杂 816 是山东省德州市银瑞棉花研究所与中国农业科学院生物技术研究所合作,以 SGK321 选系 087 系为母本,以中棉所 17 选系 884 系为父本培育出的杂交种。2007 年通过山东省审定(鲁农审 2007022),同年通过国家审定(国审棉

2007002)。

2. 特征特性 瑞杂 816 是转抗虫基因中熟杂交种,黄河流域棉区春播生育期 120 天,出苗好,前中期长势强,后期长势一般,整齐度指数好。株型松散,株高 100 厘米,茎秆紫红色,果枝长,茸毛少,叶片较大、绿色,第一果枝节位 7.1 节;单株结铃 15.8 个,铃卵圆形,吐絮畅,铃重 6.6 克,衣分 39.8%,子指 11.8 克,霜前花率 94.1%。

3. 产量表现 在 2005～2006 年黄河流域棉区杂交春棉组品种区域试验中,2005 年籽棉、皮棉和霜前皮棉每公顷产量分别为 3 796.5 千克、1 545 千克和 1 455 千克,分别比对照中棉所 41 增产 19.3%、23.10% 和 23.6%;2006 年籽棉、皮棉和霜前皮棉每公顷产量分别为 3 919.5 千克、1 657.5 千克和 1 432.5 千克,分别比对照鲁棉研 15 号增产 15%、10.5% 和 9.9%。在 2006 年生产试验中,籽棉、皮棉和霜前皮棉每公顷产量分别为 3 894 千克、1 537.5 千克和 1 476 千克,分别比对照鲁棉研 15 号增产 11.6%、8.1% 和 7.1%。在 2005～2006 年黄河流域棉区杂交春棉组品种区域试验中,平均籽棉、皮棉和霜前皮棉产量均居参试品种第一位。

4. 抗病虫性 2006 年经中国农业科学院生物技术研究所抗虫鉴定,抗虫株率 100%,平均 B. t. 毒蛋白表达量 780.81 纳克·克$^{-1}$,高抗棉铃虫。2005～2006 年黄河流域区域试验抗病性鉴定,两年平均枯萎病指 6.6,黄萎病指 29.8,抗枯萎病,耐黄萎病。

5. 纤维品质 经农业部棉花品质监督检验测试中心测定,2005～2006 年平均:纤维上半部平均长度 30.3 毫米,断裂比强度 30.9cN·tex^{-1},麦克隆值 4.9,伸长率 6.7%,反射率 73.9%,黄色深度 8.1,整齐度指数 85.3%,纺纱均匀性指数 150;2006 年生产试验:纤维上半部平均长度 30.9 毫米,断裂比强度 31.8cN·tex^{-1},麦克隆值 4.8,伸长率 6.4%,反射率 73.3%,黄色深度 7.8,整齐度指数 86.2%,纺纱均匀性指数 158。

6. 栽培技术要点

(1)播期与密度　营养钵育苗应在 4 月初播种,5 月上旬移栽;地膜直播棉田一般在 4 月 20 日左右播种。一般地块每公顷 2.25 万~3 万株,高肥水地块每公顷 1.8 万~2.25 万株,低肥水地块每公顷 3 万~3.75 万株。

(2)合理施肥与化学调控　施足基肥,增施磷、钾肥,早施重施花铃肥,适时喷施氮磷钾复合肥,后期进行叶面补肥。缩节胺化学调控掌握早施、多次和适量的原则。

(3)科学治虫　二代棉铃虫一般年份不需防治,在三、四代棉铃虫卵孵化高峰期应及时进行药剂防治,全生育期注意防治棉蚜、红蜘蛛、盲椿象等非鳞翅目害虫。

7. 适宜种植区域　适宜在河北省中南部,山东省,河南省东部、北部和中部,江苏省、安徽省淮河以北,天津省,山西省南部,陕西省关中的黄河流域棉区春播种植。

(四十)山农圣棉 1 号

1. 品种来源　山农圣棉 1 号是由山东农业大学与山东圣丰种业科技有限公司联合育成的转基因抗棉铃虫棉花新品种。2006~2007 年参加黄河流域春棉区域试验和生产试验,2008 年通过国家审定。

2. 特征特性　该品种为转抗虫基因中熟常规品种,黄河流域棉区春播生育期 123 天。种子较大,饱满,出苗较好,前期长势中等,中期长势较好,后期不早衰。株型较松散,株高 100.3 厘米,茎秆微紫、粗壮,直立不倒伏;果枝较长,叶片中等偏大、色深绿,第一果枝节位 6.5 节,铃卵圆形,铃壳薄,吐絮畅,吐絮集中,易采摘,铃重 6.2 克,衣分 39.4%,子指 11.3 克,霜前花率 93%。群体通透性好,无赘芽,烂桃少。

3. 产量表现　2006 年参加黄河流域棉区中熟常规品种区域试验,每公顷籽棉、皮棉及霜前皮棉产量分别为 3 733.5 千克、1 470 千克和 1 366.5 千克,分别比对照鲁棉研 21 增产 11.6%、6.8%和 5.2%。2007 年继续参试,籽棉、皮棉及霜前皮棉每公顷产量分别为 3 681 千克、1 471.5 千克和 1 368 千克,分别比对照鲁棉研 21 增产 14.1%、8.5%和 7.8%。2007 年生产试验,籽棉、皮棉、霜前皮棉产量均居首位,分别为 3 519 千克、1 414.5 千克和 1 336.5 千克,分别比对照鲁棉研 21 增产 13.4%、8.9%和 9.7%。

4. 抗病虫性　高抗棉铃虫,全生育期对盲椿象有一定的驱避性。枯萎病指 3.8,高抗枯萎病,黄萎病指为 21.3,耐黄萎病。后期叶片功能好,不早衰,具有一定的耐旱性。

5. 纤维品质　农业部棉花品质监督检验测试中心测试结果:纤维上半部平均长度 29.8 毫米,断裂比强度 29.6cN・tex^{-1},麦克隆值 4.8,伸长率 6.4%,反射率 74.4%,黄色深度 8.1,整齐度指数 85.2%,纺纱均匀性指数 145。

6. 栽培技术要点

(1)适宜宽行密植　一般中等肥力棉田每公顷 4.5 万株,并随地力增减而适当变化,高肥力地块 3 万株左右。宜采用地膜栽培,并适期早播,以降低节位,促进早熟。

(2)早施、重施花铃肥　以充分适应其喜肥水和开花结铃集中对肥水的需求,适当补充营养以调节群体营养生长与生殖生长的关系。

(3)防治虫害　棉田一代棉铃虫的防治以保尖为重点,一般发生年份在卵高峰期喷药防治 1~2 次,发生严重地块和大发生年份,适当增加防治次数;棉田二、三代棉铃虫的防治,以保蕾、保铃为重点,视发生情况及时防治,以免造成危害。

7. 适宜种植区域　该品种适宜在黄河流域棉区推广种植。

(四十一)山农圣杂 3 号

1. 品种来源 山农圣杂 3 号是由山东农业大学与山东圣丰种业科技有限公司联合选育而成的转双价抗虫基因杂交棉新品种,亲本组合为中 221 选系 01167×9408。2005～2006 年参加黄河流域区域试验,2006 年进入生产试验,2007 年通过国家农作物品种审定委员会审定(审定号为国审棉 2007006)。

2. 特征特性 该品种为中早熟品种,生育期 126 天左右。茎秆粗壮,整个生育期长势健壮,后期不早衰。叶片中等,叶色深绿,缺刻较浅,皱褶不明显。株高中等,呈塔形,株型松散疏朗,果枝与主茎夹角较大。果枝和果节较长,第一果枝节位 7.3。结铃性强,铃呈卵圆形,铃尖明显,铃重 6.3 克左右。吐絮畅,衣分 41.6%,霜前花率 95.1%。

3. 产量表现 2005 年参加黄河流域棉区杂交春棉组品种区域试验,每公顷籽棉、皮棉、霜前皮棉产量分别为 3 664.5 千克、1 483.5 千克和 1 431 千克,分别比对照中棉所 29 增产 15.2%、14.6%和 15.2%;2006 年每公顷籽棉、皮棉、霜前皮棉产量分别为 3 771 千克、1 516.5 千克和 1 423.5 千克,分别比对照鲁棉研 15 号增产 10.7%、9.8%和 8.8%;2006 年生产试验,籽棉、皮棉和霜前皮棉平均产量分别为 3 700.5 千克、1 477.5 千克和 1 408.5 千克,分别比对照鲁棉研 15 号增产 9.6%、8.7%和 8.2%。

4. 抗病虫性 高抗棉铃虫,抗枯萎病,耐黄萎病,枯萎病指 4.9,黄萎病指 20.7。

5. 纤维品质 2006～2007 年经农业部棉花品质监督检验测试中心测试:纤维上半部平均长度 30.6 毫米,断裂比强度 31.8cN·tex^{-1},麦克隆值 4.3,伸长率 6.7%,反射率 72.1%,黄色深度 7.5,整齐度指数 84.9%,纺纱均匀性指数 158。

6. 栽培技术要点

(1)适时播种　为减少用种量,宜采用营养钵育苗移栽或地膜覆盖栽培。营养钵育苗在4月初播种;地膜棉一般在4月10～15日播种。播前注意晒种,造好墒,力争一播全苗。

(2)合理稀植　山农圣杂3号营养生长旺盛,单株生产潜力大,应适当稀植。山东棉区密度一般每公顷3万～4.2万株,黄淮南部及长江流域棉区一般每公顷2.25万～3万株。

(3)科学肥水管理　重施基肥,每公顷施优质农家肥20米^3(饼肥1 500～2 250千克),三元复合肥375～600千克、硼肥7.5千克、锌肥15千克。花铃肥一般在30%棉株上有1～2个成铃时施用,棉苗长势差的棉田可适当早施。每公顷施尿素150～225千克,磷酸二铵75～112.5千克,钾肥112.5～150千克。8月中旬后可用1%～2%尿素加0.2%～0.3%磷酸二氢钾,下午16时后喷施,每隔5～7天一次,连喷3～4次。

(4)整枝　每株留叶枝2～3个,注意留长势强的叶枝,要按行向横向留。7月20日左右打顶。

(5)科学化学调控　棉苗长势较旺棉田,当棉株8～10片真叶时,每公顷用缩节胺12～15克或25%助壮素45～75毫升,加水450升,叶面喷洒。瘦弱棉田不宜化学调控。盛蕾期、初花期、盛花期酌情喷施缩节胺,打顶后7天左右,重施一次缩节胺,根据长势每公顷用缩节胺45～60克加水450～600升喷施中上部,以达到封顶的目的。使用缩节胺化学调控,掌握前轻后重、少量多次的原则。

(6)做好病虫害防治　当蚜虫卷叶率达到5%、盲椿象百株10头、红蜘蛛被害株率达到5%等害虫达到防治标准时,可用吡虫啉、高效氯氰菊酯、硫丹、阿维菌素、哒螨灵等药剂防治,二代棉铃虫可不防治,三四代棉铃虫根据实际发生情况适当进行防治。可用强力病毒杀和克黄枯控制枯黄萎病的发生。

7. 适宜种植区域 该杂交种适宜黄河棉区中上等地力棉田春套或春直播种植。

(四十二)陕 棉 2177

1. 品种来源 陕棉 2177 是西北农林科技大学以综合性状好的陕 2234 和兼抗枯黄萎病、纤维品质优良的陕 2059 为父本杂交,在人工枯、黄萎混生病圃连续进行单株鉴定选择育成,2004~2006年参加陕西省棉花品种区域试验,2007 年经陕西省农作物品种审定委员会审定。

2. 特征特性 该品种春播覆膜生育期约 130 天,株高 90~100 厘米,种子顶土能力较强,幼苗壮实,苗期生长稳健,第一果枝节位 5.5~6 节,现蕾早,植株近筒形,果枝层间距较小,叶片中等,叶色深绿,单株结铃多,生长后期叶片功能期长,有后劲不早衰,纤维洁白,吐絮畅,铃重 4.8~5.5 克,衣分 40%~41%,子指 9~10克。

3. 产量表现 在陕西省棉花区域试验中,平均每公顷皮棉产量 1 600.65 千克,比对照中棉所 41 增产 12.7%;2005~2006 年生产试验,平均每公顷霜前皮棉产量 1 795.5 千克,比中棉所 41 增产 6%,比陕 204 增产 14.8%。

4. 抗病性 陕西省棉花品种区域试验鉴定结果,枯、黄萎病发病指数分别为 4.4 与 14.6,兼抗枯、黄萎病。

5. 纤维品质 农业部棉花品质监督检验测试中心测试结果,纤维上半部平均长度 30.2 毫米,断裂比强度 30.4cN·tex^{-1},麦克隆值 4.4,纺纱均匀性指数 146.7。

6. 栽培技术要点

(1)适时适量播种 地膜栽培于 4 月上旬下种,每公顷用种光籽量 22.5~30 千克,设施条件下瓜棉间套宜在 3 月 20 日左右点播,每公顷用种光籽量约 15 千克。

(2)合理密植 一般覆膜田块每公顷定植 4.5 万～6 万株,高肥水地可按 3.75 万～4.5 万株定植,缺水、盐碱、瘠薄地可适当增加密度。

(3)科学施肥与灌水 施足基肥,一般每公顷施有机肥 30～40 吨,磷酸二铵 200～230 千克,尿素 75～90 千克。适当早施重施花铃肥,并依据具体情况喷施叶面肥如 0.2% 硼砂、磷酸二氢钾、硫酸锌等水溶液。既要注意预防花铃期脱肥受旱,也不要大肥大水造成徒长,应促控结合。

(4)加强虫害防治 注意对棉蚜和红蜘蛛的防治,尤其要重视对三夏期间蚜虫的防治及对瓜棉套田块棉花红蜘蛛的防治。酌情防治 3～4 代棉铃虫。

(5)及时整枝,合理化学调控 适当运用化学调控措施,用量以少量多次为宜。吐絮期注意推株并垄,促进通风透光,及时采拾吐絮铃,确保丰产丰收。

7. 适应种植区域 该品种适宜在陕西省中部和东部中熟棉种植地区推广应用,适于一熟春播及麦棉、棉瓜等间作套种。

(四十三)邯 7860

1. 品种来源 邯 7860 是 1996 年由邯郸市农业科学院选育而成,母本是自育品种邯 93-2,父本是中国农业科学院生物技术研究所培育的转 B.t. 基因抗虫棉 GK-12。2003 年参加河北省冀东早熟棉花品种区域试验,2004 年同时进行生产试验,2005 年通过农业部转基因生物安全评价(农基安证字 2005 第 093 号),2006 年通过河北省农作物品种审定委员会审定(冀审棉 2006021 号)。

2. 特征特性 该品种株高 81.2 厘米,植株较矮,植株塔形,清秀。叶片较小、色浅绿。生育期 136 天,属早熟春播棉品种。单株果枝数 10.8 个,第一果枝节位 6.4 节,单株成铃 14.8 个,衣分 41.2%,铃重 5.8 克,子指 10.5 克。结铃性强,铃卵圆形,铃壳薄、吐絮肥畅而集中,易采摘。僵瓣少,不孕籽率低。早熟不早衰。

3. 产量表现 2003年在河北省冀东早熟棉花品种区域试验中,每公顷籽棉产量3 717千克,比对照新棉33B增产10.4%;皮棉产量1 510.5千克,比对照增产17.5%;霜前皮棉产量1 212千克,比对照增产34.1%。2004年区域试验,每公顷籽棉产量4 213.5千克,比对照DP99B增产18.9%;皮棉产量1 737千克,比对照增产32.4%;霜前皮棉产量1 543.5千克,比对照增产38%。2004年生产试验结果,每公顷籽棉产量4 120.5千克,比对照DP99B增产19.5%;皮棉产量1 698千克,比对照增产33.8%;霜前皮棉产量1 534.5千克,比对照增产41.9%,各产量性状均居第一位,霜前花率89.5%。

4. 抗病性 高抗枯萎病,耐黄萎病,抗棉铃虫。

5. 纤维品质 2004年区域试验取样,经农业部棉花品质监督检验测试中心检测结果:纤维上半部平均长度30毫米,断裂比强度27.3cN·tex^{-1},麦克隆值4,伸长率7.3%,反射率74.8%,黄度7.2,整齐度指数84.3,纺纱均匀性指数138。

6. 栽培技术要点

(1)适时播种,合理密植 冀中南最佳播种期5月15~20日,平播以及套种均可。提倡加大行距,缩小株距。一般棉田行距70厘米,株距20~25厘米,密度每公顷5.7万~6.75万株;高水肥棉田行距可加大到80~100厘米,密度每公顷5.25万~6万株。

(2)科学施肥 以基肥为主,追肥为辅。基肥应以有机肥为主,化肥为辅。一般每公顷施有机肥6万千克、磷酸二铵375千克、氯化钾225千克。初花期追肥,追尿素每公顷150~300千克。8月10日后酌情补追盖顶肥,每公顷追尿素75~120千克或叶面喷肥2~3次。

(3)适时打顶 强调早打顶、打小顶,时间一般在7月15~25日,平均留10~13个果枝。

(4)全程化学调控　化学调控应根据棉花长势用缩节胺进行全程化学调控,掌握少量多次的原则。缩节胺苗期每公顷用 7.5克,蕾期用 15 克,花铃期用 22.5～30 克,打顶后 7 天左右用 45克。

科学及时防治棉田害虫。根据病虫测报,及时防治棉铃虫、地老虎、棉蚜、红蜘蛛、叶蝉等害虫。

7. 适宜种植区域　该品种适宜河北省种植。

(四十四)银 瑞 361

1. 品种来源　银瑞 361 是山东省德州市银瑞棉花研究所与中国农业科学院生物技术研究所从 SGK321 后代系统选育的棉花新品种,2007 年通过山东省农作物品种审定委员会审定(鲁农审2007015)和国家农作物品种审定委员会审定(国审棉 2007001)。

2. 特征特性　银瑞 361 为转抗虫基因常规棉,中熟,黄河流域棉区春播生育期 120 天,出苗旺,长势强,整齐度指数好,早熟不早衰。株型松散,株高 97 厘米,茎秆粗壮,果枝长,叶片中等大小、深绿色,第一果枝节位 6.9 节,单株结铃 16.4 个,铃卵圆形,吐絮肥畅集中,铃重 6.3 克,衣分 39.3%,子指 11.3 克,霜前花率94.4%。

3. 产量表现　在黄河流域棉区常规春棉组品种区域试验中,2005 年籽棉、皮棉和霜前皮棉每公顷产量分别为 3 973.5 千克、1 567.5 千克和 1 486.5 千克,分别比对照中棉所 41 增产 18.8%、19.2%和 19.8%,均居参试品种第一位。2006 年籽棉、皮棉和霜前皮棉每公顷产量分别为 4 053 千克、1 587 千克和 1 491 千克,分别比对照鲁棉研 21 号增产 16.8%、13.6%和 12.2%,均居参试品种第一位。在 2006 年生产试验中,籽棉、皮棉和霜前皮棉每公顷产量分别为 3 747 千克、1 495.5 千克和 1 423.5 千克,分别比对照鲁棉研 21 号增产 12.3%、11%和 8.5%,均居参试品种第一位。

4. 抗病虫性 2006 年经中国农业科学院生物技术研究所抗虫鉴定:抗虫株率 100%,平均 B.t. 毒蛋白表达量 705.34 纳克·克$^{-1}$,高抗棉铃虫。

2005~2006 年黄河流域区域试验抗病性鉴定,平均枯萎病指 9.9,黄萎病指 20.7,鉴定为抗枯萎病,耐黄萎病。

5. 纤维品质 经农业部棉花品质监督检验测试中心测定,2005~2006 年区域试验纤维上半部平均长度 30.4 毫米,断裂比强度 30.7cN·tex^{-1},麦克隆值 4.8,伸长率 6.7%,反射率 73.4%,黄色深度 7.7,整齐度指数 85.4%,纺纱均匀性指数 150;2006 年生产试验测定,纤维上半部平均长度 30.5 毫米,断裂比强度 31.7cN·tex^{-1},麦克隆值 4.7,伸长率 6.5%,反射率 74.1%,黄色深度 7.9,整齐度指数 86%,纺纱均匀性指数 157。

6. 栽培技术要点

(1)适期播种,合理密植 营养钵育苗应在 3 月底 4 月初播种,5 月上旬移栽;地膜直播棉田一般在 4 月 20 日左右播种。一般地块每公顷 4.5 万~5.25 万株,高肥水地块每公顷 3.75 万~4.5 万株,低肥水地块每公顷 5.25 万~6 万株。

(2)合理施肥和化学调控 施足基肥,增施磷、钾肥,早施重施花铃肥,适时喷施氮、磷、钾复合肥,后期进行叶面补肥。化学调控掌握早施、匀施和适量的原则。

(3)科学治虫 二代棉铃虫一般年份不需防治,三、四代棉铃虫卵孵化高峰期应及时进行药剂防治,全生育期注意防治棉蚜、红蜘蛛、盲蝽等非鳞翅目害虫。

7. 适宜种植区域 适宜在河北,山东北部、西南部,河南北部、中部,江苏、安徽淮河以北,天津,山西南部,陕西关中的黄河流域棉区春播种植。

(四十五)鲁棉研 31 号

1. 品种来源 鲁棉研 31 号是山东棉花研究中心与中国农业科学院生物技术研究所合作选育的抗虫杂交棉品种,2004～2006年参加山东省区域试验和生产试验,2007 年通过山东省审定(鲁农审 2007023)。

2. 特征特性 全生育期 128 天,植株塔形,茎秆粗壮,较松散,第一果枝节位 7 节;叶片中等偏大,浓绿色;铃大,长圆形,铃面光滑,铃重 6.4 克,衣分 38%,子指 11.7 克,霜前花率 95.7%;出苗快、苗势强、吐絮畅、不早衰。由于该杂交种母本为无腺体,父本为正常有腺体,因而可通过种仁、幼苗、叶柄、嫩茎等器官腺体稀少的表现鉴别真假 F_1 杂种及其纯度。

3. 产量表现 2004 年山东省区域试验,每公顷产籽棉3 469.5 千克、皮棉 1 326 千克、霜前皮棉 1 255.5 千克,分别比对照中棉所 29 增产 4.2%、1.2%和 2.4%;2005 年在区域试验中,每公顷产籽棉 3 634.5 千克、皮棉 1 372.5 千克、霜前皮棉 1 332 千克,分别比对照鲁棉研 15 号减产 4.8%、10.5%和 9.7%;2006 年生产试验每公顷产籽棉 4 512 千克、皮棉 1 768.5 千克、霜前皮棉1 618.5 千克,分别比对照鲁棉研 15 号减产 1.3%、2.5%和7.7%。

4. 纤维品质 山东省区域试验两年测试平均,纤维上半部纤维平均长度 31.8 毫米,断裂比强度 33.2cN・tex^{-1},麦克隆值 4,整齐度指数 85.2%,纺纱均匀性指数 165.8。

5. 抗病虫性 2005 年山东省区域试验病池接种鉴定,枯萎病指 5.9,黄萎病指 19.4,高抗棉铃虫。

6. 栽培技术要点

(1)适时播种,合理稀植 营养钵育苗在 3 月底至 4 月初播种,5 月上旬移栽;地膜棉一般在 4 月 20～25 日播种。去叶枝栽培一般每公顷种植 3.9 万~4.5 万株,留叶枝栽培每公顷种植 2.25 万~3.45 万株。

(2)平衡施肥,灵活化学调控 多施有机肥作基肥,增施磷、钾肥,见花重施花铃肥,施好盖顶肥。盛蕾后注意化学调控,掌握少量多次、前轻后重的原则。

(3)虫害防治 二代棉铃虫一般不用防治,三、四代棉铃虫视发生轻重防治 1~2 次。要及时防治盲椿象、棉蚜、红蜘蛛等非鳞翅目害虫。

7. 适宜种植区域 该杂交种适宜在山东省集中连片种植,以保证优质优价。

(四十六)邯 杂 429

1. 品种来源 邯杂 429(SGKZ6)是邯郸市农业科学院育成的转双价基因三系杂交棉,母本 SGK321A 是连续回交转育 6 代以上而成的抗虫不育系,父本邯 R251 是以中棉所 19 为父本进行有性杂交和 4 代回交,并自交 6 代以上育成的恢复系。2003~2005 年参加河北省春播抗虫棉区域试验,2005 年完成河北省春播抗虫棉生产试验,2004 年 12 月获得转基因安全评价证书,2006 年通过河北省农作物品种审定委员会审定(审定证号为:冀审棉 2006010 号)。

2. 特征特性 生育期 127 天,株高 88.8 厘米,第一果枝着生节位 5.7 节,单株果枝数 13.1 个,单株成铃 15.9 个左右,铃重 5.8 克,子指 9.9 克,衣分 41.2%,霜前花率 94.2%。该品种抗枯萎病,耐黄萎病;为转基因抗虫棉杂交种,抗棉铃虫。

3. 产量表现 2003 年在河北省春播棉区域试验中,皮棉和霜前皮棉产量分别为每公顷 1 390.5 千克和 1 311 千克,较对照新棉 33B 分别增产 16.6% 和 8.7%,达极显著水平。2005 年在河北省春播棉区域试验中,皮棉和霜前皮棉产量分别为每公顷 1 516.5

千克和 1 414.5 千克,较对照 DP99B 分别增产 14.9% 和 16.2%,增产达极显著水平。2005 年在河北省春播棉生产试验中,皮棉和霜前皮棉产量分别为每公顷 1 489.5 千克和 1 393.5 千克,较对照 DP99B 分别增产 20.5% 和 20.9%,增产极显著。

4. 抗病虫性　河北省农林科学院植物保护研究所抗病鉴定结果:2003 年抗枯萎病,耐黄萎病;2005 年抗枯萎病,耐黄萎病。该品种为转基因抗虫棉杂交种,抗棉铃虫、红铃虫等鳞翅目害虫。

5. 纤维品质　2005 年农业部棉花品质监督检验测试中心检测结果:纤维上半部平均长度 29.2 毫米,整齐度指数 84.1,麦克隆值 4.6,断裂比强度 30.5cN·tex^{-1},伸长率 6.9%,反射率 75.1,黄度 6.6,纺纱均匀性指数 144,短纤维指数 8.2。

6. 栽培技术要点　育苗移栽棉田于 4 月中旬育苗,4 月下旬至 5 月上旬移栽,地膜棉于 4 月下旬播种,裸地棉田于 4 月 25 日至 5 月 5 日播种,最迟不超过 5 月 10 日。一般棉田每公顷 4.5 万～5.25 万株;高肥水棉田 3.75 万株,不宜超过 4.5 万株;免整枝棉田 1.5 万～3 万株。施足基肥,以农家肥为主,化肥为辅,增施钾肥,重施花铃肥。二代棉铃虫发生期,一般不用防治,三、四代棉铃虫发生高峰期需化学防治,并注意棉蚜、红蜘蛛、盲椿象等非鳞翅目害虫的防治。前中期适时化学调控,后期缩节胺用量宜减少。

7. 适宜种植区域　该杂交种适宜在河北省推广种植。

(四十七)百棉 3 号

1. 品种来源　百棉 3 号杂交棉是河南科技学院育成的短季杂交棉品种,以 B920 为母本,B302 为父本。2003 年参加河南省杂交棉品种区域试验,2004～2005 年参加河南省杂交棉品种短季棉组区域试验,2006 年通过河南省品种审定委员会审定(审定编号:豫审棉 2006013)。

2. 特征特性 生育期 103 天,株高 76 厘米,植株筒形,株型紧凑,果枝上举,叶片较小,皱褶明显,叶色浅绿;出苗快、整齐、健壮,全生育期长势好,早熟性好,结铃性强而集中,铃卵圆形,铃重 5.2 克,铃壳薄,吐絮畅而集中,易收摘,纤维洁白。平均第一果枝节位 5 节,单株果枝数 10.6 个,结铃数 11.3 个,子指 11,衣分 40.1%。

3. 产量表现 2003～2004 年区域试验结果:百棉 3 号籽棉、皮棉、霜前皮棉平均每公顷产量分别为 1 716 千克、838.5 千克和 675 千克,比对照中棉所 30 分别增产 27.5%、36.4% 和 44.4%,达极显著水平。2005 年参加河南省夏棉生产试验,平均每公顷产籽棉、皮棉、霜前皮棉分别为 2 737.5 千克、1 092 千克和 846 千克,分别比对照银山 1 号增产 6%、13.7% 和 12.5%,增产达极显著水平。

4. 抗病性 2003～2004 年经河南省农业科学院植物保护研究所抗病鉴定:抗枯萎病,枯萎病指 3.05,耐黄萎病,病指 26.8。

5. 纤维品质 农业部棉花品质监督检验测试中心检测结果:纤维上半部平均长度 27.6 毫米,断裂比强度 28.6cN·tex^{-1},麦克隆值 4.6,整齐度指数 85%,伸长率 7.5%,反射率 74%,黄色深度 8.7,纺纱均匀性指数 134。

6. 栽培技术要点

(1)种植方式 根据河南省气候特点、品种特征和种植习惯,百棉 3 号适于二一式或三一式麦垄点种;也可以麦收前育苗、麦后移栽,或露地直播。

(2)适时播种,狠抓一播全苗 麦垄点种,要结合麦黄水造墒,于 5 月 20 日左右点播于麦垄间。育苗要求在 5 月初,于麦后移栽。播前晒种,提高种子的发芽势,力争一播全苗。

(3)保证合理密度,促苗快长 适宜密度每公顷 8.25 万株左右。麦后要及时灭茬,早浇水,早促进麦苗生长,保证棉苗快发。

(4)施肥 在前茬小麦施足基肥的基础上,增施有机肥和磷、钾肥。苗期每公顷补施尿素75千克。由于百棉3号结铃性强,要求花铃期适当早施肥,提高铃重,重施花铃肥,追施尿素225千克,后期叶面喷施磷酸二氢钾2次,以防早衰。

(5)加强田间管理 要及时中耕锄草,预防病虫害。

7. 适合种植区域 适于河南省及黄淮流域棉区种植。

(四十八)郑杂棉2号

1. 品种来源 郑杂棉2号(原名郑Z3)是河南省郑州市农林科学院选育而成的抗虫杂交棉新品种,组合为郑368×GK12。2004~2005年参加河南省杂交棉区域试验,2006年参加生产试验,2007年通过河南省农作物品种审定委员会审定、命名。该品种已获国家农作物转基因生物生产安全证书(农基安证字2006第357号)。

2. 特征特性 全生育期127天,植株塔形、松散,株高102.4厘米,叶片大小中等,叶色较深,茎叶少茸毛,果枝较长,结铃性较强,铃圆形中等偏大。果枝始节7,单株果枝数15.1个,单株结铃23.7个,铃重6克,衣分39.1%,子指10.7克,霜前花率95.4%,吐絮畅,易收摘,纤维洁白。

3. 产量表现 2004年参加河南省杂交棉区域试验,平均每公顷籽棉、皮棉、霜前皮棉产量分别为3051千克、1158千克和1068千克,分别比对照豫杂35增产9.9%、2.4%和3.8%。2005年平均公顷籽棉、皮棉、霜前皮棉产量分别为3567千克、1381千克和1311千克,分别比对照增产8.9%、4.2%和7%。2006年河南省生产试验,平均公顷籽棉、皮棉、霜前皮棉产量分别为3885千克、1518千克和1447千克,分别比对照增产8.8%、5.3%和5.4%,在6个参试品种中均居首位。

4. 纤维品质 经农业部棉花纤维品质监督检验测试中心测

定:2004 年纤维上半部平均长度 30.4 毫米,断裂比强度 28.8cN·tex^{-1},麦克隆值 4.6,伸长率 7%,反射率 75.6%,黄度 7.7,整齐度指数 85.1%,纺纱均匀性指数 141.7。2005 年纤维上半部平均长度 28.9 毫米,断裂比强度 29.8cN·tex^{-1},麦克隆值 4.5,伸长率 6.9%,反射率 74.5%,黄度 7.9,整齐度指数 84%,纺纱均匀性指数 139.4。

5. 抗病虫性　经河南省农业科学院植物保护研究所鉴定,2004 年枯萎病指 4,黄萎病指 34.6,为高抗枯萎耐黄萎类型;2005 年枯萎病指 1.8,黄萎病指 28.2,为高抗枯萎、耐黄萎类型。2006 年中国农业科学院生物所鉴定,抗虫株率 100%,B.t.毒蛋白表达量 559.82 纳克·克$^{-1}$,为高抗棉铃虫品种。

6. 栽培技术要点

(1)适期播种　露地直播 4 月 25～30 日,地膜覆盖播期 4 月 15～25 日;麦棉套种育苗期为 4 月初,移苗时间为 5 月中旬。

(2)合理密植　该品种株型松散,一般棉田密度每公顷 3 万～3.75 万株,高水肥棉田为每公顷 2.25 万～3 万株,土壤肥力较差棉田为每公顷 3.75 万～4.5 万株。

(3)田间管理　施足基肥,以有机肥为主,注意氮、磷、钾元素配合。苗期视苗情酌施氮肥,每公顷花铃期施棉花专用肥 300～450 千克(含氮、磷、钾诸元素),后期叶面喷 0.2%磷酸二氢钾和 0.1%尿素混合液防止早衰,在蕾期、花期和打顶后每公顷分别喷缩节胺 15 克、30 克和 45 克化学调控。

(4)病虫防治　根据田间病情预测,提前用苗菌敌、枯黄克星、多菌灵等杀菌剂 600～800 倍水溶液均匀喷雾,在发病期连防 2～3 次。及时防治棉花虫害,苗期做好对地老虎、棉蚜和棉红蜘蛛的防治,3～4 代棉铃虫大发生期防治 2～3 次,中期注意对棉伏蚜、盲椿象、棉粉虱等害虫的防治。

7. 适宜种植区域　适于河南省各棉区春直播和麦棉套种。

（四十九）郑杂棉 3 号

1. 品种来源 郑杂棉 3 号是郑州市农林科学院选育的高产、稳产转基因抗虫杂交棉，母本郑 414 系豫 668 系选而成，父本为 GK12 选系。2006～2007 年参加河南省杂交棉品种区域试验，2007 年同时参加生产试验，同年获国家农业转基因生物安全证书（农基安证字 2007 第 176 号）；2008 年通过河南省农作物品种审定委员会审定（豫审棉 2008010）。

2. 特征特性 生育期 127.5 天，属陆地棉中早熟品种。植株高度中上，塔形，松散，茎秆坚韧。叶片中等大小，叶色浓绿。茎叶绒毛较多，果节较长，结铃性强，铃卵圆形中等偏大，第一果枝节位 6.6 节，单株果枝数 14.5 个，单株结铃 25.9 个，铃重 6 克，衣分 41.6%，子指 10.6 克，霜前花率 94.6%。出苗好，前中期长势强，后期长势稳健。

3. 产量表现 2006 年参加河南省杂交棉区域试验，平均每公顷籽棉、皮棉、霜前皮棉产量分别为 4 497.8 千克、1 758.2 千克和 1 659 千克，分别比对照豫杂 35 增产 14.7%、15.1% 和 16.8%，皮棉和霜前皮棉产量均居首位；2007 年平均每公顷产籽棉、皮棉、霜前皮棉分为 3 617.1 千克、1 499.4 千克和 1 416.7 千克，分别比对照豫杂 35 增产 11.3%、9.8% 和 10.9%。2007 年参加河南省生产试验，平均每公顷籽棉、皮棉和霜前皮棉产量分别为 3 384 千克、1 419 千克和 1 354.5 千克，分别比对照豫杂 35 增产 10%、8.8% 和 9.1%。

4. 抗病虫性 中国农业科学院棉花研究所抗病性鉴定：2006 年枯萎病指 19.7，黄萎病指 34.2，耐枯萎和黄萎病；2007 年枯萎病指 4.6，黄萎病指 30.9，抗枯萎、耐黄萎病。2007 年经中国农业科学院生物所抗虫鉴定，抗虫株率 100%，B.t. 毒蛋白表达量 635.19 纳克·克$^{-1}$，高抗棉铃虫。

5. 纤维品质 2006～2007 年农业部棉花品质监督检验测试中心检测:纤维上半部平均长度 29.2 毫米,断裂比强度 28.4cN·tex^{-1},麦克隆值 4.9,整齐度指数 85.5%,伸长率 6.4%,反射率 74.2%,黄度 7.5,纺纱均匀性指数 138.2。

6. 栽培技术要点

(1)适期播种 露地直播 4 月 20～30 日播种;地膜覆盖棉田 4 月 10～20 日播种;营养钵育苗 4 月 1～10 日播种,5 月 10～20 日移栽。

(2)合理密植 一般棉田密度为每公顷 3 万～3.75 万株。随着肥力不同,密度适当调整。精细整枝棉田每公顷不低于 3.6 万株,免整枝棉田每公顷不超过 3.3 万株。

(3)平衡施肥 在施足有机肥的基础上,增施氮、磷、钾肥,配施微肥;根据苗情酌施苗肥,重施花铃肥,后期用 0.2% 硼砂和 0.5%～1% 尿素混合液进行叶面喷肥防止早衰。

(4)适时化学调控 高水肥棉田分别在蕾期、初花期、打顶后每公顷喷缩节胺 15 克、30 克、45 克化学调控,根据长势及降水量酌情增减。

(5)科学防治病虫害 根据田间病情预测,提前用苗菌敌、枯黄克星、多菌灵等杀菌剂 600～800 倍水溶液均匀喷雾,防止病害发生或扩展蔓延,在发病期连防 2～3 次。及时防治棉花害虫,苗期做好棉花蚜虫和棉红蜘蛛的防治;二代棉铃虫一般不用防治,三、四代棉铃虫若大发生应连续防治 2 次左右;同时注意对棉花伏蚜、盲椿象、棉粉虱等的防治。

7. 适宜种植区域 适宜河南省各棉区轻病地春直播和麦棉套作种植。

(五十)泛棉 3 号

1. 品种来源 泛棉 3 号是河南省黄泛区地神种业农业科学

研究所选育的转基因抗虫棉品种。2005～2006 年参加河南省棉花品种区域试验,2006 年同时进入生产试验,同年获农业部转基因生物安全证书(农基安证字 2006 第 112 号),2007 年通过河南省农作物品种审定委员会审定(豫审棉 200703)。

2. 特征特性　该品种出苗较好,整个生育期长势强,植株塔形,稍松散,生育期 131 天,株高 102.8 厘米,平均第一果枝节位 6.6 节,叶片中等大小,叶色深,铃卵圆形,铃重 6.2 克,衣分 39.6%,子指 11.2 克,中后期长势稳;结铃性强,吐絮畅,易采摘,纤维色泽洁白,高抗枯萎病、耐黄萎病。单株果枝数 15.2 个,单株结铃 22 个,霜前花率 90.7%。

3. 产量表现　2005 年河南省区域试验结果:皮棉和霜前皮棉每公顷产量分别为 1 248 千克和 1 182 千克,比对照中棉所 41 增产 7.5%和 8.2%,霜前皮棉比对照增产达极显著水平;2006 年区域试验结果,皮棉和霜前皮棉每公顷产量分别为 1 528.5 千克和 1 479 千克,比对照鲁棉研 21 增产 9.4%和 9.1%,皮棉比对照增产达极显著水平;2006 年生产试验结果,皮棉和霜前皮棉每公顷产量分别为 1 513.5 千克和 1 372.5 千克,比对照鲁棉研 21 增产 6.3%和 6.3%。

4. 抗病虫性　中国农业科学院棉花研究所植保室抗病鉴定:2005 年枯萎病指 3.2,黄萎病指 30.1;2006 年枯萎病指 3.8,黄萎病指 20.1,为抗枯萎、耐黄萎病品种。

2006 年中国农业科学院生物技术研究所抗虫鉴定,抗虫株率 100%,B. t.毒蛋白表达量 454.43 纳克·克$^{-1}$,高抗棉铃虫。

5. 纤维品质　2005～2006 年农业部棉花品质监督检验测试中心检测:纤维上半部平均长度 29.5 毫米,断裂比强度 29.1cN·tex^{-1},麦克隆值 4.8,整齐度指数 85.3%,伸长率 6.7%,纺纱均匀性指数 141.7。

6. 栽培技术要点

(1)播期与密度　露地直播 4 月下旬,地膜覆盖播期以 4 月 15～25 日为宜,麦棉套种育苗期为 4 月 5～15 日。一般棉田密度为每公顷 3 万～3.75 万株,高水肥棉田为 2.7 万～3 万株,土壤肥力较差的棉田为 3.75 万～4.5 万株。

(2)田间管理　在施足有机肥的基础上,增施氮、磷、钾肥,配施微肥;后期用 0.2% 硼砂和 0.5%～1% 尿素混合进行叶面喷肥,防止早衰;及时去除叶枝、赘芽和腋芽,摘除中下部空果枝和老叶。高水肥棉田化学调控 2～3 次。

(3)病虫防治　根据田间病情预测,提前用苗菌敌、枯黄克星、多菌灵等杀菌剂 600～800 倍水溶液均匀喷雾,防止病害发生或扩展蔓延,在发病期连防 2～3 次;及时防治棉花害虫,苗期做好对棉花蚜虫和棉红蜘蛛的防治,中期注意对棉花伏蚜、盲椿象、棉粉虱等的防治。

7. 适宜种植区域　适宜河南省各棉区春直播和麦棉套作种植。

(五十一)开 棉 21

1. 品种来源　开棉 21 是河南省开封市农林科学院和开封市新科研种业有限公司培育的转基因抗虫棉新品种,母本是自育品系商 37-8-1,父本 SR93-8 是从 GK12 中系选而成的抗虫棉品系。2005～2006 年参加河南省区域试验,2006 年参加河南省生产试验,同年获得农业部转基因安全证书,2007 年通过河南省农作物品种审定委员会审定。

2. 特征特性　生育期 128 天,株高 106.7 厘米,植株塔形,较松散,叶片中等大小,叶色深绿,后期叶功能好,不早衰。茎叶茸毛少,第一果枝节位 6.6 节,单株果枝数 14.6 个,单株成铃 19 个,铃卵圆形,铃重 5.9 克,衣分 39.7%,子指 10.76 克,霜前花率

92.15％,整个生育期生长势较强。

3. 产量表现 在河南省棉花区域试验中,2005年平均每公顷皮棉和霜前皮棉产量分别为1 376.6千克和1 261.7千克,分别比对照品种中棉所41增产7.4％和7.2％。2006年平均每公顷皮棉和霜前皮棉产量分别为1 522.5千克和1 437千克,分别比对照品种鲁棉研21增产6.6％和4.7％。皮棉总产增产达极显著水平。2006年参加河南省生产试验,平均每公顷皮棉和霜前皮棉产量分别为1 440千克和1 294.5千克,分别比对照品种鲁棉研21增产2.5％和1％。

4. 纤维品质 经农业部棉花品质监督检验测试中心两年测定结果平均:纤维上半部平均长度31.2毫米,整齐度指数84.8％,纤维断裂比强度30.1cN·tex^{-1},伸长率6.63％,麦克隆值4.4,反射率74.4％,黄度8.1,纺纱均匀性指数150.7。

5. 抗病虫性 经中国农业科学院棉花研究所植保室2005年和2006年鉴定结果平均,枯萎病指17.2,黄萎病指28.2,属于耐枯萎病和耐黄萎病型品种。

2006年经中国农业科学院生物技术研究所测定,开棉21抗虫株率100％,B.t.毒蛋白表达量484.6纳克·$克^{-1}$,高抗棉铃虫。

6. 栽培技术要点

(1)适期播种,合理密植 地膜覆盖或营养钵育苗移栽,应在4月上中旬播种,直播以4月25日左右播种为宜。该品种株型较大,一般每公顷4.2万～4.5万株,高水肥地3.5万～3.5万株,肥力较差的棉田为4.5万～5.25万株。

(2)合理施肥和浇水 施足基肥,重施花铃肥,中后期根外喷施叶面肥,注意氮、磷、钾配合使用。花铃期切忌缺水和田间积水,影响棉花的正常开花结铃,造成蕾铃脱落。

(3)系统化学调控 开棉21生长势较强,应注意在蕾期、开花初期和开花盛期分别用适量的植物生长调节剂控制其棉株旺长。

(4)及时整枝　发现赘芽及时摘除,适时打顶摘边心,一般 7 月 20 日左右打顶,8 月 10～15 日摘除果枝边心,后期注意打老叶,剪空枝。

(5)防治病虫害　生育期间应及时进行病虫害的防治,特别是对盲椿象、棉蓟马、烟粉虱、棉蚜、红蜘蛛等非靶标害虫的防治。

7. 适宜种植区域　开棉 21 适应于河南省各地棉花产区作春直播或麦棉套播。

(五十二)sGK958

1. 品种来源　sGK958 是河南省新乡市锦科棉花研究所从锦科 970012×锦科 19 的后代中定向筛选而成。2004～2005 年参加河南省春棉品种区域试验,2006 年参加生产试验,2006 年获农业部转基因生物生产应用安全证书[农基安证字(2006)第 278 号、农基安证字(2006)第 279 号],2007 年经河南省农作物品种审定委员会审定命名(审定编号为:豫审证字 2007034 号)。

2. 特征特性　sGK958 生育期 131 天,该品种出苗好、整齐,全生育期长势强健,整齐度指数好。植株较高,植株近塔形,茎秆茸毛较多,叶片大小适中,叶色深绿,后期叶功能好。根系发达,抗旱,耐瘠薄,铃卵圆形,铃重 6.5 克,结铃性强,成铃率高,单株结铃 21.2 个,吐絮畅,易收摘,棉纤维色泽洁白,有丝光。果枝数 16 个,果枝始节 7 节,子指 11.3 克,衣分 40.4%,霜前花率 90.2%。

3. 产量表现　2004～2005 年参加河南省春棉品种区域试验,平均每公顷籽棉、皮棉、霜前皮棉产量分别为 3 138.9 千克、1 310.4 千克和 1 189.8 千克,分别较对照中棉所 41 增产 8.63%、14.54%和 11.28%,皮棉、霜前皮棉产量均比对照增产达极显著水平。2006 年参加河南省常规春棉生产试验,平均每公顷籽棉、皮棉和霜前皮棉产量分别为 3 738 千克、1 509 千克和 1 362 千克，分别比对照鲁研棉 21 增产 5.8%、7.4% 和 6.2%。

4. 抗病虫性　2004～2005 年由河南省区域试验组两次送取样，经中国农业科学院棉花研究所植保室鉴定，两年平均枯萎病指数 5，黄萎病指数 28.6，为抗枯萎病，耐黄萎病品种。

2006 年经中国农业科学院生物技术研究所抗虫鉴定：抗虫株率 100%，B. t. 毒蛋白表达量 617.6 纳克·克$^{-1}$，高抗棉铃虫。

5. 纤维品质　2004～2005 年由省区域试验组取样送农业部棉花品质监督检验测试中心统一鉴定：纤维上半部平均长度 30.2 毫米，整齐度指数 85.8%，断裂比强度 30.7cN·tex^{-1}，伸长率 6.8%，麦克隆值 4.8，光反射率 73.9%，黄度 7.8，纺纱均匀性指数 152.1，品质优良。

6. 栽培技术要点

(1)适期播种　露地直播棉田以 4 月 20～30 日为宜，地膜覆盖棉田以 4 月 10～20 日为宜，育苗移栽棉田 3 月 26 日至 4 月 5 日育苗，5 月 10～20 日移栽。

(2)合理密植　该品种植株较高，株型偏紧凑，一般棉田每公顷 3 万～3.79 万株，高肥水棉田 2.25 万～3 万株，土壤肥力偏差的棉田 3.35 万～4.5 万株。

(3)田间管理　在施足有机肥的基础上合理施肥，特别是氮、磷、钾三种肥料的应用。中后期用 0.2% 硼砂和 0.5%～1% 尿素水溶液混合喷施，防蕾铃脱落及早衰。视棉苗密度适当整叶枝，及时去赘芽和腋芽，高肥水棉田前期适当轻控、勤控 2～3 次，中后期酌情化学调控。

(4)病虫害防治　根据田间病情预测，用高巧、适乐时拌种或提前用苗菌敌、多菌灵等杀菌剂 600～800 倍水溶液均匀喷雾，棉铃虫的防治应根据虫情发生情况适当防治，应及时防治其他虫害。

7. 适宜种植区域　该品种适宜河南省春直播和麦棉套作种植。

（五十三）W8225

1. 品种来源 W8225 是山东中棉棉业有限责任公司、山东省棉花工程部和中国农业科学院生物技术研究所合作，以斯字棉自选系抗病高产优质的 W-6310 为母本，GK12 抗棉铃虫选系为父本，育成的品种间杂交一代种。在山东省区域试验和全国多点试种示范，均表现高产优质，病虫双抗，适应性强。2005 年 1 月通过国家转 B.t.基因杂交抗虫棉安全性评价，2005 年 3 月通过山东省棉花品种审定委员会审定。

2. 特征特性 生育期 128 天，中熟品种类型。出苗势好，易拿全苗，植株壮健，茸毛稠密耐蚜害，植株呈塔形，株高 95 厘米，叶片中等，节间较紧凑，结铃性强，铃卵圆形，大而全株均匀，中喷花铃重 6.4 克，吐絮肥畅集中，早熟不早衰，霜前花率 92.6%，纤维色泽洁白有丝光，衣分 41.2%，子指 11.5 克。抗逆性强，适应性广，稳产性好。

3. 产量表现 在山东省棉花新品种区域试验中，1999 年每公顷产霜前皮棉 1 470 千克，比对照中棉所 29 增产 11.4%居首位；2000 年每公顷产皮棉 1 195.5 千克，比对照增产 1.4%。两年平均单产 1 333.5 千克，比对照中棉所 29 增产 6.7%，居第二位。2001 年生产试验中霜前皮棉每公顷产量为 1 758 千克，比对照 33B 增产 24.1%，居首位。

4. 抗病虫性 高抗鳞翅目害虫棉铃虫与红铃虫。抗病性表现，据山东省区域试验抗病性鉴定结果，抗枯萎病，耐黄萎病。枯萎病株率 19.4%，枯萎病情指数 8.1；黄萎病株率 35.5%，黄萎病情指数 25.2。

5. 纤维品质 1999～2000 年区域试验棉样经农业部棉花品质监督检验测试中心检测：纤维上半部长度 29.5 毫米，断裂比强度 23.4cN·tex^{-1}，伸长率 5.9%，麦克隆值 4.8，反射率 75.9%，黄度 7.9,环纱缕强 126Ibf,气纱品质 1923。

6. 栽培技术要点

(1)适时播种 W8225 属于中熟品种,营养钵育苗一般在 4 月初播种,5 月上旬移栽;地膜直播棉田一般在 4 月 15～20 日播种为宜,播前要精细造墒,力争一播全苗。

(2)合理密植 黄河流域棉区每公顷密度在 3.3 万～3.9 万株,长江流域棉区密度在 2.75 万～3.3 万株。生产上要掌握肥地稀些、瘠地密些的原则,因地制宜。

(3)肥水搭配 施肥原则:施足基肥,以有机肥为主,氮、磷、钾配合施用;重施花铃肥,补施盖顶肥,以化肥为主。根据土壤墒情,适时培土浇水。

(4)合理化学调控 按照棉株生长势和气候条件,适时调控,以少量多次施用为宜,切忌量大,影响棉株正常生长。

(5)及时防治病虫害 一般二代棉铃虫不用化学防治,但在大发生年份产卵盛期应化学防治杀卵,三、四代棉铃虫视发生轻重防治 1～2 次。及时防治盲椿象、棉蚜、红蜘蛛等害虫。

7. 适宜种植区域 该品种适宜在黄河流域棉区及长江流域棉区种植。

三、长江流域转基因抗虫棉品种

(一)中棉所 48

1. 品种来源 中棉所 48(原名中杂 3 号,中 0088)是中国农业科学院棉花研究所以丰产性能较好的 971300 为母本,纤维品质优异的 951188 为父本配制的大铃、优质杂交棉新品种。其中母本 971300 是本所选育的丰产、早熟、抗病虫能力强的新品系,951188 是本所将徐州 553 经原子能诱变后,选得的一个优质大铃新材料。

2002～2003 年参加安徽省区域试验,2003 年参加生产试验,2004 年通过安徽省农作物品种审定委员会审定。

2. 特征特性 生育期 135 天,植株呈塔形,株型稍松散,通透性好,茎秆有茸毛、较硬,叶片中等大小,叶色深绿,缺刻深,掌状,结铃性强,果枝始位 6 节,单株果枝数 17.2 个,单株铃数 24.8 个,铃卵圆形较大,铃重 6.5 克以上,子指 12.6 克,衣分 39%,霜前花率 81.07%,吐絮畅而集中,易收摘,絮色洁白,现蕾稍晚,雌雄蕊乳白色。

3. 产量表现 2002～2003 年参加安徽省棉花品种区域试验,两年平均每公顷籽棉、皮棉、霜前皮棉产量分别为 3 208.5 千克、1 263 千克和 1 024.5 千克,分别比对照皖杂 40 增产 11.7%、5.7%和 5.1%。

4. 抗病性 安徽省区域试验抗病性检测结果,中棉所 48 枯萎病指 17.6,黄萎病指为 28.2,均达到耐病水平。

5. 纤维品质 农业部棉花品质监督检验测试中心检测结果(ICC 标准):两年平均 2.5%跨长 30.3 毫米,整齐度指数 49.2%,断裂比强度 24.8cN·tex^{-1},麦克隆值 5,品质优良,适于纺中高支棉纱。

6. 栽培技术要点

长江流域棉区密度每公顷 1.8 万～2.1 万株,黄河流域南部棉区密度每公顷 2.25 万～2.7 万株。前期施肥以有机肥为主,氮、磷、钾配合使用,重施花铃肥,注意增施磷、钾肥,中后期及时喷叶面肥和补施盖顶肥,以充分发挥单株结铃和铃重的潜力。根据棉花长势及气候情况实施化学调控。注意防治棉花病虫害,对蓟马、棉蚜、红蜘蛛等棉田害虫应及时防治。

7. 适宜种植区域 该品种适宜在安徽省及其周边省的春棉地种植。

（二）中棉所 59

1. 品种来源　中棉所 59 是中国农业科学院棉花研究所以转双价基因抗虫棉为母本，与常规、丰产、优质棉品系为父本配制杂交组合，育成的高产、优质、多抗杂交棉新品种。2004～2005 年参加浙江省杂交棉品种区域试验，2006 年参加浙江省生产试验，同年获得在浙江省的转基因生物生产应用安全证书，2007 年通过浙江省农作物品种审定委员会审定。

2. 特征特性　该品种生育期 121 天，植株塔形，较松散，株高中等；茎秆茸毛较少，叶片中等大小，叶绿色稍深，叶形缺刻较浅；第一果枝着生部位 24.6 厘米；铃卵圆形，铃重 5.4 克，衣分41.8%，子指 10.4 克；吐絮畅而集中，易收摘，霜前花率 92.5%。

3. 产量表现　2004～2005 年参加浙江省区域试验，2004 年每公顷皮棉产量 1 479 千克，比对照增产 7.4%；2005 年每公顷皮棉产量 1 662 千克，比对照增产 10.2%。两年平均，每公顷皮棉产量1 570.5 千克，比对照湘杂棉 2 号增产 8.8%。2006 年参加生产试验，每公顷皮棉产量 2 145 千克，比对照湘杂棉 2 号增产 29.5%。

4. 抗病虫性　2004～2005 年浙江省农业科学院人工接种鉴定枯萎病抗性结果：2004 年苗期和蕾期病指分别为 14.3 和 1.0，表现耐枯萎病和高抗枯萎病；2005 年蕾期枯萎病指 0，高抗枯萎病。2004 年中国农业科学院棉花研究所植保室抗虫性鉴定：高抗棉铃虫，蕾铃被害减退率 81.9%。

5. 纤维品质　2004～2005 年农业部棉花纤维品质监督检验测试中心测定结果：纤维上半部纤维平均长度 29.8 毫米，整齐度指数 84.1%，断裂比强度 29.5cN·tex^{-1}，麦克隆值 4.8，纺纱均匀性指数 138.8，符合纺织工艺要求。

6. 栽培技术要点

(1)适期播种，合理密植　营养钵育苗以 4 月 15 日前后播种为宜,露地直播以 4 月 25 日左右播种为宜。一般肥力棉田,每公顷密度在 2.7 万株左右,高肥力棉田每公顷种植 2.25 万株,肥力水平低的每公顷种植 3.15 万株。

(2)科学肥水管理 适当增施有机肥或磷、钾肥,重施基肥和花铃肥,早施蕾肥,早喷叶面肥,适当补施微量元素。7～8 月份应保持田间持水量,及时抗旱,提倡早、晚小水沟灌,切忌白天高温下大水漫灌,以防蕾铃脱落,灌水后要抢墒、保墒;暴风雨天,及时清沟排水防涝和扶正倒伏棉株。

(3)及时中耕与整枝打顶 在中耕除草松土的基础上,结合深施蕾肥,用分沟犁起垄,人工清行培土,一般于棉花开花前结束。当棉苗出现果枝后,应及时去掉部分叶枝;8 月 10 日左右,当棉株有 20～25 个果枝时根据长势即可打顶,提倡打小顶,摘掉一叶一心。

(4)适时化学调控 若蕾期、花铃期或打顶后长势过旺,可用化学药剂调控,遵循"少量多次,一次用量不宜过大"的原则。水肥条件较足,长势较旺棉田,8～10 片真叶时,每公顷用缩节胺 12～15 克;棉株瘦弱的不宜化学调控,打顶后一周左右,根据长势每公顷用缩节胺 45～60 克封顶。

(5)做好病虫害防治 当蚜虫、棉盲椿象、红蜘蛛等害虫的发生量达到防治指标时,应及时使用吡虫啉、高效氯氰菊酯、硫丹、阿维菌素、哒螨灵等高效低残留化学药剂进行防治。对二代棉铃虫可不防治。可用强力病毒杀和克黄枯控制或减缓枯黄萎病害的发生。

7. 适宜种植区域 该品种属中熟抗虫转基因杂交棉,适宜在浙江省棉区种植,在该省周边相似生态区也可引种。

(三)中棉所 62

1. 品种来源 中棉所 62(中长杂 04)是中国农业科学院棉花

研究所培育的陆地棉杂交种。2003 年配组合,2004 年参加江西省棉花新品种区域试验预试,2005～2006 年参加江西省棉花新品种区域试验,2006 年参加国家棉花新品种展示,2007 年通过江西省农作物品种审定委员会审定(审定编号:赣审棉 2007001)。

2. 特征特性 中棉所 62 生育期 128 天左右,植株塔形,株高125 厘米,株型疏朗。茎秆光滑较坚硬,主茎节间长 5～6 厘米,下部果枝与主茎夹角较大,中上部果枝与主茎夹角较小。真叶中等大,皱褶较明显,叶色淡绿,斜上举,叶层透光性好。花冠较大,乳白色,基部无花青素,花药乳白色,柱头略高于雄蕊。铃卵圆形,铃嘴略尖,4～5 室,铃壳薄,吐絮畅,铃重 5.5～5.9 克。纤维精白,有丝光。种子呈梨形,灰黑色,短绒易剥落,衣分 42.7%,子指 10克,衣指 7 克。

3. 产量表现 2005～2006 年参加江西省棉花区域试验,平均每公顷籽棉产量 4 558.4 千克,皮棉产量 1 947 千克,分别比对照泗抗 3 号增产 5.6% 和 1.3%,两年均居第一位。平均每公顷霜前皮棉产量 1 788.6 千克,比对照泗抗 3 号增产 0.5%,居第一位。

4. 抗病性 江西省棉花所人工病圃鉴定其枯萎病抗性结果:2005 年枯萎病指 4.9,2006 年枯萎病指 8.7,抗枯萎病。

5. 纤维品质 经农业部棉花品质监督检验测试中心检测,两年江西省棉花品种区域试验汇总:纤维上半部长度 29.8 毫米,整齐度指数 84.9%,断裂比强度 30.8cN·tex^{-1},伸长率 7%,麦克隆值 4.9,反射率 74.2%,黄度 8.5,纺纱均匀性指数 145.9。

6. 栽培技术要点

(1)播种与移栽 4 月上中旬,温高湿足时,抢晴天播种育苗。当耕作层 5 厘米地温稳定通过 18℃时,适时移栽。移栽密度:中等肥力平原棉区,每公顷种植 2.1 万～3 万株;肥力偏瘦丘陵棉区,每公顷种植 2.7 万～3.15 万株。

(2)水肥管理 播种前清沟防渍,伏旱 7 天后及时沟灌。中等肥力潮土棉田每公顷需纯氮 195～255 千克,氮、磷、钾比例为 1：0.5：1。基肥施氮量占 15%,磷、钾各占 1/3;追肥用氮量 85%(其中苗期 25%,蕾期 15%,花铃期 60%),磷、钾追肥施量各占 2/3。施肥原则是:施足基肥,早施苗肥,重施蕾肥(缓效性有机肥,开沟深施,高培土,蕾施桃用),准施桃肥(单株平均有一个硬桃时,每公顷施速效纯氮 90 千克左右),增施硼肥(现蕾前每公顷施硼肥 7.5～15 千克),花期补施叶面微肥。

(3)合理化学调控 看棉花长势,蕾花期主动化学调控,花铃期应变化学调控。5～6 片真叶时,每公顷用缩节胺 15 克或助壮素 60 毫升,对水 375 升,全株喷雾,15～20 天后,浓度加倍再喷一次;花铃期每公顷用缩节胺 45 克或助壮素 180 毫升,对水 750 升喷雾;打顶后,每公顷用缩节胺 60 克或助壮素 300 毫升,对水 750 升喷雾。

7. 适宜种植区域 适宜江西省及其周边相似生态区种植。

(四)中棉所 63

1. 品种来源 中棉所 63(原代号中 001)是中国农业科学院棉花研究所和生物技术所以常规陆地棉新品系 9053 为母本,以国产双价转基因(B. t. ＋CpTI)抗虫棉 sGK9708 选系 P4 为父本,配制成的杂交种。2004～2005 年参加长江流域棉花品种区域试验,2006 年参加长江流域棉花品种生产试验,同年获得转基因生物安全证书[农基安证字(2006)第 219 号和第 220 号]。2007 年通过国家农作物品种审定委员会审定(审定编号:国审棉 2007017)。

2. 特征特性 植株塔形,生育期 125 天,株高 109.5～121 厘米,出苗较好,果枝紧凑,茎秆茸毛少,叶片中等大小,叶色较深,铃卵圆形,吐絮畅。果枝 17.8 个,单株成铃 25.5～29.5 个;铃重 5.7～6.6 克,衣分 40.9%～41.5%,子指 9.8～10.3 克,霜前花率 88.5%～93%。

3. 产量表现　2004～2005 年长江流域国家棉花品种区域试验 35 点次汇总结果:中棉所 63 平均每公顷籽棉产量 3 567.3 千克,比对照种湘杂棉 2 号增产 10.1%;每公顷皮棉产量 1 478.6 千克,比对照种增产 10%,居第一位;每公顷霜前皮棉产量 1 310.4 千克,比对照增产 10.2%。2006 年长江流域生产试验结果:每公顷籽棉和皮棉产量分别为 3 876 千克和 1 585.5 千克,分别比对照种湘杂棉 8 号增产 0.4%和 2.3%。

4. 纤维品质　农业部棉花品质监督检验测试中心检测,2004～2005 年测试平均:纤维上半部平均长度 30 毫米,断裂比强度 29.1cN·tex^{-1},麦克隆值 4.8,伸长率 7%,反射率 76.1%,黄度 8.2,整齐度指数 84.2%,纺纱均匀性指数 139。

5. 抗病虫性　华中农业大学鉴定:枯萎病相对病指 14.1～10.7,为耐枯萎病;黄萎病相对病指 15.6～22,抗级为耐。江苏省农业科学院植物保护研究所抗棉铃虫性鉴定:平均抗性级别 3.8,综合抗性级别为高抗。华中农业大学抗红铃虫性鉴定,2004 年种子虫害率 3.6,比对照减少 64.5%,抗虫级别为抗;2005 年种子虫害率 0.8,比对照减少 93.4%,抗虫级别为高抗。

6. 栽培技术要点

(1)适时播种,合理密植　冬闲田和套种田 4 月上旬营养钵育苗,油(麦)后棉 4 月 20 日前后营养钵育苗,地膜覆盖直播 4 月10～20 日播种,播前抢晴天晒种 2～3 天。一般地力田块每公顷密度 2.4 万～3 万株。

(2)配方施肥　基肥重施有机肥,酌情轻施苗肥,蕾期忌施速效氮肥,及时重施花铃肥,补施盖顶肥,后期注意防早衰。每公顷施纯氮 375 千克、纯磷 195 千克、纯钾 375 千克。

(3)全程化学调控　2.5%助壮素每公顷用量:苗期 60 毫升,蕾期 90～120 毫升,花期 180～240 毫升。

7. 适宜种植区域　适宜长江流域棉区种植,不宜在枯萎病和黄萎病重病区种植。

(五)中棉所 66

1. 品种来源 中棉所 66(中 CJ03B)是中国农业科学院棉花研究所和生物技术研究所以常规陆地棉品系中 9018 为母本,以国产双价转基因抗虫棉中棉所 45 为父本,培育成的双价转基因抗虫棉杂交种。2005~2006 年参加长江流域区域试验,2006 年参加长江流域生产试验,2007 年获得农业部颁发的《农业转基因生物安全证书(生产应用)》[农基安证字(2007)第 150 号],2008 年通过国家农作物品种审定委员会审定(审定编号:国审棉 2008020)。

2. 特征特性 该杂交种生育期 123 天,植株塔形,株型较紧凑,株高 112 厘米,果枝较长、平展,茎秆粗壮,叶片中大,深绿色,铃卵圆形,吐絮畅。单株成铃 26.8 个,铃重 6.1 克,衣分 41.5%,子指 10.1 克,霜前花率 93.5%。该品种早熟性、丰产性、稳产性好。

3. 产量表现 2005~2006 年参加长江流域区域试验,平均每公顷籽棉产量 3 777 千克,比对照品种湘杂棉 2 号和湘杂棉 8 号平均增产 11.5%,居第一位;每公顷产皮棉 1 566 千克,比对照品种平均增产 15.1%,增产极显著;每公顷霜前皮棉产量 1 467 千克,比对照品种平均增产 14.6%。

4. 纤维品质 农业部棉花品质监督检验测试中心检测:纤维上半部平均长度 29.6 毫米,断裂比强度 28.6cN·tex^{-1},麦克隆值 5.1,伸长率 6.6%,反射率 76.2%,黄度 8.3,整齐度指数 84.7%,纺纱均匀性指数 138。

5. 抗病虫性 江苏省农业科学院植物保护研究所 2005~2006 年抗棉铃虫性鉴定:两年综合平均抗性值 3.58,抗级为高抗。华中农业大学 2004~2005 年抗红铃虫性鉴定,高抗红铃虫。其中 2005 年虫害率 2.58%,比对照减少 79.5%;2006 年种子虫害率

2.23%,比对照减少88.7%。

在华中农业大学2005～2006年抗病性鉴定中,中棉所66表现抗枯萎病、耐黄萎病。其中2005年枯萎病指8.5,2006年枯萎病指6.9。2005年黄萎病指28.4,2006年黄萎病相对病指20.4。

6. 栽培技术要点

(1)适时播种与合理密植　麦套棉或冬闲地,营养钵育苗在4月初;油(菜)后移栽棉在4月20日左右,抢晴晒种2～3天后及时播种。一般每公顷密度2.4万～3万株,根据地力肥瘦、肥料投入及管理水平而定。

(2)配方施肥　基肥重施有机肥,酌情轻施苗肥,蕾期忌施速效氮肥,及时重施花铃肥,补施盖顶肥。每公顷施纯氮375千克,氮、磷、钾比例以1:0.5:1为宜。

(3)全程化学调控　2.5%助壮素每公顷用量:苗期60毫升,蕾期90～120毫升,花期180～240毫升。

(4)注意病虫害综合防治　特别要加强对红蜘蛛、棉蚜和盲椿象等非鳞翅目害虫的防治。

7. 适宜种植区域　该杂交种适宜在长江流域棉区推广种植。

(六)A52

1. 品种来源　A52是山东省莒南县农业技术推广中心1996年利用自选品系962以母本和中棉所17做父本有性杂交,在其F_3代中筛选出一株型好、结铃性强的单株,经过多年系统选育而成的高产、优质、适应性广的棉花新品种。2007年3月通过安徽省农作物品种审定委员会审定。

2. 特征特性　该品种出苗好,苗齐苗壮,全生育期长势稳健,植株中等,株型紧凑,呈塔形,茎秆坚韧,且披有茸毛,叶色深绿,叶片中等大小,结铃性强,铃卵圆形、中等大小,铃壳薄、铃重5.54克,吐絮畅而集中,易采摘,丰产性、稳产性较好。生育期126天,株高 101.6 厘米,第一果枝节位 6.15 节,衣分 41.11%,子指 9.9 克,霜前花率 87.8%。

3. 产量表现 2005 年参加安徽省棉花新品种区域试验,平均每公顷籽棉和皮棉产量分别为 3 478.5 千克和 1 428 千克,比对照泗棉 4 号分别增产 18.1% 和 11.8%。2006 年区域试验,平均每公顷籽棉和皮棉产量分别为 4 128.05 千克和 1 702.8 千克,分别比对照增产 16.9% 和 12.9%。2006 年生产试验,平均每公顷籽棉 4 065 千克,比对照增产 14.8%;每公顷皮棉产量为 1 668 千克,比对照增产 12.2%。

4. 抗病性 安徽省区域试验抗枯、黄萎病性鉴定结果:两年平均枯萎病指 13.4,黄萎病指 29.7,属于耐枯、黄萎病品种。

5. 纤维品质 2005～2006 年安徽省种子管理站委托农业部棉花品质监督检验测试中心测定:纤维上半部平均长度 29.4 毫米,整齐度指数 84.4%,断裂比强度 29.1cN・tex^{-1},麦克隆值 5。

6. 栽培技术要点

(1)适期播种,合理密植 裸地棉可在 4 月 30 日前后播种,地膜覆盖在 4 月 20 日前后播种。每公顷中等地力田块 3.75 万株左右,肥力较差地块以 4.5 万株为宜,高水肥应在 3 万株左右。

(2)施足基肥,及时追肥 每公顷施有机肥 30 吨,三元素复合肥 450 千克,过磷酸钙 750 千克,氯化钾(硫酸钾)300 千克,锌肥 15 千克,硼砂 15 千克。该品种上桃快,要及时追花铃肥,7 月初每公顷追尿素 300 千克,钾肥 225 千克,配合中耕培土。8 月中下旬加强叶面肥喷施,用 0.3% 磷酸二氢钾和 1% 尿素液喷 3～4 次,防止早衰。

(3)及时打顶和化学调控 7 月 20 日前打掉顶心。缩节胺每公顷用量:盛蕾期 15 克,初花期 30 克,打顶后 7 天用 45～60 克,控制徒长,具体应视天气和长势情况增减用量。

(4)及时防治病虫害 注意防治棉蚜、红蜘蛛和盲椿象。棉花中后期盲椿象为害较重,要及时防治,在三、四代棉铃虫孵化高峰期及时防治棉铃虫。

7. 适宜种植区域 适宜安徽省棉区推广种植。

(七)川 棉 118

1. 品种来源 川棉118(原代号 RHY01)是由四川省农业科学院经济作物育种栽培研究所以抗虫棉选系 R29 为母本,自育优质、抗蚜、抗黄萎病棉花品系 296 为父本,再以 R29 为父本连续回交两次,在其后代中采用系统选育法经多年多代综合定向选择而成。2004~2006 年参加四川省棉花区域试验和生产试验,于 2007 年 4 月通过四川省品种审定委员会审定并定名。该品种综合性状好,适应性较广,丰产性突出,高产潜力大,抗枯萎病、耐黄萎病,抗棉铃虫和抗红铃虫。

2. 特征特性 该品种为中熟品种,株高中等,植株呈塔形,群体通风透光性好,整齐度指数好,茎秆粗壮抗倒伏,茸毛多,叶片中等大,叶绿色较深,果枝着生节位较低,结铃性强,铃卵圆形,铃壳薄,吐絮畅而集中,纤维洁白,易采摘。生长势旺,后期不早衰,抗倒伏,耐旱。生育期 130 天左右,株高 90~100 厘米,果枝 13~16 个,大铃高衣分,平均单铃重 5.8 克,衣分 44.79%,衣指 7.8 克,子指 9.5 克。

3. 产量表现 在四川省区域试验中,两年平均每公顷籽棉、皮棉和白花皮棉产量分别为 3 195.6 千克、1 425.5 千克和 1 113.9 千克,分别比对照川棉 56 增产 10.6%、10.1%和 17.3%,增产极显著,其中皮棉产量两年均位居同组 9 个参试品种之首。在四川省生产试验中,每公顷籽棉、皮棉和白花皮棉产量分别为 3 505.7 千克、1 502.6 千克和 1 447.5 千克,分别比对照川棉 56 增产 29.2%、31.7%和 37.82%,增产极显著。

4. 抗病虫性 四川省区域试验抗病性鉴定结果:两年均抗枯

萎病、耐黄萎病,枯萎病指为 5.9,黄萎病指为 32.6。四川省区域试验抗虫性鉴定结果:两年均抗棉铃虫,蕾铃被害率为 4.4%,虫害减退率为 79.4%,红铃虫籽害率 10.1%,籽害减退率为 41.4%,达抗红铃虫水平。

5. 纤维品质　四川省区域试验统一送样到农业部棉花品质监督检验测试中心测定,两年平均:纤维上半部平均长度 29.64 毫米,断裂比强度 28.02cN・tex^{-1},麦克隆值 4.4,整齐度指数 84.6%,纺纱均匀性指数 139.1。

6. 栽培技术要点

(1)种植方式　培育壮苗,育苗移栽,地膜覆盖,垄厢栽培。

(2)适时播种　四川地区一般 3 月中下旬至 4 月初育苗,长江中下游地区于 4 月上旬育苗,苗龄期 25～28 天移栽,即 4 月下旬至 5 月上旬移栽,麦套棉共生期最多不超过 25 天,栽后及时培土、盖膜。

(3)合理密植　四川各地一般槽坝地每公顷种植 3.9 万～4.5 万株,坡台地每公顷种植 4.5 万～5.25 万株。长江中下游地区每公顷种植 2.25 万～2.7 万株。

(4)科学合理施肥　施肥的总体原则:施足基肥,重施初花肥,稳施保桃肥,应以有机肥、长效肥和饼肥为主,氮、磷、钾肥配合施用,后期可补施叶面肥。基肥每公顷施尿素 225 千克,磷肥 450 千克,钾肥 150 千克,饼肥 450 千克;初花肥施尿素 225 千克,磷肥 450 千克,钾肥 300 千克,饼肥 675 千克;保桃肥施尿素 150 千克,钾肥 75 千克。

(5)适度化学调控　化学调控遵循"少量多次"的原则,根据植株长势和气候等实际情况,中等肥水的棉田在盛蕾期、开花期、花铃期,每公顷分别施用缩节胺 7.5～18 克、30～37.5 克、37.5～45 克。

(6)加强病虫害防治　重点防治棉红蜘蛛、棉蚜虫、盲椿象等刺吸式口器的害虫和棉花立枯病,一、二代棉铃虫和红铃虫一般不用防治,对三、四代棉铃虫和红铃虫进行监测防治,如百株棉花 3 龄及以上棉铃虫和红铃虫幼虫达 15 头以上时,及时防治。化学防治时注意应用高效低毒、低残留农药。

7. 适宜种植区域 川棉 118 适应性广,特别适宜在四川省主产棉区种植,也适宜在长江流域棉区和黄河流域部分棉区种植。

(八)川杂棉 20 号

1. 品种来源 川杂棉 20 号是四川省农业科学院经济作物研究所选育的高产、优质、抗病虫杂交种。该品种是利用本所新育成的抗病虫核雄性不育两用系 S2-28A 作母本,用选育的抗病虫恢复系 GH255 作父本培育的杂交组合。2005~2006 年参加四川省棉花新品种区域试验,2007 年进入四川省棉花生产试验。于 2008 年 3 月通过四川省农作物品种审定委员会审定,命名为川杂棉 20 号。

2. 特征特性 生育期 127 天左右,植株塔形,生长稳健,株型高大、生长清秀、较松散、果枝较长、叶片中等偏大、苞叶较长大,结铃性强、铃卵圆形、较大、吐絮畅、易采收,株壮不倒伏,后期不衰。株高 89.3 厘米,果枝 13.3 个,单株结铃 16.6 个,单铃重 6.07 克,衣分 40.2%,衣指 8 克,子指 11.2 克。

3. 产量表现 2005~2006 年在四川省棉花区域试验中,平均每公顷籽棉产量 3 159.2 千克,皮棉产量 1 299.9 千克,白花皮棉产量 1 136.3 千克,分别比对照(2005 年为川棉 56,2006 年为川棉 45)增产 22.3%、15.9% 和 26.1%。

2007 年进入四川省生产试验,5 个试验点结果:平均每公顷籽棉产量 3 782.7 千克,比对照川棉 45 增产 23.7%;每公顷皮棉产量 1 569.2 千克,比对照川棉 45 增产 21.36%;每公顷白花皮棉产量 1 361.1 千克,比对照川棉 45 增产 21%;增产点为 100%。表现为丰产性好,增产潜力较大,适应性较广,综合性状优。

4. 抗病虫性　四川省棉花区域试验鉴定,两年平均枯萎病病株率 17.9%,病指 5.4;黄萎病病株率 82%,病指 32.6。两年鉴定表现为抗枯萎病,耐黄萎病。

四川省棉花区域试验抗虫性鉴定。两年平均蕾铃被害率 3.5%,蕾铃被害减退率 86.4%,籽害率 5%,籽害减退率 71.2%。两年鉴定表现为高抗棉铃虫,抗红铃虫。

5. 纤维品质　四川省棉花区域试验统一送样到农业部棉花品质监督检验测试中心测定:两年平均,纤维上半部平均长度 30.43 毫米,整齐度指数 84.7%,断裂比强度 29.9cN・tex^{-1},麦克隆值 4.5,纺纱均匀性指数 147.1,符合纺织要求。

6. 栽培技术要点

(1)适时播种,培育壮苗,合理密植　川杂棉 20 号在四川棉区一般在 3 月中下旬至 4 月初育苗,苗床期 25～30 天移栽,即 4 月中下旬至 5 月上旬地膜覆盖移栽,麦套棉共生期最多不超过 15 天;移栽后及时培土、盖膜;密度:槽坝地宜每公顷种植 3 万株左右,坡台地宜每公顷种植 3.75 万株左右。

(2)科学合理施肥　施肥的总体原则:施足基肥,重施见花肥(揭膜施肥),稳施保桃肥;主要以有机肥、长效肥和饼肥为主,氮、磷、钾肥配合施用,后期可补施叶面肥。每公顷施肥量为:纯氮 169.5～427.5 千克,五氧化二磷 90～192 千克,氧化钾 90～180 千克。

(3)适度化学调控　该杂交种生长势较强,在生长期要进行化学调控,化学调控要遵循"少吃多餐,前轻后重"的原则,根据植株长势和气候特点等实际情况进行化学调控。中等肥水的棉田在盛蕾期、开花期、花铃期每公顷分别用缩节胺 7.5～18 克、30～37.5 克和 37.5～45 克。

加强病虫害防治。重点防治棉红蜘蛛、棉蚜虫、盲椿象等害虫和棉花立枯病;对一、二代棉铃虫和红铃虫一般不用防治,对三、四代棉铃虫和红铃虫进行监测防治。

7. 适宜种植区域 适宜在四川棉区种植,也适宜在长江中下游和部分黄河流域棉区引种,不宜在黄萎病重病区种植。

(九)冈杂棉 8 号

1. 品种来源 抗虫杂交棉冈杂棉 8 号(原代号冈 C04)是湖北省黄冈市农业科学院、湖北省农业科技创新中心鄂东南综合试验站用冈 173-6 为母本、冈 19-28 为父本配组选育而成。2005 年参加湖北省杂交棉区域试验预备试验。2006~2007 年参加湖北省杂交棉区域试验,2007 年 12 月获得农业部转基因生物生产应用安全证书(农基安证字 2007 第 163 号),2008 年通过湖北省农作物品种审定委员会审定(鄂审棉 2008005)。

2. 特征特性 冈杂棉 8 号为中熟转基因抗虫杂交棉品种,生育期 122 天,前期生长势一般,中后期生长势较强。株高 125 厘米左右,塔形稍紧凑。茎秆粗壮,较光滑。叶片中等大小,叶色淡绿,果枝着生节位较低,早熟性好,早熟不早衰。结铃性强,铃卵圆形,铃壳薄,吐絮畅,好收花。铃重 5.84 克,大样衣分 40.69%,子指 9.8 克,霜前花率 88.78%。

3. 产量表现 2005 年参加湖北省杂交棉区域试验预备试验,每公顷籽棉产量 3 667.5 千克,皮棉产量 1 515 千克,分别比对照鄂杂棉 1 号增产 14.4%和 13.6%,皮棉增产极显著。2006~2007 年湖北省杂交棉区域试验,平均每公顷籽棉产量 4 682.7 千克,两年均居首位,平均皮棉产量 1 904.3 千克,分别比对照鄂杂棉 10 号增产 2.9%和 1.9%。2005 年黄冈市农业科学院高产栽培试验,籽棉产量 4 470.5 千克,皮棉产量 1 853.7 千克,2007 年本院多因素高产栽培试验,籽棉每公顷平均产量 5 262.8 千克,皮棉平均产量 2 150.7 千克。多年多点示范,每公顷籽棉产量 4 950~5 400

千克,皮棉产量 2 040～2 100 千克。

4. 抗病虫性 2006～2007 年经华中农业大学植物科学院和湖北省农业科学院经济作物研究所联合鉴定,枯萎病指 15,黄萎病指 22.3,鉴定结果为耐枯萎病、耐黄萎病。

2007 年经华中农业大学植物科学院和湖北省农业科学院植保土肥所抗虫鉴定:幼虫校正死亡率 95%,叶片受害级别 1.25,B. t. 毒蛋白表达量 616.3 纳克·克$^{-1}$,高抗棉铃虫。

5. 纤维品质 2006～2007 年经农业部棉花品质监督检验测试中心测定,纤维上半部长度 29.12 毫米,断裂比强度 29cN·tex^{-1},麦克隆值 5.1。纤维品质各项指标均优于对照。

6. 栽培技术要点

(1)适时播种 4 月上旬播种,营养钵育苗移栽,培育壮苗。

(2)合理密植 根据瘦地稍密、肥地稍稀的原则,每公顷种植密度 2.4 万～3 万株,行距 90～100 厘米。

(3)科学施肥 施肥原则为施足基肥,早施苗肥,稳施蕾肥,重施花铃肥,补施盖顶肥。每公顷皮棉产量 1 800 千克以上,一般需纯氮 300～375 千克,五氧化二磷 112.5～187.5 千克,氯化钾 225～375 千克。基肥及花期肥适量增施硼肥等微肥。

(4)适时化学调控 苗期用喷施宝或"802"喷雾促早发,蕾期、花期用缩节胺适当调控,塑造理想株型。该品种对缩节胺较敏感,应严格遵循少量多次的原则。

(5)病虫害防治 当蚜虫、棉盲椿象、棉红蜘蛛、斜纹夜蛾等害虫的发生量达到防治指标时,就及时使用吡虫啉、高效氯氰菊酯、硫丹、达螨灵等高效低残留化学药剂进行防治,二代棉铃虫可不防治。可用强力病毒杀和克枯黄等控制或减轻枯、黄萎病的发生。

7. 适宜种植区域 适宜湖北省棉区种植,周边相似生态区也可引种种植。

(十)湘杂棉 13 号

1. 品种来源　转基因抗虫杂交棉湘杂棉 13 号(原名湘Q168)是由湖南省棉花科学研究所育成的棉花新杂交种。2006 年获得农业转基因生物安全证书(生产应用)[农基安证字(2006)第128 号],2007 年经湖南省农作物品种审定委员会审定、命名(湘审棉 2007008),准予在湖南省棉区推广应用。

2. 特征特性　湘杂棉 13 号全生育期 122～125 天,属于陆地棉中熟品种。植株较高大,塔形,叶片清秀,中等大小,叶色深绿,通透性好,结铃性强,单株成铃 41.2 个,上桃快而集中,7 月下旬至 8月中旬上桃率达 50%～70%;长尖铃,铃大,重 6.3～6.8 克,吐絮畅易采摘,花色洁白有丝光。衣分 41.4%,棉籽大,子指 11.3 克。

3. 产量表现　2005 年参加湖南省棉花区域试验,每公顷产皮棉 1 692 千克,居参试品种的第二位,7 点次增产,比对照湘杂棉 2号增产 14%,增产极显著。2006 年继续参加湖南省棉花区域试验,每公顷皮棉产量 2 068 千克,居参试品种第三位,比对照湘杂棉 8 号增产 5.9%,增产极显著。两年区域试验平均每公顷皮棉 1 881 千克,比对照增产 9.5%。

4. 抗病虫性　2006 年由华中农业大学枯、黄萎病人工田间病圃鉴定:枯萎病相对抗性指数 17.8,耐枯萎病;黄萎病相对抗性指数 30.3,耐黄萎病。

由湖北省农业科学院植保土肥所于 2006 年对湘杂棉 13 号进行抗虫性检测:湘杂棉 13 号在二、三、四代棉铃虫发生期的杀虫活性分别为 85.8%、76.3% 和 59.5%,对棉铃虫的抗性效率分别为100%、88.89% 和 76.47%,与转基因抗虫棉 GK19 在保蕾效果方面无差异。

5. 纤维品质　湖南省棉花区域试验,经农业部棉花品质监督检验测试中心测试:纤维上半部平均长度 32.3 毫米,整齐度指数

85.1%,断裂比强度 32.5cN·tex^{-1},麦克隆值 4.75,纺纱均匀性指数为 155。纤维品质达到国家 A 级水平,完全能纺 50～60 支的纯棉纱。

6. 栽培技术要点

(1)适时播种,培育壮苗 4 月上中旬选晴好天气播种,齐苗后及时揭膜晒床,以防烧苗;阴雨天坚持盖膜,呋喃丹、甲基硫菌灵和波尔多液结合使用,防治立枯病,炭疽病等苗期病虫害,保证一播全苗,培养壮苗。

(2)及时移栽,合理密植 苗龄在 3～4 叶时移栽,地膜覆盖,一般肥力的棉田密度在每公顷 1.8 万～2 万株。肥力水平较高的田块每公顷可栽 1.6 万～1.8 万株。管理粗放肥力水平低的每公顷可栽 2 万～2.2 万株。

(3)科学施肥 肥料的施用要掌握四条原则:前期轻施,后期重施,钾肥用量要适当大,速效肥与长效肥相结合。基肥要求重,每公顷用尿素 150～180 千克、钾肥 150～200 千克(或用复合肥 200～300 千克),与有机肥 750～150 千克混施,基肥占总施肥量的 30%,其中有机肥占基肥的 50%以上;蕾肥要轻,主要根据苗情用尿素对水泼;花铃肥要重,为总肥量的 40%～45%,分两次施:棉花揭膜时(6 月下旬)和 7 月下旬施。在棉垄中挖沟埋施,每公顷用尿素 150～180 千克、钾肥 180～200 千克(或用复合肥 300～450 千克),与有机肥 750～1 500 千克混施;盖顶肥(8 月中旬打眼埋施)宜稳,防止棉花早衰或贪青晚熟。

(4)合理化学调控 掌握前轻后重、少量多次的原则。缩节胺用量上宜轻,做到少量多次,全生育期每公顷缩节胺总用量在 90～120 克,长势较旺,肥力较好的丘块地控制在 120～150 克,防止棉花营养过旺,造成棉株高、大、空,影响产量。喷施时间为 6 月 20 日至 8 月 5 日,每 10 天左右喷一次,剂量逐渐加大。

(5)病虫害防治 注意对苗病及红蜘蛛、棉蚜的防治。加强对

四、五代棉铃虫的防治。治虫须掌握以下原则:一是掌握好治虫时间,严格按照防治指标用药;二是控制好用药剂量,以免剂量小防治效果差,剂量大产生药害;三是轮换用药,以减少害虫抗药性,提高防治效果;四是上部桃较多的地块防治红铃虫应坚持到9月下旬。

(6)精细整枝 现蕾后要彻底清除营养枝和闲枝。花铃期后,要及时整掉赘芽、空枝,改善通风透光条件,减少烂铃。打顶时间一般在立秋前后,这样可增加内围铃数,增加单株成铃数。长势好的棉田打顶时间应适当推迟。

7. 适宜种植区域 适宜在湖南省棉区推广应用,不适宜枯、黄萎病重病区种植。

(十一)川棉优 2 号

1. 品种来源 川棉优 2 号(原代号 2K-Y2)是四川省农业科学院经济作物研究所在四川省育种攻关和四川省财政育种攻关项目的资助下,分别用丰产抗病品种川棉 56 为母本,与引进的优质材料 PD6132 杂交,用引进的西南农业大学培育的优质材料 9208007 为母本,与抗病品种川棉 243 杂交,再用 2 个 F_1 进行复合杂交,在其后代中通过系统选育而成。2003~2004 年参加四川省区域试验,2005 年参加四川省生产试验,2006 年通过四川省品种审定委员会审定。

2. 特征特性 川棉优 2 号生育期 135 天左右,属中熟品种,植株塔形,生长稳健,叶片中等大小,叶片绿色,株高 81 厘米,果枝13 个,单株结铃 16.91 个,铃重 6.07 克,衣分 39.05%,衣指 6.9克,子指 10.9 克。

3. 产量表现 2003~2004 年参加四川省区域试验,平均每公顷产籽棉 3 117.3 千克,比对照川棉 56 增产 6.71%;产皮棉1 239.9 千克,为对照的 95.7%;产白花皮棉 1 022.1 千克,比对照增产 1.4%。

4. 抗病性 川棉优 2 号抗枯萎病和黄萎病,经四川省区域试验统一鉴定,2003 年枯萎病病株率 16.9%,病指 9.6;黄萎病病株率 59.1%,病指 19.1。2004 年枯萎病病株率 22.8%,病指 7.1;黄萎病病株率 56.9%,病指 20。

5. 纤维品质 四川省区域试验统一送样,经农业部棉花品质监督检验测试中心检测,川棉优 2 号纤维上半部平均长度 30.7 毫米,断裂比强度 34.44cN·tex^{-1},麦克隆值 4,伸长率 6.6%,整齐度指数 85.1%,达优质标准。

6. 栽培技术要点

(1)播期和用种量 四川棉区在 3 月下旬至 4 月上旬用方格保温育苗,每 667 米^2 用种量 0.75 千克左右。川棉优 2 号一般每公顷种植 3.75 万~4.5 万株。

(2)施肥 重施有机肥,注意氮、磷、钾配合施用。移栽前一次性施足基肥,花铃肥提至在盛蕾至见花期施用,在 7 月下旬追施保桃肥。8 月中下旬用 0.5% 的尿素和 0.5% 的磷酸二氢钾进行一次根外追肥。

(3)化学调控 一般每公顷喷施缩节胺 30~40 克。遵循"少吃多餐"的原则,根据苗情决定缩节胺的用量、浓度及施用次数。

(4)虫害防治 川棉优 2 号不抗虫,栽培时要注意防治棉铃虫、红铃虫、棉蚜、红蜘蛛等害虫。

7. 适宜种植区域 川棉优 2 号适宜在四川棉区推广种植和长江中下游、部分黄河流域棉区引进示范推广,特别适合定单生产,以保证原品质的一致性。

(十二)国丰棉 12

1. 品种来源 国丰棉 12(原名绿亿 12)是由安徽合肥丰乐种业和淮南绿亿研究所以自育品系 R1018 为母本,以结铃性强、品质优及抗虫稳定的品系 Y29 为父本,于 2001 年培育杂交组合。2002 年进行品系比较试验,2003～2004 年进行品种比较试验,并进行抗病性、纤维品质检测和抗虫鉴定,2005 年参加长江流域区域试验,2006 年进行同步生产试验,2007 年通过国家农作物品种审定委员会审定、命名(国审棉:2007016)。

2. 特征特性　国丰棉 12 属转基因中熟杂交一代品种,长江流域春播生育期 124 天,出苗好,苗期长势强,不早衰,整齐度指数好。株高 112 厘米,植株塔形,紧凑,通透性好;茎秆多茸毛,粗壮,果枝较长,平展;叶片中等大小,深绿色,第一果枝节位 6 节;铃卵圆形,结铃性强,铃重 5.7 克,衣分 42.3%,子指 10.52 克,霜前花率 94.5%,吐絮畅,易采摘,絮色洁白,品质优。

3. 产量表现　2005 年参加长江流域棉区春棉组品种区域试验,每公顷籽棉、皮棉和霜前皮棉平均产量分别为 3 462 千克、1 461 千克和 1 368 千克,分别比对照湘杂棉 2 号增产 16.9%、20.5% 和 23.9%;2006 年每公顷籽棉、皮棉和霜前皮棉平均产量分别为 3 912 千克、1 657.5 千克和 1 578 千克,分别比对照湘杂棉 8 号增产 3.5%、12% 和 12.5%。2006 年生产试验,每公顷籽棉、皮棉和霜前皮棉平均产量分别为 3 921 千克、1 621.5 千克和 1 537.5 千克,分别比对照品种湘杂棉 8 号增产 1.6%、4.6% 和 4.3%。

4. 纤维品质　两年长江流域区域试验棉样经农业部棉花品质监督检验测试中心测定:纤维上半部平均长度 29.7 毫米,断裂比强度 $29cN \cdot tex^{-1}$,麦克隆值 5.1,伸长率 6.6%,反射率 75.4%,黄色深度 8.4,整齐度指数 84.9%,纺纱均匀性指数 140。该品种纤维色泽洁白,外观品质好。

5. 抗病虫性　经华中农业大学农学系人工病圃鉴定,枯萎病病指为 9.8,黄萎病病指为 34.7,为抗枯萎病、耐黄萎病品种。中国农业科学院植物保护研究所鉴定为转 B.t.基因抗虫品种。

6. 栽培技术要点

(1)适时早播,培育壮苗 播前晒种 1～2 天,提高发芽率,4月上中旬选晴朗天气播种,齐苗后及时揭膜晒床,防止高脚苗和烧苗;遇到阴雨天应及时盖膜保温;克百威、甲基硫菌灵和多菌灵结合使用,防止棉花苗期病虫害,保证一播全苗,培育壮苗。

(2)及时移栽,合理密植 苗龄在 3～4 叶时移栽,一般肥力的棉田密度在每公顷 2 万～2.2 万株,较高肥力水平棉田每公顷可栽 1.9 万～2 万株,管理粗放且肥力水平低的棉田每公顷可栽 2.2万～2.4 万株。

(3)科学施肥 施肥应掌握以下原则:基肥足,增施钾肥,重施花铃肥,速效肥与长效肥结合使用。基肥一般每公顷用尿素150～180 千克、用钾肥 150～200 千克或用复合肥 200～300 千克;蕾期根据苗情用尿素对水喷施;初花期于 6 月下旬或 7 月上旬每公顷用尿素 150～200 千克、氯化钾 150～200 千克,采用打穴深施方法;打顶后,如果棉花缺肥可以用尿素对水喷施,缺钾的田块可以加钾肥一起喷施。

(4)科学化学调控 掌握前轻、中适、后重,少量多次的原则。肥水条件较好,长势旺的棉田,8～10 片真叶时,每公顷用缩节胺10～15 克;长势一般的棉田,不宜化学调控。施花铃肥时,每公顷用缩节胺 15～20 克。打顶后 7 天,根据长势,每公顷缩节胺30～45 克,以达到封顶的目的。

(5)防治病虫害 当蚜虫、红蜘蛛、盲椿象等害虫的发生量达到防治指标时,应及时使用吡虫啉、达螨灵、高效氯氰菊酯等高效低残留化学药剂进行防治,并加强对四、五代棉铃虫的防治,注意采用轮换用药的方法,以提高防治效果。

(6)精细整枝 现蕾后要彻底清除营养枝和空枝,并及时抹掉赘芽,改善田间通风透光条件,减少烂铃。一般当果枝数达到18～20 个时即可以打顶,最迟打顶时间一般不超过立秋。

7. 适宜种植区域 该品种已经取得农业转基因生物应用安全证书(转基因生物名称为 GKz43),适宜在河南南阳、江苏、安徽淮河以南、江西、湖北北部、湖南、四川和浙江的长江流域棉区春播种植,不适宜枯、黄萎病重病区种植。

(十三)川杂棉 16

1. 品种来源 川杂棉 16 是四川省农业科学院经济作物育种栽培研究所以新育成的含 msc1 不育基因的优质抗虫抗病核不育系克 A18 为母本,以高产品系 HB 为父本,采用"一系两用法"测配而成的 F_1 代杂交种。2003～2004 年参加四川省区域试验,2005 年参加四川省生产试验,2006 年通过四川省品种审定委员会审定(审定编号为:川审棉 2006 001)。

2. 特征特性 川杂棉 16 生育期为 133 天,为中熟品种;植株塔形,茎秆粗壮,生长稳健,长势旺,叶片中等,叶色绿色;单株结铃性强,上、中、下部结铃均匀;铃大,卵圆形,铃重 6 克左右,吐絮畅,纤维洁白;衣分 41.18%,衣指 6.9 克,子指 8.9 克。川杂棉 16 在各类试验中高抗红铃虫和抗棉铃虫,抗病性好,具有高产稳产、增产潜力大、技术可控性强等突出特点。由于制种时母本克 A18 抗棉铃虫,其制种效益比利用不抗虫母本制种提高 30%,有较强的产业竞争优势和广阔的应用前景。

3. 产量表现 2003～2004 年四川省区域试验,平均每公顷籽棉产量 3 338.4 千克,皮棉产量 1 374 千克,分别比对照川棉 56 增产 14.5% 和 6%,均居试验第一位,增产达极显著。2005 年四川省生产试验,平均每公顷籽棉产量 3 414.4 千克,皮棉产量 1 366.7千克,分别比对照川棉 56 增产 24.6% 和 13.2%,增产极显著。

2004～2006 年在四川主产棉县示范,长势好,高抗棉铃虫、红铃虫等鳞翅目害虫,抗枯、黄萎病,产量高,种植效益突出。大面积一般每公顷籽棉产量 3 150 千克,高产栽培每公顷籽棉产量可达

4 500 千克。

4. 抗病虫性 2003～2004 年四川省区域试验指定单位在人工接种的枯萎病病圃和黄萎病病圃鉴定,两年平均枯萎病指 8.4,黄萎病指 29.5,属抗枯萎病耐黄萎病类型。抗虫性:2003～2004 年四川省区域试验网室接棉铃虫鉴定,蕾铃被害率 3.1%～4.1%,蕾铃被害比对照品种 HG-BR-8 减少 82.7%～83.7%,达抗棉铃虫水平;华中农业大学鉴定,川杂棉 16 红铃虫籽害率 0.89%,比对照鄂棉 18 减少 92.5%,达高抗红铃虫水平。

5. 纤维品质 经农业部棉花品质监督检验测试中心测定:纤维上半部平均长度 30.8 毫米,断裂比强度 29.5cN·tex^{-1},麦克隆值 4.1,纤维品质明显优于对照川棉 56。

6. 栽培技术要点

(1)适时播种 4 月上中旬,土壤 5 厘米地温稳定通过 12℃时,采用营养钵育苗抢晴播种,4 月下旬至 5 月中旬,根据棉田准备及天气情况适时移栽。

(2)种植密度 四川棉区宽窄行种植,移栽密度每公顷 2.7 万～3.3 万株;长江中下游流域棉区等行种植,行宽 1 米,移栽密度每公顷 1.8 万株。

(3)科学施肥 施足基肥,早施重施花铃肥,巧施盖顶肥和叶面肥,特别要增施钾肥,有条件可增施农家肥或饼肥等有机肥,要根据田间的具体情况确定施用时间和施用量。

(4)合理化学调控 严格遵循少量多次、前轻后重的原则,根据棉田长势情况,及时进行化学调控,塑造理想株型。

(5)病虫害综合防治 重点防治盲蝽、蚜虫、红蜘蛛等非鳞翅目害虫,对棉铃虫进行监测防治,注意防治三、四代棉铃虫。

(6)加强田间管理 适时中耕,起垄培土。及时去除叶枝,抹赘芽、打顶、去旁尖。遇高温干旱及时灌水抗旱。及时去除空枝、秋芽和老黄叶。

7. 适宜种植区域 川杂棉 16 植株高大,个体优势强,适宜长江流域棉区种植。

(十四)德 棉 206

1. 品种来源 德棉 206 是北京奥瑞金种业股份有限公司以GK17 和中 302 的杂交后代选系为父本,以 55273 和 3517 杂交后代选系为母本组配而成的抗虫杂交棉花新品种。该品种 2003 年参加湖北省杂交棉预备区域试验,2004~2005 年参加湖北省杂交棉区域试验,2006 年参加湖北省杂交棉生产试验,2007 年通过湖北省农作物品种审定委员会审定并命名。

2. 特征特性 德棉 206 株高 1.3 米,叶片中等大小,叶色稍淡,株型较紧凑,呈塔形,通透性好,茎秆稀毛,花药白色,结铃性强,内围铃多,铃大,卵圆形,铃形整齐,吐絮畅,好收花。果枝一般在 21 个左右,铃重 6.2 克,子指 11.8 克,衣分 42%左右。全生育期 130 天左右。

3. 产量表现 2003 年湖北省杂交棉预备试验中,每公顷籽棉产量 3 229.4 千克,比对照鄂杂棉 1 号增产 11.7%。2004 年湖北省区域试验,每公顷籽棉产量 3 621 千克,比对照鄂杂棉 1 号增产 6.2%;皮棉产量为 1 481.4 千克,比对照鄂杂棉 1 号增产 5.3%,增产显著。

4. 抗病性 经鉴定,德棉 206 抗枯萎病,耐黄萎病。

5. 纤维品质 2004~2005 年经农业部棉花品质监督检验测试中心检测:纤维上半部平均长度 29.1 毫米,断裂比强度 29cN·tex^{-1};麦克隆值 5.2,纤维品质优良。

6. 栽培技术要点

(1)适时播种,合理密植 一般 4 月 10 日左右,5 厘米地温稳定通过 14℃时播种,5 月上旬移栽,每公顷 2.25 万株。

(2)合理施肥 德棉 206 杂交优势强,增产潜力大,需肥量相对较大,要施足基肥。基肥以有机肥为主,同时加大钾肥的投入。棉花开花后重施花铃肥,一般花铃肥每公顷用尿素 150～187.5 千克,钾肥 225～262.5 千克,磷肥 225～300 千克,饼肥 375 千克,开沟深施。打顶后补施盖顶肥,后期根据长势,适当叶面喷施微量元素肥料。

(3)全程化学调控　化学调控是高产栽培的重要措施,提倡少量多次,在正常降雨年份以蕾期开始调控,根据土壤湿度和天气状况,每公顷用缩节胺 15～22.5 克对水喷雾。同时注意根据天气和长势,合理做好花期和打顶前后的调控。

(4)综合防治病虫害　高产棉田棉花发育早,必须密切关注棉铃虫和红蜘蛛、蚜虫、盲椿象等害虫的发生情况,并及时防治。

7. 适宜种植区域　适宜在湖北省及长江流域棉区的同生态产棉区种植。

(十五)荃银 2 号

1. 品种来源　荃银 2 号是安徽荃银高科种业股份有限公司与中国农业科学院生物技术研究所联合选育的优质、高产、抗病、抗虫杂交棉,母本 MY-4 是中棉所 41 与徐州 553 的杂交后代选系,父本 MQ-41 是鄂抗棉 10 号优系 97-4 与荆 1246 杂交后代系选的优质、丰产品系。2005～2006 年参加安徽省棉花品种区域试验,2007 年参加安徽省棉花品种生产试验,2007 年 12 月份获得转基因安全证书(证书编号:农基安证字 2007 第 132 号),2008 年通过安徽省农作物品种审定委员会审定(审定编号:皖棉 2008002)。

2. 特征特性　荃银 2 号生育期 125 天,出苗快、齐,苗病轻,苗壮。植株中等,株型疏朗,较紧凑,呈塔形;茎秆光滑无毛;叶片中等偏大;整齐度指数好,长势强,后劲足;铃大,中部铃重 6.4 克,呈卵圆形;结铃性强,吐絮畅,衣分 40.4%,霜前花率高。抗枯萎病,耐黄萎病。

3. 产量表现　2005 年参加安徽省棉花品种区域试验,每公顷籽棉产量为 3 411 千克,较对照皖杂 40 增产 15.4%;皮棉产量为 1 342.1 千克,较对照皖杂 40 增产 7.9%,增产极显著。2006 年参加安徽省棉花品种区域试验,每公顷籽棉产量为 4 198.7 千克,较对照皖杂 40 增产 13%;皮棉产量为 1 740.6 千克,较对照皖杂 40 增产 11.3%,增产极显著。在 2007 年生产试验中,每公顷籽棉产量 3 463.5 千克,比对照皖杂 40 增产 16.6%;皮棉产量为 1 449 千克,比对照皖杂 40 增产 15.4%。2008 年在全省各产棉县安排了示范片,表现出结铃性强,铃大,后劲足,抗病性好,吐絮畅等特点。尤其在望江、无为等县,每公顷成铃 120 万个以上,皮棉理论产量达每公顷 3 102.7 千克。

4. 抗病虫性　2005～2006 年经中国农业科学院棉花研究所植保室抗性鉴定:枯萎病指 5.2,抗枯萎病;黄萎病指 32.1,耐黄萎病。

2007 年经中国农业科学院生物所抗虫鉴定:荃银 2 号为双价抗虫棉,抗虫株率 100%,B. t. 毒蛋白表达量达高抗水平,高抗棉铃虫。

5. 纤维品质　2005～2006 年经农业部棉花品质监督检验测试中心测定:纤维上半部平均长度 29.6 毫米,整齐度指数 85%,断裂比强度 30.7cN·tex^{-1},麦克隆值 4.9。

6. 栽培技术要点

(1)适时播种,合理密植　于 4 月中旬"冷尾暖头"抢晴播种。营养钵育苗,做到湿钵、干籽、盖爽土。在中等肥力条件下,一般大田每公顷种植 2.1 万株左右。实行宽行栽培,一般行距为 1～1.2 米。

(2)平衡施肥　荃银 2 号结铃性较强,耐肥水,中后期要加强肥水管理。"足施基肥,早施苗肥,稳施蕾肥,重施花铃肥,补施盖顶肥"。

(3)**合理化学调控** 茎银2号对缩节胺较敏感,蕾期一般不用化学调控,花铃期用量具体"看天、看地、看苗",按"前轻后重,少量多次"的原则控制缩节胺用量。

(4)**科学治虫** 一、二代棉铃虫一般不需防治,三、四代棉铃虫根据虫口基数酌情防治,但对非鳞翅目害虫(棉蚜、棉蓟马、盲椿象、红蜘蛛、斜纹夜蛾等)要及时防治。

7. 适宜种植区域 茎银2号适宜安徽省各地推广种植,黄萎病重病地不宜种植。

(十六)宁杂棉3号

1. 品种来源 宁杂棉3号抗虫杂交棉是江苏省农业科学院农业生物技术研究所和创世纪转基因技术有限公司联合选育而成的抗虫、抗病杂交棉。经过2004～2005年两年江苏省棉花品种区域试验,2006年生产试验,2007年通过江苏省品种审定。

2. 特征特性 宁杂棉3号生育期136天左右,早熟性好,霜前花率约90%左右。植株塔形,植株较高,茎秆较粗壮。叶片中等大小,缺刻明显,叶色较深。铃卵圆形,铃中偏大,铃重在5.8克左右。铃壳薄,吐絮畅,絮色洁白。衣分两年平均40%,子指10克。

3. 产量表现 2004～2005年江苏省区域试验,平均每公顷籽棉产量3 674.4千克,比对照苏棉9号增产7.2%;皮棉产量1 466.9千克,比对照增产4.7%。2005年生产试验,每公顷籽棉产量3 775.4千克,比对照苏棉9号增产19.9%;皮棉产量1 514.3千克,比对照增产17.5%;比泗杂3号籽棉和皮棉分别增产8.5%和5.8%。

4. 抗病虫性 抗病性抗虫性经江苏省农业科学院植物保护研究所鉴定:枯萎病指2004～2005年两年平均5.2,黄萎病指两年平均22.8;2006年生产试验鉴定,枯萎病指7.7,黄萎病指

19.8,表现为抗枯萎病,耐黄萎病。抗虫性:3 年平均接近高抗棉铃虫,高抗大卷叶螟。

5. 纤维品质　经农业部棉花品质监督检验测试中心测定:纤维上半部平均长度 30.1 毫米,断裂比强度 28.8cN • tex^{-1},麦克隆值 4.7,纺纱均匀性指数为 140。

6. 栽培技术要点

(1)适时播种,培育壮苗　营养钵育苗移栽,以 3 月底至 4 月上旬播种为宜,浇足底水,干籽播种,每钵 1 粒。地膜直播棉以 4 月中下旬为宜。

(2)合理密植　中等及以上肥力的田块每公顷种植 2.7 万株左右,高肥力的田块每公顷种植 2.3 万株左右。

(3)平衡施肥　施足基肥,以有机肥为主,重施花铃肥,打顶补施盖顶肥。一般中等肥力田块,每公顷需施纯氮 300～350 千克,磷肥(P_2O_5)110～175 千克,钾肥(K_2O)250～350 千克,增施硼肥及其他微量元素。

(4)主动化学调控,塑造良好株型　一般在蕾期、初花期、盛花结铃期及打顶后共进行 3～4 次化学调控,具体次数和剂量要根据棉花的长势长相和天气情况而定。

(5)病虫害防治　及时中耕除草,根据当年病虫害发生情况,注意对棉蚜、棉红蜘蛛、烟粉虱等刺吸口器害虫的防治。

7. 适宜种植区域　该品种适宜在江苏省推广种植。

(十七)川杂棉 26

1. 品种来源　川杂棉 26 是四川省农业科学院经济作物研究所育成的核不育杂交种,母本为新育成的含 msc1 不育基因的优质抗病核不育系 GA18,父本为抗病恢复系 00-160。2006～2007 年参加湖南省区域试验,2007 年参加湖南省生产试验,2008 年通过湖南省品种审定委员会审定(审定编号:湘审棉 2008007)。

2. 特征特性 该杂交种生育期 120 天,株高中等,植株塔形,生长势较强,出苗快而齐,茎秆光滑,叶片中等,冠层结构明晰,通透性好,结铃性强,单株成铃率较高,铃较大,铃卵圆形,吐絮畅。单株成铃 44.7 个,铃重 5.7 克,衣分 41.6%,子指 10.8 克。

3. 产量表现 在湖南省表现出良好的丰产、稳产性。2006 年湖南省区域试验结果,每公顷皮棉产量 2 020.5 千克,比对照湘杂棉 8 号增产 2.9%。2007 年湖南省区域试验结果,每公顷皮棉产量 1 922.3 千克,比对照增产 6.2%,增产极显著,居 B 组参试品种第二位。两年平均每公顷皮棉产量 1 971 千克,比对照增产 4.5%。

4. 抗病性 经湖北省农业科学院经济作物研究所人工枯、黄萎病圃鉴定,枯萎病相对抗指 9.3,表现抗枯萎病;黄萎病相对抗指 19.4,表现抗黄萎病。

5. 纤维品质 经农业部棉花品质监督检验测试中心测试:纤维上半部平均长度 30.4 毫米,整齐度指数 85%,断裂比强度 29.6cN·tex^{-1},麦克隆值 5.1,纺纱均匀性指数 142.4。符合国家纺织要求。

6. 栽培技术要点 宜在 4 月上旬抢晴天播种,营养钵保温育苗,5 月上旬移栽。每公顷密度 1.8 万~2.4 万株。施肥应以有机肥为主,各营养元素平衡配合施用,采取施足基肥,重施花铃肥,补施秋桃肥的策略,增施钾肥和硼肥等微肥。合理化学调控,严格遵循少量多次的原则,塑造理想株型。注意综合防治虫害,重点防治盲蝽、蚜虫、红蜘蛛等非鳞翅目害虫,对一、二代棉铃虫和红铃虫一般不用防治;对三、四代棉铃虫和红铃虫应进行监测防治。加强田间管理,适时中耕,起垄培土,及时去叶枝,遇高温干旱及时灌水抗旱。

7. 适宜种植区域 川杂棉 26 号表现抗黄萎病、抗枯萎病,具有高产稳产、增产潜力大、技术可控性强等突出特点,适宜在湖南棉区推广种植。

(十八)科棉6号

1. 品种来源　科棉6号由江苏省科腾棉业有限责任公司以(中棉所12×苏棉8号)F$_1$×冀棉24杂交后代选系,2005～2006年参加安徽省区域试验,2006年进入生产试验,2007年通过安徽省品种审定委员会审定[农业转基因生物安全证书号:农基安证字(2006)第347号]。

2. 特征特性　科棉6号生育期126天左右。长势较强,植株较高,株型较松散,呈塔形。茎秆茸毛少。叶片中等,叶色淡绿。结铃性好,棉铃卵圆形,铃较大,铃重5.9克,衣分42.7%,子指10.8克。吐絮畅,易采摘,絮色白。丰产性较好,稳产性好。

3. 产量表现　2005～2006年安徽省区域试验平均:每公顷产籽棉3910.9千克,比对照增产8%;产皮棉1664.5千克,比对照增产9.3%。2006年参加安徽省生产试验,每公顷产籽棉3865.5千克,比对照增产4.5%;产皮棉1653千克,比对照增产6.9%。

4. 抗病虫性　2005～2006年安徽省区域试验,平均枯萎病病指17.1,耐枯萎病;黄萎病病指37.4,感黄萎病。高抗棉铃虫。

5. 纤维品质　农业部棉花品质监督检验测试中心两年检测平均:纤维上半部平均长度29毫米,整齐度指数84.1%,断裂比强度28.15cN·tex^{-1},麦克隆值4.95。

6. 栽培技术要点

(1)适期播种　营养钵育苗移栽播期以3月下旬至4月上旬为宜,地膜直播以4月中旬为宜。

(2)种植密度　种植密度以每公顷2.7万～3万株为宜,肥力较低田块可适当增加密度。

(3)肥水管理　肥料施用重点是基肥和花铃肥,适施保铃肥,看苗补施苗肥和盖顶肥,氮、磷、钾比例为1:0.6:1.1。

（4）适时化学调控　一般全生育期化学调控 3～4 次，分别在盛蕾初花期、盛花期、打顶后使用。

（5）病虫草害防治　及时中耕除草，并根据当地植保部门的预报，在适宜防治期及时防治病虫害。

7. 适宜种植区域　该品种适宜在江苏省无病或轻病区推广种植。

（十九）路棉 6 号

1. 品种来源　转基因抗虫棉路棉 6 号（RH16）是由四川农业科学院经济作物研究所、湖北潜江市大路种业有限公司用抗 A3 作母本，ZR6 作父本配制育成的核不育两系杂交棉新品种。2004 年参加湖北省区域试验预备试验，2005～2006 年参加湖北省区域试验，2006 年获得在湖北省应用的转基因安全应用证书。2007 年进入生产试验，并通过田间鉴定推荐审定，2008 年通过湖北农作物品种审定委员会审定（品种审定编号为：鄂审棉 2008004）。

2. 特征特性　生育期 121 天左右，属中早熟品种。植株较高大，塔形，松散，生长势强。茎秆粗壮，有稀绒毛。铃偏圆形，有钝尖，结铃性强，吐絮畅。株高 125 厘米，单株果枝数 19.4 个，单株成铃 30.6 个，铃重 6 克，衣分 40.9%，子指 10.5 克，霜前花率90.5%。

3. 产量表现　2005 年湖北省区域试验，每公顷籽棉产量 4 222.1 千克，比对照鄂杂棉 1 号增产 16.1%；皮棉产量 1 716.1 千克，比对照增产 14.8%，增产极显著。2006 年湖北省区域试验，籽棉产量 4 506.7 千克，比对照增产 11%；皮棉产量 1 816.4 千克，比对照增产 7.8%。两年区域试验平均籽棉产量 4 364.3 千克，比对照增产 13.4%；皮棉产量 1 766.1 千克，比对照增产 11.1%。

4. 抗病虫性　2005 年华中农业大学抗红铃虫鉴定结果，种子虫害率 2.3%，比对照鄂棉 18 低 82.1%，高抗红铃虫；2005 年江苏省农业科学院植物保护研究所抗棉铃虫鉴定结果,综合抗性值44,平均抗性值 3.67,属高抗棉铃虫。两年区域试验抗病鉴定结果,耐枯萎病和黄萎病,枯萎病指 10.8,黄萎病指 21.4。

5. 纤维品质　经农业部棉花品质监督检验测试中心检测结果:纤维上半部平均长度 29.3 毫米,断裂比强度 27.65cN·tex^{-1},麦克隆值 5.15,纺纱均匀性指数 129.5。

6. 栽培技术要点

(1)适时播种　路棉 6 号属于中早熟品种,适宜适当晚播,一般在 4 月中旬育苗,5 月中旬移栽,密度以每公顷 2.1 万～2.5 万株为宜。

(2)均衡施肥　施肥注意氮、磷、钾配合,该品种具有长势旺、结铃性强、产量潜力高等特点,对各种养分的需求量较大,对钾肥更为敏感。建议每公顷施纯氮量 250～300 千克,基肥占 50%,花肥占 40%,保桃肥占 10%;每公顷施纯磷(P_2O_5)100～150 千克,基肥占 60%,花肥占 40%;每公顷施纯钾(K_2O)180～220 千克,基肥占 60%,花肥占 40%。

(3)合理化学调控　一般每公顷喷施缩节胺 45～60 克,严格遵循少量多次、前轻后重的原则,根据实际情况决定缩节胺的用量、浓度及施用频率,塑造理想株型。

(4)病虫防治　根据田间棉铃虫、红铃虫发生情况决定农药防治时间,一般当百株卵量达 50 粒,或百株幼虫量达 5 头时,应及时用药剂防治。药剂防治棉铃虫重点在二、三、四代。注意防治红蜘蛛、蚜虫和棉盲椿象等非鳞翅目害虫。

7. 适宜种植区域　主要适宜湖北及长江流域棉区种植,在枯、黄萎病重病地不宜种植。

(二十)宏宇杂 3 号

1. 品种来源　宏宇杂 3 号系四川省遂宁市宏宇农业科学研

究所利用自育优质丰产品系 H0-77 作母本,以 2103 作父本通过人工去雄杂交配制而成的强优势杂交组合。2004～2005 年参加四川省区域试验,2006 年进入生产试验,2007 年通过四川省品种审定委员会审定并定名(审定编号:川审棉 2007001)。

2. 特征特性 该品种生育期 131～134 天,植株塔形,较松散,生长稳健,果枝疏朗,叶片中等大小,植株青秀,叶绿色,叶功能期长,结铃性较强,铃卵圆形较大,吐絮畅,不早熟,花色洁白有丝光。铃重 5.8 克,衣分 43%,衣指 8.1 克,子指 10.4 克。

3. 产量表现 四川省 2004～2005 年区域试验结果:平均籽棉、皮棉、霜前皮棉产量分别为每公顷 3 162.3 千克、1 360.35 千克和 1 149.9 千克,分别比对照川棉 56 增产 11%、7.1% 和 20.9%,增产达极显著水平。2006 年四川省生产试验,平均每公顷籽棉、皮棉、霜前皮棉产量分别为 3 459 千克、1 398 千克和 1 338.6 千克,分别比对照增产 27.8%、23.1% 和 28.4%。

4. 抗病虫性 2004～2005 年经四川省区域试验人工网室接虫鉴定:棉铃虫蕾铃被害率为 4.3%～8.7%,蕾铃被害减退率分别为 77.8%、62.5%,抗虫级别为抗棉铃虫;红铃虫籽害率 8.7%,籽害减退率为 49.3%,抗虫级别为抗红铃虫。四川省区域试验统一鉴定,枯萎病指为 5.4～6.3,黄萎病指 34.9～34.9,属抗枯萎病、耐黄萎病类型。

5. 纤维品质 农业部棉花品质监督检验测试中心检测:纤维上半部平均长度 30.3 毫米,断裂比强度 31.7cN $\cdot$ tex^{-1},麦克隆值 4.4,整齐度指数 85%,伸长率 6.6%,纺纱均匀性指数 154.5。

6. 栽培技术要点

(1)适时早播 以 3 月下旬至 4 月上旬选晴天采用营养钵(或方格)育苗,并及时拱棚盖塑料薄膜,以利提早出苗,确保全苗。

(2)合理密植 在四川棉区一般以槽坝地每公顷 3 万～3.75 万株,丘陵坡台地 4 万～4.5 万株为宜,并做到适时打顶,每公顷留果枝 45 万～50 万个。长江中下游棉区引种示范可根据当地实际情况而定。

(3)适时早栽促早发　一般要求在 4 月下旬至 5 月 15 日前移栽为宜,移栽苗龄 30～45 天,并注意选子叶完好,真叶青秀,根系发达的健壮苗移栽,以利促进整齐一致,株间平衡,壮苗早发。

7. 适宜种植区域　该品种适宜长江流域上游棉区黄萎病轻病地推广种植。

(二十一)宁字棉 R2

1. 品种来源　宁字棉 R2(原 MR2)是江苏省农业科学院生物技术研究所和创世纪转基因技术有限公司联合选育而成的杂交棉品种,2004 年参加安徽省棉花品种区域试验,2005 年同时进行区域试验和生产试验,2006 年通过安徽省品种审定委员会审定(皖审棉 06100524)。

2. 特征特性　生育期 130 天左右,属中早熟杂交种。株高 100 厘米,株型较松散,呈塔形。叶片中等,叶色深绿,棉铃卵圆形,铃重 5.3 克,衣分 41.3%,子指 10.12 克。吐絮畅,易采摘,絮色洁白。早熟性好,霜前花率在 90% 左右。前期生长发育快,中后期长势较强。

3. 产量表现　2004～2005 年两年安徽省区域试验,平均每公顷籽棉产量 3 773.9 千克,比对照皖杂 40 增产 11%;皮棉 1 573 千克,比对照增产 10.1%,增产均达到极显著水平。2005 年生产试验,每公顷籽棉产量 3 327.5 千克,比对照皖杂 40 增产 6%;皮棉 1 364.1 千克,比对照增产 5.9%。

4. 抗病性　根据中国农业科学院棉花研究所测定:枯萎病指 24.7,黄萎病指 32.8,为耐枯萎病和黄萎病品种。

5. 纤维品质　经农业部棉花品质监督检验测试中心测定:纤维上半部平均长度 30.1 毫米,整齐度指数 84.5%,断裂比强度

$30.7cN \cdot tex^{-1}$,麦克隆值 4.9。

6. 栽培技术要点

(1)适时播种 营养钵育苗移栽,以 3 月底至 4 月上旬播种为宜,浇足底水,干籽播种,每钵 1 粒。地膜直播棉以 4 月中下旬为宜。

(2)合理密植 根据茬口及苗龄及时移栽。该品种株型较松散高大,因而种植密度宜稀不宜密,中等及以上肥力的田块种植密度每公顷 2.7 万株左右。

(3)合理运筹肥料 要施足基肥,基肥以有机肥为主,早施重施花铃肥,一般于初花期追施。打顶后补施盖顶肥。中后期根据长势可适当喷施叶面肥。一般中等肥力田块,每公顷需施纯氮 $280\sim350$ 千克,磷肥(P_2O_5)$140\sim175$ 千克,钾肥(K_2O)$280\sim350$ 千克。

(4)主动化学调控,塑造良好株型 一般情况可在蕾期、初花期、盛花结铃期及打顶后分别进行 $3\sim4$ 次化学调控,具体次数和剂量要根据棉花的长势长相和天气而定。

(5)病虫草害防治 及时中耕除草,根据当年病虫害发生情况,注意对棉蚜、棉红蜘蛛、烟粉虱等刺吸口器害虫的防治。

7. 适宜种植区域 该品种适宜于安徽省无枯、黄萎病或枯、黄萎病发病轻的中等及以上肥力田块种植。

(二十二)宁字棉 R6

1. 品种来源 宁字棉 R6(原 MR6)是江苏省农业科学院农业生物技术研究所、创世纪转基因技术有限公司和隆平农业高科技股份有限公司江西种业分公司三家联合选育的杂交种。经过 $2004\sim2005$ 年江西省棉花品种区域试验,该组合表现结铃性强,早熟性、丰产性好,纤维品质优,2006 年通过江西省品种审定委员会审定(编号赣审棉 2006009)。

2. 特征特性　全生育期 126 天,株高 110.8 厘米,株型松散高大,叶片中等大小,叶色较深。结铃性好,铃卵圆形,中等大小,铃重 5.2 克,衣分 41.6%,子指 10.3 克,衣指 7.4 克。吐絮畅,易采摘,絮色洁白。早熟性好,霜前花率在 90% 左右,丰产、稳产性好,纤维品质优。

3. 产量表现　2004 年参加江西省棉花区域试验,每公顷籽棉产量 3 915 千克,皮棉产量 1 669.4 千克,与对照中棉所 29 相当。2005 年参加江西省区域试验,每公顷籽棉产量 3 945 千克,皮棉产量 1 604.1 千克,较对照中棉所 29 分别增产 7.4% 和 7.9%。两年平均每公顷籽棉产量 3 930 千克,较对照中棉所 29 增产 3.3%;皮棉产量 1 636.1 千克,较对照中棉所 29 增产 4.3%。

4. 抗病性　2004～2005 年平均枯萎病指为 14.8,表现为耐枯萎病。

5. 纤维品质　2004～2005 年经农业部棉花品质监督检验测试中心测定:纤维上半部平均长度 29.3 毫米,整齐度指数为 85.1%,断裂比强度 32.7cN·tex^{-1},伸长率 6.4%,麦克隆值 5.1,反射率 75.6%,黄度 8.8,纺纱均匀性指数 147.9。

6. 栽培技术要点

(1)适时播种　营养钵育苗移栽以 3 月底至 4 月上旬播种为宜,浇足底水,干籽播种,每钵 1 粒。地膜直播棉以 4 月中下旬播种为宜。

(2)合理密植　根据茬口及苗龄及时移栽。该品种株型较松散高大,因而种植密度宜稀不宜密,中等及以上肥力的田块种植密度在每公顷 2.7 万～3 万株。

(3)合理运筹肥料　要施足基肥,基肥以有机肥为主,早施重施花铃肥,打顶后补施盖顶肥。中后期根据长势可适当喷施叶面肥。一般中等肥力田块,每公顷需施纯氮 280～350 千克,磷肥(P_2O_5)140～175 千克,钾肥(K_2O)280～350 千克。

（4）**主动化学调控，塑造良好株型** 一般情况可在蕾期、初花期、盛花结铃期及打顶后分别进行 3～4 次化学调控，具体次数和剂量要根据棉花的长势长相和天气而定。

（5）**病虫草害防治** 及时中耕除草，根据当年病虫害发生情况，注意对棉蚜、棉红蜘蛛、烟粉虱等刺吸口器害虫的防治。

7. 适宜种植区域 该品种适宜在江西省无病或轻病地种植，不宜在重病地种植。

（二十三）泗 阳 329

1. 品种来源 杂交棉泗阳 329 是江苏省泗阳棉花原种场农业科学研究所以自育的高产、优质、抗病棉花新品种（系）为亲本材料配制的杂交组合。2004～2005 年参加湖南省棉花新品种区域试验与大面积生产示范，2006 年通过湖南省农作物品种审定。

2. 特征特性 该品种早熟性较好，生育期 128 天左右，霜前花率 85% 以上。植株塔形，株型疏朗，株高 110～130 厘米。叶片中等大小，通风透光条件好，叶色较淡，光合效率高。茎秆健壮挺立，抗倒伏。第一果枝着生节位中等偏低，果枝节间长短适中，果枝层数 18 个左右。铃中等偏大，卵圆形，铃壳薄，吐絮畅。结铃性强，中等密度栽培单株成铃 40 个左右，中低密度栽培单株成铃可达 60 个以上，铃重 6 克左右，子指 11 克，衣分 43.1%，衣指 8.2克。

3. 产量表现 该品种 2004～2005 年参加湖南省棉花品种区域试验，两年平均每公顷籽棉产量 4 017.2 千克，比对照品种湘杂棉 2 号增产 11.4%；每公顷皮棉 1 734 千克，比对照增产 13.6%，增产达极显著水平。

4. 抗病性 该品种 2004 年参加湖南省试验鉴定，枯萎病发病率 3.5%，黄萎病发病率 1.3%，表现抗枯、黄萎病。2005 年湖南省棉花品种区域试验人工病圃鉴定，枯萎病指 14.2，黄萎病指

30.4,表现为耐枯萎病、耐黄萎病。近年来在大面积棉花生产种植与试验示范中均表现抗病性较好、抗逆性较强。

5. 纤维品质　经农业部纤维品质监督检测中心测试:纤维上半部长度 30.8 毫米,断裂比强度 $31.8cN \cdot tex^{-1}$,麦克隆值 4.9,整齐度指数 84.8%,纺织均匀性指数 148.1。

6. 栽培技术要点

(1)适期播种　该品种属中熟偏早类型,适于长江流域及黄河流域南部棉区作春茬或早夏茬套作棉种植。营养钵育苗移栽一般 4 月 5 日左右播种;地膜直播棉应于 4 月 20 日左右播种。该品种子指中等偏小,为 9.5 克左右,种子饱满充实,出苗性较好。为实现一播全苗,需选择籽粒饱满,达到国家种子质量标准的脱绒包衣种,于晴好天气进行干籽播种。直播棉田旱情严重时,最好先灌水造墒,待墒情适宜时再进行播种。

(2)合理密植　品种杂交优势强,单株生产力高,植株中等偏高,为较好地发挥单株生产潜力高的优势,充分地协调好个体发育与群体发展的关系,协调好营养生长与生殖生长的关系,实现既增加总铃数,又提高单铃重、提高优质铃的比例,达到既高产又高效的栽培目标。一般肥力水平田块密度每公顷为 2.4 万～2.7 万株;土壤肥力好,施肥水平高的田块每公顷 2.25 万株左右较为适宜。

(3)平衡施肥　为实现每公顷 1 800 千克以上皮棉的栽培目标,每公顷棉田应施足纯氮 300～375 千克,过磷酸钙 600～750 千克,氯化钾 300 千克。并增施有机肥、硼肥及其他微量元素。具体施肥方法应根据土壤肥力水平及棉花田间长势,通常提倡采用轻肥搭架,重肥结桃的施肥方法。该品种现蕾开花早,前期成铃速度快,前中期结铃多,消耗养分大,要实现早熟、不早衰,达到伏桃满腰,秋桃盖顶的栽培目标,后期应有充足的肥料供应。要在施足基肥,搭好丰产架子,重施花铃肥增加中期铃的基础上,于 8 月上中旬每公顷用尿素 120～150 千克施好盖顶肥。中下部成铃多、有早衰趋势的田块,盖顶肥尿素用量可以增加到 300 千克。8 月中旬至 9 月中旬还可以进行根外追肥,每 7 天左右用 2‰上下的尿素液叶面喷施一次,缺钾棉田叶面喷肥时可增加磷酸二氢钾或巨能钾喷雾。当后期干旱时要及时灌溉抗旱,以水调肥,提高上部果节的成铃率和铃重。

(4)合理化学调控 该品种长势稳健,化学调控以轻调为宜。分别在盛蕾、盛花及打顶后一个星期左右进行化学调控,化学调控每公顷助壮素总用量以 90～120 克为宜,以培育中壮株型,塑造高效群体。

另外该品种果枝节位较低,前期结铃早,现蕾期去除基部 2～3 个果枝,对促进个体健壮发育,增加上部果枝的养分供应,搭好丰产架子,增加铃重,减少下部小桃、僵烂桃,增加中上部大桃,提高产量也非常有效。

(5)病虫害防治 注意对棉蚜、棉铃虫、红蜘蛛及盲椿象的防治。

7. 适宜种植区域 该品种宜在湖南省枯、黄萎病轻病田推广种植。

(二十四)苏 棉 2186

1. 品种来源 苏棉 2186 由江苏中江种业股份有限公司以(苏棉 12 号×海岛棉 7124)的 F_1 为母本,以 9604 品系为父本杂交,其后代经 7 代系谱选择、抗病性鉴定育成的常规陆地棉新品种,2004～2005 年参加江苏省棉花品种区域试验,2006 年参加生产试验,2007 年通过江苏省农作物品种审定委员会审定,并申报国家新品种保护(公告号 CNA003316E)。

2. 特征特性 该品种生育期 130 天左右,出苗好,生长势强,子叶中等偏大,叶色较深,植株中等。株高 115 厘米左右,株型塔形,茎秆茸毛少,叶片较大,叶色较深。结铃性强,铃卵圆形、铃重5.8克左右,霜前花率80%以上。壳薄绒厚,吐絮畅,僵瓣花率低。

3. 产量表现　2004~2005年参加江苏省棉花品种区域试验,两年平均每公顷籽棉产量为3 529.5千克,较对照苏棉9号增产7.9%;皮棉产量1 347千克,较对照增产1%。2006年参加江苏省生产试验,籽棉每公顷产量3 849千克,较对照泗抗1号增产15.3%,较对照苏棉9号增产16%;皮棉每公顷产量1 566千克,较对照泗抗1号增产12.6%,较对照苏棉9号增产11.1%。

4. 抗病性　2004~2005年经江苏省棉花品种区域试验鉴定:两年平均枯萎病指16.2,黄萎病指28.4,属于耐枯、黄萎病品种。

5. 纤维品质　经农业部棉花品质监督检验测试中心测定:纤维上半部平均长度30.3毫米,断裂比强度32.2cN·tex^{-1},麦克隆值4.8,纺纱均匀性指数147,整齐度指数84.3%,伸长率6.6%,反射率73.7%,黄度8.3。

6. 栽培技术要点

(1)适期播种　采用营养钵育苗,3月底至4月初选择晴好天气,以脱绒包衣种干籽播种。

(2)种植密度　适宜稀植,一般田块每公顷3万株,高肥力水平2.7万株。

(3)平衡施肥　苏棉2186实现每公顷皮棉产量1 800千克以上栽培目标需吸收氮素208.5千克,磷素67.5千克,钾素181.5千克,实际每公顷投入纯氮225千克左右、五氧化二磷75千克(折合过磷酸钙450千克)、氧化钾225千克(折合氯化钾375千克)为宜。氮、磷、钾配比以1:0.33:0.87为宜。在肥料运筹上移栽时氮肥用量20%~25%,磷、钾均占50%;初花时氮肥用量为20%~25%,磷、钾各占50%;盛花后氮肥用量为45%左右。8月15日氮肥使用10%。

(4)合理化学调控　根据该品种盛蕾至初花期生长慢,后期株高、生长仍较旺的特点,蕾期、初花期缩节胺用量分别为每公顷7.5克和30克。盛花和打顶后缩节胺用量分别为每公顷52.5克和60克。

(5)病虫害防治　根据病虫情报,及时用药防治蚜虫、盲椿象、红蜘蛛、棉铃虫等病虫害。

7. 适宜种植区域　该品种适宜在江苏省轻病地种植。

(二十五)苏杂棉66

1. 品种来源　苏杂棉66是江苏中江种业股份有限公司以8033为母本,以308为父本培育的陆地棉杂交种。其中母本是丰产性好、纤维品质优的品种;父本是抗枯萎病、耐黄萎病的品种。2004~2005年参加江苏省棉花品种区域试验,2006年参加生产试验,2007年通过江苏省农作物品种审定委员会审定,并已申报国家新品种保护(公告号CNA003317E)。

2. 特征特性　该品种全生育期130天左右,霜前花率85%以上。出苗好,生长势强,子叶中等偏大,叶色较深,植株高大。株高120厘米左右,植株塔形,茎秆茸毛少,叶片中等大小,叶色较深,结铃性强。铃卵圆形,铃重6克,衣分40%以上,吐絮畅,僵瓣花率低。

3. 产量表现　2004~2005年参加江苏省棉花品种区域试验,平均每公顷皮棉产量为1 450.3千克,比对照苏棉9号增产5.5%;2006年生产试验,每公顷皮棉产量为1 440.3千克,比对照苏棉9号增产11.8%。

4. 抗病性　江苏省棉花品种区域试验中,经江苏省植物保护研究所鉴定,两年平均枯萎病指13.4,黄萎病指24.9。为耐枯、黄萎病品种。

5. 纤维品质　经农业部棉花监督检验测试中心测定,纤维上半部平均长度30.7毫米,断裂比强度30.6cN·tex^{-1},麦克隆值

4.8,纺纱均匀性指数148,整齐度指数85%,伸长率7%,反射率75.6%,黄度8.1。

6. 栽培技术要点

(1)**适期播种**　采用营养钵育苗,3月底至4月初选择晴好天气用脱绒包衣种干籽播种。

(2)**合理密植**　该品种生长势强,适宜稀植。每公顷于一般田块种植2.7万株,高肥力水平田块种植2.25万株。

(3)**平衡施肥**　苏杂棉66实现每公顷皮棉产量1500千克以上栽培目标,每公顷需吸收纯氮205.5千克,五氧化二磷57千克,氧化钾234千克,实际以每公顷投入纯氮375千克左右、五氧化二磷79.5千克(折合过磷酸钙600千克)、氧化钾300千克为宜。氮、磷、钾配比以1:0.16:1.15为宜。在肥料运筹上开花前氮肥用量20%～30%,磷、钾肥各50%;盛花后氮肥用量为60%,磷、钾各占50%,8月15日氮肥用量占10%～20%。

(4)**合理化学调控**　根据该品种前期平稳、后期营养生长仍较旺的特点,在蕾期、初花期和盛花期每公顷分别用缩节胺15克、30克和45克。

(5)**病虫害防治**　根据病虫情报,及时用药防治蚜虫、盲椿象、红蜘蛛、棉铃虫等病虫害。

7. 适宜种植区域　该品种适宜在江苏省轻病地种植,不适合在重病地种植。

(二十六)湘文1号

1. 品种来源　湘文1号系湖南文理学院育成的抗虫杂交棉品种,母本为泗棉2号选系,父本为自育抗虫新品种湘H002。该品种于2005～2006年参加湖南省棉花区域试验,2006年同步进入生产试验,同年获转基因安全证书,2007年通过湖南省农作物品种审定委员会审定。

2. 特征特性　生育期 120 天,株高 150 厘米左右,植株呈塔形。叶片中等偏大,叶色浓绿。果枝茎秆夹角较大,透光性好,茎秆粗壮,不易倒伏。铃较大,铃重 6.2 克左右,铃壳较薄,叶絮畅,易采收。衣分 41.6%,色泽洁白有丝光。根系发达,具有较强的耐旱能力,后劲足,不易早衰。

3. 产量表现　2005 年在湖南省棉花区域试验中,每公顷皮棉产量为 1 759.5 千克,比对照湘杂棉 2 号增产 14.3%,属参试品种第一位。2006 年每公顷皮棉产量为 2 011.5 千克,比对照湘杂棉8 号增产 3.1%。2006 年在湖南省棉花品种生产试验中,每公顷皮棉产量为 2 384.6 千克,比对照湘杂棉 8 号增产 10.5%,居 26个参试品种第一位。

4. 抗病虫性　经湖北省农业科学院植物保护研究所对湘文 1号抗虫性检测结果为:二代棉铃虫发生期,控制效果 100%,保蕾效果 100%;三代棉铃虫发生期,控制效果 84.6%;四代棉铃虫发生期控制效果 82.6%,对长江流域棉区不同代别的棉铃虫均表现出了较好抗性效率。2006 年湖南省棉花区域试验抗病性鉴定:枯萎病指 9.6,抗枯萎病;黄萎病指 21.7,耐黄萎病。

5. 纤维品质　经农业部棉花品质监督检验测试中心检测:纤维上半部平均长度 31.8 毫米,整齐度指数 84.2%,断裂比强度 $31cN \cdot tex^{-1}$,麦克隆值 4.9,纺纱均匀性指数 148.6。

6. 栽培技术要点

(1)适时播种,适当稀植　4 月上旬播种。一般肥力田块,每公顷种植 1.65 万株左右,即行距 1.2 米,株距 0.5 米。一般苗龄在 25 天即可移栽。

(2)科学施肥　坚持以有机肥为主,氮、磷、钾配合施用的原则。一般每公顷施农家肥 30 吨、尿素 300 千克、磷肥 600 千克、钾肥 300 千克、复合肥 300 千克、硼肥 15 千克做基肥。棉株下部 2~3个桃时开沟施花铃肥。8 月中旬增施壮桃肥。对明显缺锌、硼等微量元素的田块还要叶面喷施微肥。

（3）适当化学调控 掌握前轻后重、少量多次的原则。一般每公顷共用缩节胺 120 克左右,蕾期每公顷用 7.5 克左右;花铃期每公顷每次 15～30 克,用 2～3 次;打顶后 7～10 天每公顷用 45～60 克喷施。

（4）适时打顶,防治病虫害 湘文 1 号后劲足,打顶可安排在 8 月初。前期以防治蚜虫和红蜘蛛为主,中后期以防治盲椿象和斜纹夜蛾为主,后期重点防治红蜘蛛和斜纹夜蛾。

7. 适宜种植区域 该品种适合在湖南省旱作老棉区种植。

（二十七）湘杂棉 11 号

1. 品种来源 湘杂棉 11 号是湖南棉花所利用双价转基因抗虫棉品系石远 321 选系 E27 为父本,以本省选育的湘棉 14 号选系湘 V23 为母本选育的高优势杂交组合。2002～2003 年参加湖南省抗虫棉品种区域试验与生产试验,2004～2005 年通过国家长江流域棉花区域试验与生产试验,2005 年获得湖南、湖北农业转基因安全评价证书（农基安评代号 SGKZ11）,2006 年通过国家审定（国审棉字 2006016）。

2. 特征特性 湘杂棉 11 号全育期 126 天,属中熟偏早类型。株高 113 厘米,茎秆粗壮不倒伏,果枝下长上短,呈塔形。叶片中等大小,叶色深绿,叶功能期长。果枝 16.6 个,果枝与主茎角度较小、上举,植株清秀,通透性好。结铃性强,铃卵圆形,5 室铃多,铃重 6.2 克,吐絮畅,好采摘,花色洁白有丝光。衣分 40.7%,子指 11.3 克,霜前花率可达 89% 以上。

3. 产量表现 2002～2003 年湖南省棉花区域试验结果:平均每公顷籽棉和皮棉产量分别为 4 055.7 千克和 1 639.5 千克,分别比对照增产 14.8% 和 11.1%,均达到极显著水平。2004～2005 年长江流域棉花区域试验结果:平均每公顷籽棉和皮棉产量分别为 3 451.4 千克和 1 402.8 千克,分别比对照增产 8.1％和 6.2％,达到显著水平。2005 年长江流域生产试验结果,平均每公顷籽棉、皮棉和霜前皮棉产量分别为 3 253.8 千克、1 364.4 千克和 1 287.9 千克,分别比对照增产 7.5％、8.8％和 10.6％。

4. 抗病虫性　2004～2005 年华中农业大学利用网室人工接虫进行抗红铃虫鉴定,湘杂棉 11 号种子虫害率 2,比对照减少 17.7％,抗虫级别为高抗。江苏省农业科学院植物保护研究所进行抗棉铃虫鉴定,叶片杀虫蛋白含量 1 155 纳克·克$^{-1}$,结果为高抗棉铃虫。2001 年经华中农业大学人工病圃鉴定,枯萎病指 12,黄萎病指 30.4,为耐枯、黄萎病品种。

5. 纤维品质　湖南省棉花区域试验检测结果:纤维上半部平均长度 32.3 毫米,整齐度指数 85.7％,断裂比强度 32.9cN·tex^{-1},麦克隆值 4.8,纺纱均匀性指数 159。长江流域棉花区域试验测试结果:纤维上半部平均长度 31.2 毫米,断裂比强度 31cN·tex^{-1},麦克隆值 5,纺纱均匀性指数 146.8。

6. 栽培技术要点

(1)适时播种　在 4 月中旬抢晴天播种,用营养钵大钵育苗,做到湿钵、干籽、润盖土,及时架拱盖膜。

(2)合理密植　放宽行距(行距要求在 1 米以上),降低密度,平湖区中等肥力地每公顷密度为 1.65 万～1.95 万株,丘岗地、沙地每公顷种植 1.8 万～2.1 万株。

(3)及时移栽促早发　一般要求在 5 月 20 日前移栽完毕。移栽时要求苗高 15 毫米,真叶三四片,红茎不过半,叶片无病斑,白根布满钵。在打眼后,做到分穴点肥,每公顷施用进口复合肥 60～75 千克。

(4)科学施肥　要求掌握基肥足,提苗肥速,蕾肥稳,花铃肥重,盖顶肥适,壮桃肥补,叶面肥保的施肥原则,重施钾肥,钾肥要在苗期、蕾期、花铃期分次施用。

（5）合理化学调控　化学调控应根据棉花长势长相，掌握"前轻、中适、后重、少量多次、全程化学调控"的原则进行。一般在蕾期每公顷施用缩节胺 12～15 克，在花铃期每公顷用 22.5～30 克，打顶后 5～7 天每公顷用 52.5～60 克；在棉苗长势较旺以及 6～7 月多雨期间，应酌情增加用量。

（6）病虫害防治　在棉花苗蕾期和吐絮期，对鳞翅目害虫抗虫性好，B. t. 毒蛋白质含量高；在结铃盛期，花、蕾抗棉铃虫性稍低于苗蕾期和吐絮期。前期以防治蚜虫与红蜘蛛为主，中后期以防治盲椿象和斜纹夜蛾为主，在 8 月中下旬至 9 月上旬棉铃虫重发年注意对四、五代盛孵期防治，结合防治盲椿象、斜纹夜蛾打药 1～2 次即可，后期重点防治棉花红蜘蛛、盲椿象和斜纹夜蛾。

7. 适宜种植区域　该杂交种适宜在长江流域棉区轻病地推广种植。

（二十八）湘杂棉 12 号

1. 品种来源　双价转基因抗虫杂交棉湘杂棉 12 号系湖南省棉花科学研究所选育，该组合是利用高产优质棉花品种湘 V101 株系材料为母本，双价转基因抗虫杂交棉石远 321 选系湘 E-28 为父本杂交配组育成。2004～2005 年参加湖南省棉花区域试验，2006 年进行生产试验，2006 年获得湖南省、湖北省农业转基因安全性评价证书，2007 年通过湖南省审定（湘审棉 2007007）。

2. 特征特性　生育期 123 天，属中熟偏早组合。植株塔形，生长势强，生长稳健，植株高度 126 厘米左右，茎秆粗壮，抗倒伏，株茎有茸毛。叶色深绿，叶片中等大小，功能期长，不早衰。果枝18～20 个，植株清秀，通风透光性好，烂铃少。结铃性强，五室铃多，铃较大，铃重 6.6 克，铃卵圆形，有铃尖。吐絮畅易采摘，花色洁白有丝光，衣分 41.01%。

3. 产量表现　2004～2005 年参加湖南省区域试验，平均每公顷籽棉产量 4 304.8 千克,皮棉产量 1 654.5 千克,分别比对照增产 10.8%和 11.5%,增产达极显著水平。2006 年参加生产试验,每公顷籽棉产量 5 227.2 千克,皮棉产量 2 143.05 千克,分别比对照增产 14.8%和 16.8%,增产极显著。

4. 抗病虫性 2005 年经华中农业大学人工病圃剖秆鉴定,枯萎病指 10.1,黄萎病指为 26.1,均为耐枯萎病和耐黄萎病。

经南京农业大学鉴定,蕾铃被害率显著低于对照品种苏棉 9 号,对棉铃虫抗性稳定性好,纯合度高。每克叶片中杀虫蛋白表达量 550.1 纳克,高抗棉红铃虫、造桥虫、甜菜夜蛾等咀嚼式口器的害虫。

5. 纤维品质 2004~2005 年检测结果:纤维上半部平均长度 30.5 毫米,整齐度指数 85.1%,断裂比强度 $32cN \cdot tex^{-1}$,麦克隆值 4.7,纺纱均匀性指数 152,符合长江流域优质产棉带品质的要求和选育目标。

6. 栽培技术要点

(1)适时播种,合理密植 要求在 4 月中旬抢晴天播种,采用营养钵大钵育苗,做到湿钵、干籽、润盖土,及时拱膜,可确保一播全苗。由于植株生长较高大,果枝较长,要求合理稀植,行距要求在 1.1~1.2 米、株距 40~50 厘米即可,中等肥力地每公顷 1.65 万~1.95 万株为宜,丘岗地、沙地以每公顷种植 1.8 万~2.1 万株为宜。

(2)及时移栽促早发 营养钵育苗移栽,一般要求在 5 月 20 日前移栽完毕,移栽要求苗高 15 厘米,真叶 3~4 片,红茎不过半,叶片清秀无病斑,白根满钵转。在打好移栽眼后,每公顷穴施氮、磷、钾各 15%含量的复合肥 60~75 千克,再放苗移栽。

(3)科学整枝、适时打顶 该品种早熟,叶枝较小,在前期需要去掉下部 2~3 个果枝,提高节位,减少烂铃,棉株留有 20 个果枝,在 7 月底或 8 月 3 日前打顶,这样能使顶端果枝长伸,多结铃,结有效铃,达到秋桃盖顶的目的。

(4)科学施肥 要求在棉田施好基肥(有机肥和磷、钾肥)的前提下,施好送嫁肥,在移栽前 1 天用 1‰尿素水浇苗床一次;施打眼肥,油菜和棉花连作棉田在收完油菜后打眼,每个眼里放十几粒氮、磷、钾含量 15%的复合肥;移栽后施提苗肥,用速效氮肥(碳酸氢铵或尿素)淋蔸;稳施蕾肥,在 6 月中旬棉花大量现蕾,植株生长快速,要求搭好丰产架子,每公顷施用菜饼肥 450~600 千克,钾肥 105~120 千克,磷肥 450 千克,搅拌均匀后,用打眼器在每两株棉花中间打眼施肥,然后盖好;一般在 7 月上中旬开沟重施花铃肥,要求氮、磷、钾占总施肥量的 60%以上;盖顶肥在棉花打顶后撒施,一般每公顷施尿素 120~150 千克,钾肥 105~120 千克,下午撒施,不能撒到棉花叶片上;壮桃肥在 8 月中旬施用,用肥量看天、看苗自定。全生育期要重施钾肥,增施硼、锌等微肥。

(5)合理化学调控 使用原则应掌握"前轻、中适、后重、少量多次"原则进行,在使用缩节胺时,和农药一同施用,以达到最佳效果。

(6)病虫害防治 在棉花育苗时,选择无病和轻病地育苗,苗床要选在地势高、沥水、背风、向阳为最佳,以免病土扩散,病害加重。棉花整个生育期间,棉田要沥水,干燥,可减少病害和烂铃发生。以防治棉蚜、红蜘蛛、盲椿象、斜纹夜蛾害虫为主,同时兼治其他害虫。对暴发年的棉铃虫,要重点防治三、四代盛孵高峰期的棉铃虫。

7. 适宜种植区域 该杂交种适宜湖南省高水肥棉区轻病地推广种植。

(二十九)湘杂棉 14 号

1. 品种来源 湘杂棉 14 号是湖南省棉花科学研究所利用湘108 作母本,自育优质抗虫品系湘 9812 作父本培育而成,2006~

2007 年参加湖南省杂交棉区域试验,2007 年获农业部颁发的农业转基因生物安全证书(农基安证字 2007 第 232 号),2008 年通过湖南省品种委员会审定并命名为湘杂棉 14 号(湘审棉 2008008)。

2. 特征特性 湘杂棉 14 号生育期 121 天左右,属中早熟类型品种。叶片中等大小,叶色较深。植株较高大,茎秆有茸毛。第一果枝着生节位较高,植株塔形,通透性好,结铃性强,铃卵圆形,铃重 5.9 克,吐絮畅,好采摘,霜前花率 80% 以上,衣分 41.1%,子指 10.7 克,衣指 7.7 克,适应性强。

3. 产量表现 2006 年参加湖南省区域试验,皮棉每公顷产量为 2 134.5 千克,比对照增产 7.4%,增产极显著。2007 年参加省区域试验,每公顷皮棉产量为 1 936.8 千克,比对照增产 5.3%,增产极显著。

4. 抗病虫性 2007 年经湖北省农业科学院植保土肥所检测,湘杂棉 14 号在二、三、四代棉铃虫发生时期对棉铃虫的抗性效率分别为 100%、100% 和 94.4%,保蕾效果分别为 100%、100% 和 92.6%,杀虫活性分别为 99.6%、93.3% 和 97.6%,表现出了良好的抗虫效果。湖北省农业科学院经济作物研究所人工枯、黄萎病圃鉴定,枯萎病病情指数 18.6,黄萎病指数 28.2,属耐枯、黄萎病品种。

5. 纤维品质 2005 年经农业部纤维品质检验测试中心检测,纤维上半部平均长度 30.2 毫米,整齐度指数 85.3%,断裂比强度 29.9cN·tex^{-1},麦克隆值 5.1,纺纱均匀性指数 145;2006～2007 年纤维上半部平均长度 29.6 毫米,整齐度指数 84.8%,断裂比强度 29.7cN·tex^{-1},麦克隆值 5.1,纺纱均匀性指数 141.9。

6. 栽培技术要点

(1)适时播种 当气温稳定在 15℃ 以上,4 月中上旬抢晴好天气上午播种最为有利。

(2)适期移栽,合理稀植 3 叶 1 心时,选晴好天气移栽,浇好团结水,中等地力以上田块密度控制在每公顷 1.35 万～1.5 万株。

(3)科学施肥防早衰 湘杂棉 14 号具早熟性好和株型可塑性大的特点,应施足基肥。基肥以腐烂发酵的农家肥和复合肥为主,每公顷施农家肥 90～120 吨,磷肥 300 千克,复合肥 225 千克。苗期轻施氮肥,每公顷施尿素不超过 90 千克。蕾期重施钾肥。花铃期重施钾、氮肥,以开沟埋施为宜。补施盖顶肥,立秋前后撒施尿素 120 千克,钾肥 75 千克,以多增秋桃防早衰。

(4)合理化学调控 一般每公顷蕾期喷缩节胺 6～10 克,初花期喷 20～30 克,盛花期喷 30～37 克,立秋后喷 37～45 克。若遇肥水碰头,调控效果不明显,可隔 5 天左右补喷一次,用量不变。

(5)虫害防治 对蚜虫、红蜘蛛和盲椿象等刺吸式口器害虫需重点防治,还要防治斜纹夜蛾的为害。在棉铃虫重灾年份三、四代棉铃虫产孵高峰期结合防治盲椿象治虫 1～2 次。

7. 适宜种植区域 适宜于湖南棉区及长江中下游棉区轻病地种植。习惯于立体栽培的地区,可利用其早熟耐肥特点进行间套作种植。

(三十)湘杂棉 15 号

1. 品种来源 湘杂棉 15 号(湘 Z402)是湖南省棉花科学研究所选育的抗虫杂交棉组合。2006 年参加湖南省区域试验预备试验,2007 年参加区域试验与生产试验,2008 年通过湖南省品种审定委员会审定。

2. 特征特性 该杂交种平均生育期 120 天,株高 120 厘米左右,中熟偏早,出苗快而齐,株型较松散,呈塔形,茎秆粗壮且多毛,铃卵圆形,铃重 6.2 克,结铃性较强,上桃快,铃壳薄,吐絮畅,易采摘,单株成铃 44.8 个,衣分 42.3%,子指 11.2 克,衣指 8 克。

3. 产量表现 2006 年湖南省区域试验,每公顷皮棉产量

2 099.55 千克,比对照增产 6.8%,增产显著;2007 年皮棉产量 1 911.5 千克,比对照增产 5.6%,增产极显著。两年平均皮棉产量 2 005.5 千克,比对照增产 6.2%。2007 年在生产试验中,湘杂棉 15 号籽棉、皮棉产量分别为每公顷 5 656.5 千克和 2 325 千克,分别较对照增产 19.9% 和 22.4%,均居参试组合第一位。

4. 抗病性 经湖北省农业科学院经济作物研究所人工枯、黄萎病圃鉴定,枯萎病相对病指 19.2,耐枯萎病;黄萎病相对病指 35,耐黄萎病。

5. 纤维品质 2006～2007 年农业部品质检测中心测试:纤维上半部平均长度 30.1 毫米,整齐度指数 84.9%,断裂比强度 30cN·tex^{-1},麦克隆值 4.9,纺纱均匀性指数 145.9。

6. 栽培技术要点

(1)适时播种 在薄膜覆盖育苗条件下,4 月上中旬抓住"冷尾暖头"抢晴天播种,并做到"二湿一干",即采取湿钵、干籽播种、湿土(或砂)覆盖 1.5～2 厘米。

(2)合理密植 一般大田移栽密度每公顷 2.25 万株左右,以不高于 2.7 万株,不低于 1.8 万株为宜。

(3)肥料运筹 该杂交种耐肥水,且中后期结铃较集中,如肥水不足,易产生早衰现象。因此要坚持"施足基肥,施好平衡肥,稳施蕾肥,重施花铃肥,补施盖顶肥"的原则加强肥水管理,特别要注意中后期的肥水管理,适当补施叶面肥。

(4)化学调控,防治病虫害 该组合营养生长旺盛,对肥水需求水平高,化学调节剂使用必须根据棉苗的生长势态,因地制宜的灵活使用。注意红蜘蛛和棉蚜的为害。

7. 适宜种植区域 该品种适宜在枯萎病和黄萎病轻病区推广种植,不适合在重病区种植。

（三十一）湘杂棉16号

1. 品种来源　湘杂棉16号（湘X007）是湖南省棉花科学研究所选育的优质、高产、抗虫杂交棉组合，其母本是湘9520与贝尔斯诺杂交后选育的优质棉品系湘309，父本是自育的抗虫棉品系湘231。2006～2007年参加湖南省棉花区域试验，2008年通过湖南省品种审定。

2. 特征特性　湘杂棉16号生育期120天，中熟偏早，株高130厘米左右，植株塔形，果枝着生节位较低，叶片较小，叶色较绿，茎秆坚硬多毛，花药为黄色，结铃性较强，铃卵圆形，吐絮畅，好采摘，纤维洁白有丝光。铃重5.9克，衣分41%，子指10.1克，衣指7.2克。

3. 产量表现　2006～2007年在湖南省棉花品种区域试验中，平均每公顷籽棉、皮棉产量分别为4 904.2千克和2 013.9千克，分别比对照湘杂棉8号增产2.2%和5%，增产极显著。

4. 抗病虫性　湘杂棉16号对棉铃虫和斜纹夜蛾的抗性都达到抗性水平。2007年经湖北省农业科学院经济作物研究所人工病圃抗病性鉴定，枯萎病指11.2，耐枯萎病；黄萎病指24.5，属于耐黄萎病品种。

5. 纤维品质　经农业部棉花品质监督检验测试中心检测：纤维上半部平均长度31.5毫米，整齐度指数84%，断裂比强度30.2cN·tex^{-1}，麦克隆值4.9，纺纱均匀性指数146。

6. 栽培技术要点

(1)适时播种，及时移栽　4月中下旬选晴好天气播种，营养钵育苗。一般棉田每公顷种植1.8万株，高产棉田每公顷种植1.6万株左右，旱薄棉田为2.1万株。苗龄25天即可移栽，栽后及时浇团结水，缩短缓苗期。

(2)科学施肥　前期少施，后期重施，增施磷、钾肥；速效肥与长效肥相结合;氮、磷、钾肥结合;看天、看地、看苗施肥。对明显缺锌、硼等微量元素的田块还要叶面喷施硫酸锌及硼酸溶液。

(3)适当化学调控 掌握前轻后重、少量多次的原则,一般每公顷用缩节胺 120 克左右,苗期 7.5 克,花铃期每次 15～30 克,打顶后 7～10 天每公顷施 45～60 克。

(4)适时打顶和防病治虫 一般在 7 月下旬打顶,摘去棉株的顶芽连带一片刚开展的小叶。注意对苗病及红蜘蛛、蚜虫的防治。加强对四、五代棉铃虫的防治。

7. 适宜种植区域 该杂交种适宜在枯、黄萎病轻病地种植,不宜在重病地种植。

(三十二)徐杂 3 号

1. 品种来源 徐杂 3 号是江苏省徐州农业科学研究所以高产抗病品系徐 412 作母本,以转基因抗虫品系 GK19 为父本育成的杂交种。2001～2002 年通过江苏省杂种棉区域试验,2004 年通过江苏省杂种棉生产试验,2006 获得转基因生物生产应用的安全证书,2007 年通过江苏省品种审定委员审定。

2. 特征特性 该品种为中熟品种,生育期 134 天左右,出苗快而整齐,叶色较深,株高中等,结铃性强,铃卵圆形,较大,铃重 6 克左右,衣分 41.9%,吐絮畅,霜前花率高。

3. 产量表现 2001～2002 年参加江苏省杂交棉区域试验,平均每公顷籽棉产量 4 145.3 千克,比对照中棉所 29 增产 16.2%,皮棉产量 1 650.5 千克,比中棉所 29 增产 4.7%,居第一位。

4. 抗病虫性 该杂交种抗枯萎病,病情指数 8.5;耐黄萎病,病情指数 34.9。抗棉铃虫性强,经室内抗虫性鉴定,二代棉铃虫死虫率 75%,三代棉铃虫滞育率 83.3%;江苏省区域试验抗虫鉴定为接近高抗。

5. 纤维品质 2001～2002 年经农业部棉花纤维品质监督检

验测试中心测定:纤维上半部平均长度 30.8 毫米,断裂比强度 29.92cN·tex^{-1},麦克隆值 4.79,纺纱均匀性指数 140.73。

6. 栽培技术要点

(1)适时播种　宜作春棉或麦套棉种植,在 3 月底至 4 月初育苗,5 月上旬移栽,或于 4 月中旬直播。中等肥力棉田每公顷种植 2.7 万～3.3 万株,低肥棉田适当增加至每公顷 3 万～3.75 万株。

(2)平衡施肥　每公顷施纯氮 225～300 千克,有效磷 90～120 千克,氧化钾 120～150 千克,基肥和追肥比 4∶6。

(3)简化整枝,全程化学调控　留第一果枝下方 1～2 个叶枝,可达省工节本、增产增收之效,每公顷施用缩节胺纯品 90～120 克,分别是盛蕾期 7.5～15 克、初花期 15～22.5 克、盛花结铃期 22.5～30 克、封顶期打顶后 7 天喷 22.5～30 克进行化学调控。

(4)防治虫害　二代棉铃虫一般不需防治,但在棉铃虫重发年份对二、三、四代可各防治一次。对棉蚜、红蜘蛛等害虫应正常防治。

7. 适宜种植区域　适宜在江苏省黄萎病轻病区种植。

(三十三)宇优棉 1 号

1. 品种来源　宇优棉 1 号由安徽宇顺种业公司用(泗棉 3 号×海 7124)×(湘棉 13×辽棉 9 号)的复合杂交后代经过多年多点选择、鉴定选育而成,2007 年通过安徽省品种审定委员会审定。

2. 特征特性　宇优棉 1 号为中熟棉常规品种,生育期 131 天,铃重 6 克,衣分 39.2%,植株较高,株型松散,茎秆光滑,叶片较大,叶色深绿,长势旺,结铃性强,吐絮畅,品质优良。

3. 产量表现　2004～2005 年参加安徽省区域试验,每公顷籽棉、皮棉和霜前皮棉产量分别是 4 052.4 千克、3 292.5 千克和 3 780 千克,分别比对照品种泗棉 4 号增产 6.1%、11.9%和 6.8%。

4. 抗逆性　经江苏省农业科学院检测,枯萎病指数 9.8,黄萎病指数 31.9,表现为抗枯萎病,耐黄萎病。宇优棉 1 号由于生长旺盛,根系深而发达,有一定的耐干旱和耐涝性,抗倒伏能力较强。棉花开花前基本上不受棉铃虫为害。

5. 纤维品质　经农业部棉花品质监督检验测试中心检测:纤维上半部平均长度 31.8 毫米,整齐度指数 85.9%,断裂比强度 37.1cN·tex^{-1},麦克隆值 4.9,絮洁白,品质好,适宜纺高档棉纱。

6. 栽培技术要点

(1)适期早播早栽,合理密植　营养钵育苗移栽在长江流域以 3 月下旬至 4 月上旬播种为宜,地膜直播棉以 4 月中旬播种为宜。长江流域每公顷移栽密度一般在 2.25 万～2.7 万株,土壤肥沃棉区,可调至 1.95 万株左右,丘陵岗地棉区一般以每公顷种植 3 万株左右为宜。

(2)平衡施肥　基肥和苗蕾肥应以有机肥为主,如饼肥、猪牛粪、绿肥、秸秆等,氮、磷、钾配合使用,重施花铃肥,占总施肥量的 70%,增施磷、钾、硼肥,补施盖顶肥。每公顷产 1 500 千克皮棉,肥料投入纯氮 30～35 千克,氮、磷、钾比例在 1∶0.4∶1.1 左右为宜。

(3)适时整枝打顶　该品种生长势强,蕾铃期叶枝和赘芽生长较快,应及时抹掉,减少营养浪费,改善通气和光照。果枝数达到 18～20 个时及时打去顶心,要打小顶,不要大把揪,并及时打边心,剪空枝,达到增加成铃数和增加铃重的目的。

(4)防旱排涝　由于植株高大、生长势强,花铃期耗水量大,中午出现叶片萎蔫要及时浇水,浇水时间最好选择在下午 16 时后顺沟浇小水,切不可大水漫灌。如遇连阴雨,注意清沟排水,达到畦沟、腰沟、围沟均无明水,以保证棉根生长正常。

(5)适度化学调控　根据棉花长势及气候情况合理化学调控,按照"前轻、中适、后重、小量多次"的原则进行。蕾期重点是防旺促壮,花铃期塑造理想株型,打顶后控制无效花蕾增长。

(6)**科学治虫** 二代棉铃虫一般不用防治,三、四代棉铃虫视发生轻重防治1～2次,但要加强对棉红蜘蛛、盲椿象、棉蓟马的防治工作。

7. 适宜种植区域 该品种适宜安徽省轻病区推广种植,不宜在重病区种植。

(三十四)丰裕8号

1. 品种来源 丰裕8号是安徽省望江县中棉种业有限公司选育的高产优质杂交棉,母本为优质、抗病、丰产品系荆97-4,父本为望4122。2001～2004年进行品种比较试验、示范,2005～2006年参加安徽省棉花品种区域试验,2006年同步进入安徽省棉花品种生产试验。2007年通过安徽省农作物品种审定委员会审定。

2. 特征特性 该品种生育期125天左右,属中熟品种,植株中等,株高115厘米左右,塔形。株型较紧凑,长势较强。茎秆粗壮,有少量茸毛。叶片中等大小,叶色浅绿。铃较大,圆形,结铃性强,铃重5.8克,吐絮畅而集中,花色洁白,衣分41.5%,子指10.3克,霜前花率90.8%。

3. 产量表现 2005～2006年参加安徽省区域试验,平均每公顷籽棉产量3 658.8千克,较对照皖杂40增产9.2%;皮棉产量1 529.4千克,较对照增产8.8%。2006年生产试验结果:每公顷籽棉产量4 027.5千克,较对照皖杂40增产8.9%;皮棉产量1 660.5千克,较对照增产7.4%。

4. 抗病性 两年区域试验抗性检测平均:枯萎病指11.5,属于耐枯萎病;黄萎病指36.7,感黄萎病。

5. 纤维品质 两年区域试验,经农业部纤维品质监督检验测试中心检测结果平均:纤维上半部平均长度29.9毫米,断裂比强度 30.3cN・tex^{-1},麦克隆值 4.8,整齐度指数 85.3%。

6. 栽培技术要点

(1)适时播种　播种前选晴好天气将包衣种子晒 2 天,促进后熟。营养钵育苗,于 4 月中旬"冷尾暖头"抢晴天上午播种,做到湿钵、干籽、盖爽土。

(2)合理密植　丰裕 8 号长势较强,在肥力较好棉区,每公顷栽 2.4 万～2.7 万株;在丘陵岗地或肥水条件不足棉区,每公顷栽 2.7 万～3 万株。等行距种植,行距 90～100 厘米。

(3)及时移栽促早发　一般要求在 5 月 20 日前移栽,移栽时要求苗高 10 厘米以内,真叶 2～3 片,最大叶宽 3.5～4.5 厘米,苗茎红绿各半,叶色清秀无病斑,健壮敦实,白根布满钵,并做到分蔸点施安家肥,每公顷施三元复合肥 60～75 千克。

(4)平衡施肥　足施基肥,早施苗肥,稳施蕾肥,重施花铃肥,普施盖顶肥,增施钾、硼肥。棉苗移栽前后,中等肥力棉田,基肥每公顷施尿素 150 千克,氯化钾 75～150 千克,磷肥 450～600 千克,硼砂 15 千克。移栽后结合淋定蔸水,每公顷施尿素 105～120 千克,以促早发。蕾肥以饼肥和氯化钾为主,一般于 6 月 15 日前后每公顷施氯化钾 225 千克,饼肥 450 千克,长势差的棉田可加尿素 75 千克。7 月上旬当棉株有一个大桃后,施尿素 225～300 千克,缺钾棉田,应补施氯化钾 75 千克。盖顶肥是防止早衰、争秋桃、壮伏桃、夺高产的关键肥,一般于立秋后每公顷施尿素 150 千克,点施深施。天干旱时要灌水调肥。后期喷 2～3 次叶面肥。

(5)合理化学调控　按"前轻后重,少量多次"的原则进行全程化学调控。蕾期以促为主,长势旺的棉田,在主茎 8 片真叶和 14 片真叶时每公顷分别用缩节胺 7.5 克和 15 克对水 225 千克叶面喷雾。当果枝 15～16 个,每公顷用缩节胺 22.5～30 克对水 450～600 千克叶面及果枝生长点喷雾;打顶后 7 天,后劲足的棉田,每公顷用缩节胺 30～45 克对水 675 升喷雾,抑制赘芽和无效蕾的发生,控制顶部果枝伸得过长而造成中下部荫蔽。

(6)**科学治虫**　一、二代棉铃虫一般不需防治,三、四代棉铃虫根据虫口基数酌情防治,但对棉蚜、棉蓟马、红蜘蛛、盲椿象等害虫要及时防治。

7. 适宜种植区域　该杂交种适宜安徽省无病或轻病区种植。

(三十五)海杂棉1号

1. 品种来源　海杂棉1号是湖南省岳阳市农业科学研究所选育的高产、稳产、早熟、多抗优质棉花杂交种。1982年用陆地棉品种洞庭1号作母本,海岛棉品种8763依作父本配制陆海杂交组合,1984年用洞庭1号与其F_2回交,1985年用陆地棉大桃品系8518与其F_3回交。经过21年的选育,培育出优质棉品系3068,具有优质、多抗、大桃、高产特性。1999年开展抗虫、抗病品种选育,经过杂交、回交转育,多代选择,培育成大桃、高抗新品系3001。2002年配制3001×3068组合,2003年进行组合鉴定试验,2004年进行比较试验,2005～2006年参加湖南省棉花区域试验,2006年同时参加湖南省生产试验,2007年通过湖南省农作物品种审定委员会审定命名。

2. 特征特性　生育期120天左右,属中早熟品种类型。植株塔形,茎秆少毛,果枝20～21个,始果节位4～6节。子叶叶片较大,肾形,真叶中等大小,深绿色。果枝与主茎夹角适中,通风透光性好。花冠花药为乳白色。结铃早,结铃性好,单株成铃40～45个。铃卵圆形,4～5室,铃重6～6.5克,铃壳薄,吐絮畅,易采摘。皮棉色泽洁白,有丝光,手感柔软光滑。种子卵圆形,深黑色,有短绒,子指11～11.5克,衣指7.3克,衣分40.7%,霜前花率85%以上。

3. 产量表现　2005年参加湖南省棉花区域试验,每公顷产皮棉1 666.7千克,比对照湘杂棉2号增产13.6%,达极显著水平,

2006 年每公顷产皮棉 1 995 千克,比对照湘杂棉 8 号增产 2.3%,2006 年同时参加新品种生产试验,每公顷产皮棉 1 947.6 千克。

4. 抗病虫性 2006 年人工枯、黄萎病鉴定,枯萎病相对病指 15.8,黄萎病相对病指 22.3,耐枯、黄萎病。生产试验田间调查,枯、黄萎发病株率为 0。示范试种田间基本无棉铃虫、红铃虫为害。

5. 纤维品质 2005～2006 年区域试验取样,经农业部棉花纤维品质监督检验测试中心测定:纤维上半部平均长度 30.1 毫米,整齐度指数 85%,断裂比强度 30.9cN·tex^{-1},麦克隆值 5,纺纱均匀性指数 146.6。

6. 栽培技术要点

(1)适时播种,培育壮苗 4 月上中旬抢晴天营养钵育苗,注意苗床温、湿度调节。出苗后保温降湿防病苗,出真叶后控温调湿育大苗,移栽前揭膜通风炼壮苗。

(2)及时移栽,合理密植 出苗后 25～30 天,叶龄 3 叶左右时移栽,一般要求 5 月 20 日前移栽完。大田种植密度每公顷 1.9 万株左右。行距 100～110 厘米,株距 50 厘米。

(3)合理施肥,加强管理 该品种属早中熟品种类型,开花结铃早,成铃率高。因此必须施足基肥,移栽后早施追肥,搭好丰产架子;花铃肥应早施、重施,防止中期脱肥,其氮素施用量占总施肥量的 50%以上,初花期施第一次花铃肥,盛花期施第二次花铃肥,补施盖顶肥,确保后期结铃成桃。施肥方式以穴施或沟施为主。多施有机肥,加强氮、磷、钾配合施用,注意增施硼、锌等微量元素肥料。一般要求每公顷施氮 400 千克左右,五氧化二磷 110～125 千克,氧化钾 375～400 千克,硼肥 7.5 千克,锌肥 15 千克。

(4)合理化学调控,塑造理想株型 苗期以促为主,蕾铃期合理化学调控,看苗、看天、看地,少量多次,前轻后重施用缩节胺,将株高控制在 120 厘米左右。及时整枝、打顶,确保田间通风透光,提高坐桃率。

(5)做好抗旱、排渍及病虫害防治 遇干旱天气及时抗旱。深开中沟,围沟排渍,确保棉花根系生长,控制棉病危害。苗期防治炭疽病、立枯病。苗蕾期及时化学防治棉蚜、红蜘蛛等,对花铃期及吐絮期的红蜘蛛、斜纹夜蛾、棉铃虫、红铃虫等棉花害虫应根据虫情测报做好防治。

(6)及时采摘 海杂棉 1 号杂交棉早熟性好,在开始吐絮后,要及时采摘,防止因秋雨造成烂铃和僵瓣,以确保棉花品质和丰产丰收。

7. 适宜种植区域 该杂交种适宜于湖南省轻病棉区种植,不宜在病地种植。

(三十六)绿亿棉 8 号

1. 品种来源 绿亿棉 8 号(湘杂 2008)系安徽省淮南绿亿农业科学研究所以 W3 作父本,优质、抗病、丰产品种(系)RW3 为母本育成的优质、高产杂交种。2005～2006 年参加湖南省区域试验,2007 年通过湖南省品种审定委员会审定(品种审定号:湘审棉2007003)。

2. 特征特性 该品种属于早中熟杂交棉花品种,生育期 121天左右。植株中等,茎秆较软,茸毛较少。叶中等大小,铃卵圆形,铃较大,结铃性强。果枝匀称,节间适中,果节多,吐絮畅,絮白色,有丝光。铃重 6 克,衣分 42.5%,子指 11.4 克,衣指 8.1 克。

3. 产量表现 2005 年参加湖南省区域试验,每公顷皮棉产量为 1 654.5 千克,比对照湘杂棉 2 号增产 7.6%,增产极显著;2006年皮棉产量为 2 179.5 千克,比对照湘杂棉 8 号增产 11.7%,增产极显著,居参试品种第一位。两年区域试验平均皮棉产量为 1 917千克,比对照增产 9.8%。

4. 抗病性 经人工枯、黄萎病圃鉴定,枯萎病相对抗指 10.8,

耐枯萎病;黄萎病相对抗指 21.1,耐黄萎病。

5. 纤维品质 2005～2006 年农业部棉花品质监督检验测试中心测定:纤维上半部平均长度 29.6 毫米,整齐度指数 84.3%,断裂比强度 30.2cN·tex^{-1},麦克隆值 5,纺纱均匀性指数 138.8。

6. 栽培技术要点 育苗移栽可在 3 月底、4 月初抢冷尾暖头播种,直播地膜覆盖在 4 月 10 日前后播种。高肥地块每公顷栽 2.1 万～2.4 万株,肥力差可适当增加密度。基肥施足有机肥,蕾花期用肥量比一般品种增加 15%～20%。重施花铃肥,增加上部结铃数。一般每公顷施氯化钾 300 千克,过磷酸钙 600 千克,纯氮 345 千克并增施有机肥及硼肥。采取轻肥搭架,重肥结桃,后期叶面喷肥的原则,使植株 7 月稳健,8 月嫩绿,9、10 月不早衰。要轻控勤控,尤其注意搞好现蕾、初花,打顶这三次化学调控,塑造良好株型。注意防治病虫,防苗病、治蚜虫、红蜘蛛、蓟马、斜纹夜蛾和其他病虫害。

7. 适宜种植区域 该杂交种适宜湖南省枯萎病轻病地推广种植。

(三十七)鄂杂棉 28 号

1. 品种来源 鄂杂棉 28 号(荆 01-80)是由湖北省荆州农业科学院选育,母本为鄂抗棉 9 号选系,父本荆 016449 是抗虫新品系。该品种在 2003～2004 年参加湖北省杂交棉区域试验,2005 年获得农业转基因生物安全证书[农基安证字(2005)第 160 号]。2005～2006 年参加长江流域区域试验,2007 年参加长江流域生产试验,2007 年通过湖北省农作物品种审定委员会审定(鄂审棉 2007003),2008 年通过国家品种审定委员会审定(国审棉 2008019)。

2. 特征特性 生育期 123 天,植株呈塔形,株型较紧凑,株高中等。果枝较长、平展,茎秆粗壮,无茸毛。叶片中等大小,叶色淡绿。该品种结铃性较强,棉铃分布均匀。铃卵圆形,铃重 6.2 克。衣分 41.7%,子指 10.4 克,早熟性好,霜前花率 94.8%,僵瓣率 11.5%。出苗好,长势强,整齐一致,铃壳薄,吐絮畅。

3. 产量表现　2003~2004 年参加湖北省杂交棉区域试验结果:两年平均每公顷籽棉和皮棉产量分别为 3 432 千克和 1 375.5 千克,分别比对照鄂杂棉 1 号增产 3.2% 和 0.6%。2005~2006 年长江流域杂交棉区域试验结果,籽棉和皮棉产量分别为每公顷 3 537 千克和 1 474.5 千克,分别比对照增产 4.7% 和 8.3%。2007 年长江流域生产试验结果,每公顷平均籽棉和皮棉产量分别为 3 712.5 千克和 1 552.5 千克,分别比对照湘杂棉 8 号增产 4.7% 和 11.2%,霜前皮棉较对照增产 11.4%。

4. 纤维品质　2003~2004 年纤维品质检测结果:纤维上半部平均长度 31. 毫米,断裂比强度 33.3cN·tex^{-1},麦克隆值 4.9,纺纱均匀性指数 157。2005~2006 年长江流域春棉区域试验纤维品质检测结果,纤维上半部平均长度 29.9 毫米,断裂比强度 29.8cN·tex^{-1},麦克隆值 4.9,纺纱均匀性指数 142。

5. 抗病虫性　长江流域春棉区域试验病害鉴定:平均枯萎病指 11.4,属于耐枯萎病;黄萎病指 21.6,属耐黄萎病。棉铃虫综合抗性值 47,平均抗性级别 3.9;经华中农业大学植物科技学院鉴定为高抗红铃虫,网罩接虫鉴定籽害率为 1.5%;经中国农业科学院生物技术研究所 B. t. 抗虫蛋白检测,顶叶内杀虫蛋白含量最高时达 1 086.2 纳克·克$^{-1}$,蕾、花瓣、铃内最高时每克鲜重含杀虫蛋白达 228.71 纳克、991.49 纳克和 624.45 纳克。

6. 栽培技术要点　施足基肥,适当稀植。氮、磷、钾比例为 1:0.5:1,基肥占总施肥量的 40%,增施有机肥,轻施苗肥,稳施蕾肥,重施花铃肥,补施盖顶肥,延长有效结铃期。肥力中等田块,密度以每公顷 27 000 株为宜。及时中耕、起垄、高培土。生育期视棉花长势长相合理化学调控,遵循少量多次的原则。适时打顶,搞好整枝抹芽。抓好各期的病虫害防治,重点是盲椿象防治。

7. 适宜种植区域 该品种适宜在长江流域枯萎病和黄萎病轻病区推广种植。

第四章　转基因抗虫棉的栽培管理技术

一、转基因抗虫棉与虫害综合防治

(一)种植转基因抗虫棉的作用

前文已述,目前我国育成的转 B. t. 和 B. t. 与 CPTI 双价转基因抗虫棉,对以棉铃虫和棉红铃虫为目标的鳞翅目害虫具有高度抗性。由于抗虫基因的作用,目标害虫的幼虫吞食了转 B. t. 基因棉的叶、花蕾。幼铃后,大量幼虫中毒死亡,尤其是 3 龄以前的小幼虫死亡率更高,大龄幼虫虽不能短时间内死亡,仍会产生拒食、虫体变小、腹泻、滞育等中毒症状,甚至完不成世代发育。从这点上看,转基因抗虫棉作为棉铃虫等害虫的一种控制手段,在目前所有形态、生化和转基因抗虫棉中效果是最为理想的。

但是,转 B. t. 基因抗虫棉仍有其缺点和应用的局限性。其一,由于控制抗虫性的基因遗传基础简单,控制 δ-内毒素合成和表达的仅有一对显性基因,所以棉铃虫、棉红铃虫等"受害者"在转 B. t. 基因棉的毒性环境胁迫下,随时存在着产生对 δ-内毒素不敏感的遗传突变基因的潜在危险,在后代繁衍中这种突变基因的表达将使转 B. t. 基因棉丧失杀虫效果。据澳大利亚昆虫学家 Garry Fit 估计,如果转 B. t. 基因抗虫棉大面积种植且对棉铃虫产生抗性的可能性不采取控制措施,4 年内棉铃虫即可产生抗性群体。其二,转 B. t. 基因抗虫棉在二代棉铃虫发生期杀虫效果明显,可有效地防止棉株顶尖被害。随着棉株不断生长,组织和器官不断老化,合成 δ-内毒素的能力逐渐降低,对目标害虫的控制效果也相应减弱。尤其到第四代棉铃虫发生期,控害效果远不如第二代。因此转 B. t. 基因抗虫棉在棉铃虫发生期仍要结合虫情调查进行适当的农药防治。那种认为种了转 B. t. 基因抗虫棉便可以免去农药防治的看法是十分危险的,也是很不科学的。根据我国抗虫棉区域试验和生产试验的大量结果,在第三代和第四代棉铃虫发生期,一般每代仍要进行 1～2 次农药防治。其三,转 B. t. 基因抗虫棉仅对棉铃虫、棉红铃虫等鳞翅目害虫有控制作用,而对棉蚜、棉叶螨、棉蓟马等害虫无任何控制作用,这些虫害发生时仍需要采用农药防治、生物防治等措施。所以必须明确,转 B. t. 基因抗虫棉不是对付所有害虫的"灵丹妙药",只有走综合防治之路,才是控制棉田害虫的唯一正确的选择。

(二)转 B. t. 基因抗虫棉的治虫原则

抗虫棉田不可能绝对无虫,也不可能无任何为害。抗虫棉的治虫原则应以虫情测报为依据,采用必要性与有效性相结合的原则,根据其对棉铃虫的抗性特点进行综合防治。

在棉铃虫产卵和为害盛期,如幼虫量达到常规品种的防治指标时应集中进行农药防治,生长后期如棉铃虫发生严重可适当增加防治次数。总的原则以既大幅度减少治虫次数,又不造成明显的经济损失为准。

在棉铃虫发生较轻的年份和地区,若幼虫量达不到防治指标时,可基本不防治,但应配合田间其他作业进行诱杀和人工捕捉,这对防止棉铃虫对抗虫棉产生抗性是十分有益的。

国外有报道认为:对 B. t. 抗虫棉的防治指标必须根据全株观察结果来制定,既要考虑虫害的发生数量,又要考虑虫龄大小,如果在常规棉田百株幼虫达到了 8 头时就应该喷药,但在 B. t. 棉上有相同数量幼虫时应再等 3 天,以观察 B. t. 基因的控虫效果。B. t. 棉上 1～2 龄幼虫孵化并吞食 B. t. 棉后才死亡,如果过一段时间后在 B.t. 棉株下部仍有 8 条大龄幼虫，便说明这些幼虫躲过了 B.t. 基因的控虫作用，就应喷药防治。

（三）转 B.t. 基因抗虫棉的治虫技术

1. 及时防治其他虫害 在抗虫棉虫害综合防治中应及时防治地下害虫、棉蚜、蓟马、红蜘蛛、盲椿象等，近年来发现，由于转基因抗虫棉减少了对棉铃虫的防治，盲椿象的为害日益突出，尤其在开花的中后期，盲椿象发生数量大，为害严重，如不及时发现和迅速防治，极易造成叶片破损，上部 2～4 果枝蕾铃大量脱落，对产量影响很大，严重为害的地块可减产 20％～30％。为了防治其他害虫，用 200 倍药液滴心的方法消灭虫源，以保护天敌。当有蚜株率达到 20％，卷叶率占 3％以上时，再用有机磷复配剂 1 000～1 500 倍液全面防治。盲椿象的防治指标是：苗期百株幼虫 5 头，现蕾期百株 10 头，开花结铃期百株 20 头，即可开展化学防治。药剂可选择 25％阿克泰水分分散剂 2 500 倍，或 2.2％甲氨基阿维菌素苯甲酸盐微菌剂 3 000 倍液，或 5％吡高氯乳油 1 000 倍液，在早上或下午喷雾防治。

2. 确定防治指标 当 B.t. 基因抗虫棉的抗虫性不能将棉铃虫幼虫为害控制在允许值时，就需要选择适当农药来进行接力喷治。常规棉田的棉铃虫防治关键时间是产卵盛期，而抗虫棉一般不需防治二代棉铃虫，三代棉铃虫防治关键期为卵孵化高峰期。也有提出以百株 3 龄以下幼虫 15 头为防治指标，抗虫棉示范户在三四代化学防治时，第一次用药时间比非抗虫棉推迟 3 天。

3. 选好农药 在农药辅助防治上，应选择对路农药，一般前期以菊酯类农药为主，后期以有机磷农药为主，尽量不使用 B.t. 乳剂，以减少棉铃虫产生抗毒性，并且应注意选择对天敌杀伤力低的农药。在河北省沧州市试种过程中，采用 35％硫丹乳油杀虫效果好，残效期长，对天敌杀伤力低，而且还兼治棉蚜、红蜘蛛。

4. 其他治理措施　为了减轻危害,田间还要采用高压汞灯、性诱剂诱杀成虫,减少产卵量,以及其他农业防治、生物防治等综合措施。特别是棉花拔柴后,及时进行冬耕、冬灌、铲除杂草,破除棉虫越冬场所,有效地杀灭越冬虫源。

二、转基因抗虫棉的生育特点

经过我国育种家十几年的努力,转基因抗虫棉育种成绩斐然,改变了 20 世纪 90 年代抗虫棉种子生活力相对较弱、苗期生长发育迟缓、叶子小、铃小衣分低的特点,其产量水平和抗病性、纤维品质完全可以与常规棉媲美。进入 21 世纪后,随着我国棉田耕作制度的变革和产量水平的不断提高,转基因抗虫棉出现以下新的生长发育特点:

(一)促早栽培技术使生长发育进程提前

营养钵育苗一般在 3 月中下旬下种,4 月下旬移栽,6 月上旬现蕾,8 月下旬吐絮,比直播棉田生育期提前 20 天以上。地膜覆盖棉田在 4 月上中旬播种,苗期平均地温比露地直播棉田提高 4℃～6℃,吐絮期比露地直播棉田提早 10～15 天。黄河流域和长江流域棉区,8 月份正值雨季,如不采取有效的栽培管理措施,容易造成棉株下部果枝烂铃,将严重影响棉花产量和纤维品质。

(二)肥水条件要求高

由于棉铃虫为害程度大大减少,转基因抗虫棉的结铃性明显优于常规棉,特别是棉株中下部结铃性一般比常规棉增加 20%～30%,因此棉花生长中期表现稳健,一般不易出现旺长,从而减少了缩节胺化学调控的施用量。管理不当容易造成棉花生长后期出现早衰,影响上部结铃和铃重,也影响衣分的提高。1999 年常规棉与抗虫棉主要性状调查结果见表 4-1。

表 4-1 抗虫棉在不同地区生长调查

地 区	类 型	品种(系)	株高(厘米)	果枝数(个)	总铃数(个)
浙江海宁	常规棉	浙 102	99.7	12.7	16.3
		泗棉 3 号	107	13.3	18.7
	抗虫棉	抗虫 R93-4	105	14.1	22
山东曹县	常规棉	鲁 6 号	88.2	9.7	19.3
		中棉所 17	77.9	8.7	16.5
	抗虫棉	抗虫 R93-4	90	13.0	28.1
湖北枝江	常规棉	鄂抗棉 3 号	18.3		19.31
	抗虫棉	抗虫 R93-4	18.4		40.35

(三)施用有机肥是关键

种植转基因抗虫棉的理想条件是土壤团粒结构优越,肥效持续期长,氮、磷、钾和微量元素搭配合理,能充分发挥转基因抗虫棉的丰产潜力。但实际生产中近年来由于农村劳动力向城市转移,农业收入比例不断降低,农民积造有机肥减少,施肥基本靠购买化肥,致使土壤肥力不断降低,土壤结构变劣,保水保肥能力下降,对种植转基因抗虫棉十分不利。棉花产量变化大,化肥施用太多易造成棉田迟发晚熟,施用少则造成早衰。因此抗虫棉施肥以农家肥为主,配合化肥施用,成为棉花生产可持续发展的主要问题之一。

(四)种植密度适当增大

近年来,除了西北内陆棉区棉花密度较高以外,黄河流域和长江流域棉花种植密度越来越低。特别是长江流域棉区,20 世纪

80～90 年代每公顷密度在 37 500～45 000 株,进入 21 世纪后,随着转基因抗虫杂交棉品种的广泛普及,种植密度逐渐降低到每公顷 15 000 株左右,在湖南、湖北、江苏等产棉省,密度甚至降低到每公顷 12 000 株。密度的降低势必要求个体优势增加,也就是单株结铃数增加,这样就造成棉株高大,不去掉或少去掉营养枝,因此带来棉花迟熟、产量高而不稳定等问题。据 2007 年在安徽望江县调查,12 个乡镇的棉花每公顷平均密度只有 10 500 株,每公顷籽棉产量 6 000 千克,晚秋桃比例占 35%,上部铃的铃重平均降低 1～1.6 克。与此相反,湖北省仙桃县 4 个乡镇的棉花密度为每公顷 22 500 株,每公顷籽棉产量 9 000 千克,晚秋桃比例仅占 8%。上述调查表明,抗虫棉应适当密植,以充分发挥个体优势和群体优势,实现高产、优质、高效的目标。

三、转基因抗虫棉的栽培管理要点

(一)播前准备

1. 主攻方向　提高种子生活力;为前期棉苗苗壮生长做准备;田间作物搭配合理。

2. 主要措施

(1)种子处理　播前对种子进行物理或化学处理,以促进种子萌发与增强出苗期间的抗逆能力。PEG(聚乙二醇)是目前应用较广泛的调渗处理剂,采用 20%～30% 的溶液处理棉种,可明显增加种子萌发和对低温的抵抗能力。棉种精加工是应用先进工艺,将棉种泡沫酸脱绒,种衣剂包衣处理,可明显提高棉种吸水能力,促进发芽势和发芽率显著提高。目前种衣剂种类较多,主要有美国科聚亚公司生产的卫福,先正达(sygenta)公司生产的噻虫嗪、咯菌清、金阿普隆等。种衣剂的作用在于控制棉花苗期病虫害和地下害虫,但必须注意,种衣剂包衣的种子,播种前不能浸种,否则附着于种子表面的药剂将被洗掉,药效可能丧失。晒种也能够促进种子后熟,明显提高田间出苗率,抗虫棉种播前连续晒种 5 天,田间出苗率较不晒种提高 15% 左右。

(2)**精细整地**　随着种子精加工和包衣技术的推广应用,播种量也比以前大为降低。要保证一播全苗,应精细整地,在施肥技术上应以基肥为主,施足基肥是前提。每公顷皮棉产量 1 200 千克左右的田块,必须底施腐熟厩肥 30 吨。据中国农业科学院棉花研究所对双价转基因抗虫棉中棉所 41 的肥料试验,每公顷用纯氮150 千克的氮肥总量全部做基肥或 60% 做基肥、40% 做追肥的处理,效果差异不显著。对短季棉中棉所 50 试验结果,氮肥总量全部做基肥的产量相对为高;60% 做基肥,40% 在见花期追施次之;60% 做基肥,40% 在盛花期追施的处理,在追施各处理中居末(表4-2)。另外,还要注意田间墒情等,达到墒足、肥足、地平、土松、耙碎、根茬拾净。

表 4-2　不同施氮肥期皮棉产量差异性比较

处　理	产量 (每公顷 千克)	各处理产 量差异与 (2)比较	各处理产 量差异与 (3)比较	各处理产 量差异与 (4)比较
(2)全做基肥	1155			
(3)60%基施,40%见花施	1002	153		
(4)60%基施,40%盛花施	960	195**	42	
(1)无肥对照(CK)	576	579**	426**	384*

注:表中 * 和 * * 分别表示差异达到显著和极显著水平

(3)**合理间作套种**　大豆、瓜类、蔬菜等作物也是棉铃虫的寄主,为了防止棉铃虫大龄幼虫田间转移和产生抗性,这些作物不宜与抗虫棉间作套种,因为棉铃虫在这些作物上取食为害后能向抗虫棉转移,抗虫棉对大龄幼虫的抗性相对较低,一旦少数残虫吞食抗虫棉组织而存活,有可能产生抗性群体。室内饲养表明,抗虫棉对 3 龄以上幼虫 72 小时死亡率仅为 10%。据 1994 年二代棉铃虫发生期间多点观察,间作棉田断头株率在 15% 左右,而纯作田仅为 3%。所以,一般情况下,抗虫棉宜集中连片种植,以提高抗性效果。

棉麦套种采用 3—1 式最佳,即 3 行小麦预留行 35 厘米,翌年种一行棉花,最终平均行距为 70 厘米,短季抗虫棉株距 16 厘米,种植密度每公顷 80 000 株,中熟抗虫棉行距 80 厘米,最终密度每公顷 45 000~52 500 株。配套小麦品种要选用茎秆矮壮,抗倒伏性强,叶片上冲,株高在 70 厘米左右,高产、早熟,适宜霜降前后播种的优良品种,以减少对抗虫棉苗期生长发育的影响。

(二)适时播种

1. 主攻方向 适期播种,一播全苗。

2. 具体措施

(1)播期 中熟抗虫棉播种应适时早播,与常规非抗虫棉相同,尽量避免低温对其不良影响,要求 5 厘米地温稳定通过 15℃。黄河流域中熟品种直播时间一般在 4 月中下旬,营养钵育苗移栽棉花播种期在 3 月下旬;中早熟品种播种期在 4 月底至 5 月上旬,育苗移栽棉花播种期在 4 月上旬;短季棉播种期在 5 月中下旬,个别麦后直播棉田的播种期在 6 月上旬,越早越好。长江流域棉区一般采用营养钵育苗移栽技术,播种期在 3 月上中旬,春直播棉约为 4 月底至 5 月初,短季棉 5 月底至 6 月上旬。

(2)播种 对于直播棉田,在选好种子的前提下,每公顷播量22.5~30 千克,南方播深 2 厘米左右,沙土 3~4 厘米,而北方少雨多风,应加深 1 厘米。若人工点播,要用湿润细土覆盖,保证播种质量,力争一播全苗。短季棉在北方多用干籽点播,每穴 3~5

粒,深度以 1.5～2 厘米为宜,然后浇蒙头水即可齐苗。或用温水浸种 15 小时,足墒播种,每公顷用种量 37.5～45 千克。采用营养钵育苗,应每钵下种 1～2 粒精加工种子。

近年来开始推广应用工厂化育苗、无载体移栽技术,要求移栽前苗龄达到 3 叶 1 心,苗高度达到 7 厘米以上,苗茎部红色老化部分占株高 50%。播后立即浇水,缩短返苗期。

(3)保苗方式　为了达到一播全苗,苗齐苗壮,提倡育苗移栽,地膜覆盖或起垄种植。起垄种植垄高 22～26 厘米,底宽 40～50 厘米,种子播在埂上,土壤疏松,好出苗,不板结。据试验,抗虫棉垄栽较平播田间出苗率高 30%。另据山东省潍坊市农业科学院试验,抗虫棉采用地膜覆盖,只要肥水得当,密度合理,一般比直播棉增产 20%～30%。

(三)苗期管理

1. 主攻方向　合理密植,促苗早发,培育壮苗,提高纯度。

2. 具体措施

(1)合理密植　根据各地种植转基因抗虫棉的经验,抗虫棉密度一般应比同类常规品种增加 5%～10%。黄河流域春播或春套抗虫棉密度以每公顷 45 000～52 500 株为宜,长江流域种植抗虫杂交棉,抗虫棉密度以每公顷 30 000～40 000 株为宜。麦棉套种的要适当放宽预留棉行,以免后期棉田荫蔽,造成迟熟。短季抗虫棉密度每公顷不低于 60 000 株,但在具体种植时各地应根据土地肥力,生态环境具体而定,但一定要认识到多数抗虫棉个体相对偏小,需通过提高群体获得高产。

(2)促进早发　出苗至现蕾前,抗虫棉营养体的良好发育至关重要,良好健壮的个体可有效减少苗期病害的发生和危害,为早现蕾、早开花奠定基础。因此,一方面应注意施足基肥,足墒下种,另一方面注意加强苗期管理,适当增施提苗肥,及时中耕,破除板结,提高地温,消灭杂草,促使苗情转化,达到壮苗早发的目的。在采用营养钵育苗的地区,需要培肥钵土,足墒下种,并在育苗阶段适当提高地温,浇施肥水,促使苗匀苗壮,为移栽奠定基础。短季棉在收麦后,要抓紧施肥、浇水,尽快铲除麦茬,间苗、定苗,中耕除草,破除板结,提高地温,促进壮苗早发。

(3)防治病虫害 抗虫棉苗期病害主要是立枯病和炭疽病,虫害是地老虎和蚜虫,抗虫棉苗期的防治措施基本与常规棉相同。应早中耕以提高低温,疏松土壤,破除雨后板结。苗病防治可用70%代森锰锌可湿性粉剂,或50%多菌灵粉剂等喷洒棉田。防治地老虎可用饼或麦麸拌敌敌畏,在天黑前顺棉行撒在田间。蚜虫防治每公顷可用10%吡虫啉150~225克,对水连续喷洒2次。

(4)苗期田间保纯 目前生产上种植的部分抗虫棉采用混系繁殖技术育成,个体间在抗虫性和株型、叶型、铃型等性状上不尽一致,仍会出现少量分离;另外,收摘、加工、贮藏等措施如不严格,难免出现人为和机械混杂现象,以致造成抗虫棉不同品系间存在一定差异,甚至同一品种(系)内出现少量异型株。做好田间选种留种工作,及时去除杂株和异型株,是提高抗虫棉种植效果的重要措施。

对抗虫棉的非抗虫株应在苗期予以识别和拔除,因为目前种植的转基因抗虫棉含有抗卡那霉素基因,而非抗虫棉缺乏该基因,因此可在苗期用2 500倍卡那霉素溶液喷洒棉株,喷后7~10天,非转基因棉株的叶片会出现黄斑,而抗虫棉株不出现这种症状,可据此拔掉非抗虫植株。在营养钵育苗条件下,移栽前应在苗床上彻底去除杂株,淘汰子叶偏大、叶色浅,茎秆明显粗壮的棉苗。凡认真实施苗期去杂的,一般田间纯度可达98%左右。

(四)蕾期管理

1. 管理关键 以促为主,搭好丰产架子。

2. 管理措施

（1）去早蕾　抗虫棉蕾期抗棉铃虫性强，茎尖为害极少，现蕾较早，但第一果枝、第二果枝内围单铃重较中上部平均小 0.3 克左右，由于秋季阴雨的影响，下部铃容易烂掉。去除下部 1～2 个果枝或摘除早蕾，有助于营养生长，扩大营养体，促进棉铃发育，增加铃重。

（2）蕾期去杂　抗虫棉个体抗虫性强弱在二代棉铃虫发生期间得以充分表现，因此在二代棉铃虫发生和为害期一般不采取农药防治。在发生一段时期后，就应及时拔掉抗虫差、危害重的植株，以提高群体抗性。杂株一般表现为顶尖被害、叶片破损、叶色较浅，叶片偏大。

（3）施肥　短季抗虫棉由于生育期短，盛蕾期每公顷施腐熟的饼肥 750 千克，过磷酸钙 150 千克，尿素 165 千克，深埋 12～15 厘米土层以下，及时浇水，切勿受旱。另外，应在苗蕾期喷施含氮叶面肥 3～4 次，促进棉苗发育，增强抗逆性。中熟和中早熟抗虫棉可喷施叶面肥 1 次，以提高植株生长活性，为花铃期营养生长和生殖生长的协调发展奠定基础。

（4）病虫害防治　棉花蕾期的主要病害是枯萎病，主要虫害是棉铃虫、棉蚜。枯萎病一般采用种植抗病品种，在重病田可采用黄腐酸盐 600～800 倍液叶面喷洒，并适量加入多菌灵杀菌剂，每 7～10 天喷洒一次，连续喷洒 2～3 次，或用 12.5% 速效治菌灵 1 500～2 000 倍液，喷洒与灌根相结合。此时正当二代棉铃虫发生期，主要为害部位是幼嫩茎尖和幼蕾，但转基因抗虫棉的 B.t. 毒蛋白含量较高，一般可有效抵御棉铃虫的为害，如果棉田周围环境存在广泛的棉铃虫寄主，如玉米、大豆、杂草、树木等，棉铃虫为害将加剧，仍需要适当化学防治。化学防治的指标不是棉田棉铃虫落卵量的多少，而是幼虫数量。一般在棉田百株幼虫 15 头以上，或百株三龄以上幼虫 10 头以上，即需要进行化学防治。使用药剂应是高效低毒农药,并注意不要使用 B. t. 乳剂,因为该农药与转基因抗虫棉毒性机理一样,容易使棉铃虫产生抗性。

(五)花铃期管理

1. 管理关键　促进早熟,提高铃重,防止早衰,适时防治病虫害。

2. 管理措施

(1)重施花铃肥　抗虫棉的营养特点与常规棉花有所不同,因此不同的施氮时期及比例,所形成的产量效果也不相同。一般中等肥力棉田,中熟品种氮的施用时期应在见花期,这样有助于幼铃发育,促进早熟和提高铃重。由于抗虫棉单株结铃性强,在花铃期每隔 7～10 天进行 1 次叶面追肥,对预防早衰,提高产量和纤维品质具有明显效果。

(2)适时打顶　黄河流域棉区打顶为 7 月 15～20 日,打顶时果枝留 13 个左右即可,8 月 10 日前应打完边心。长江流域棉区打顶为 7 月 15～25 日,果枝达 18～24 个。如果棉田密度较大,肥力较高,生长过旺,已有荫蔽迹象的,应分次去叶枝、去赘芽、去老叶、去边心,力求通风透光,促进早熟,避免烂铃。

(3)适度化学调控　抗虫棉中期发育很快,应适度化学调控。每公顷缩节胺用量一般在 45～60 克左右,分 2 次施用较为适宜,初次化学调控一般在 7 月 15 日左右,用药量应较普通棉少。长江流域棉区由于大部分棉田种植抗虫杂交棉,且密度小,仅依靠提高单株成铃数获得高产,因此在化学调控时更应谨慎,以不出现疯长和造成田间遮荫为目标。

(4)适时治虫　三代棉铃虫发生为害期,正值棉花开花结铃期,若棉铃虫偏重发生,会造成一部分花蕾受害。因此,需要在三代棉铃虫落卵高峰或孵化高峰期用药 1～2 次。若三代棉铃虫偏轻发生,则一般不需治虫。以后的治虫时间应根据前边提到的治虫原则进行。

（六）后期管理

收获前田间管理的重点是去除杂株，控制盲椿象、棉造桥虫的为害，防治后期早衰。一般于 8 月中下旬开始，喷施尿素、磷酸二氢钾或叶面宝等叶面肥，每 7～10 天喷施一次，连续喷施 3～4 次，以提高产量和纤维品质。收获前杂株和变异株的特点是植株高大松散，茎秆粗壮，叶片大而平展，铃小，中下部结铃少，出现多头现象。田间去杂后应带出田外，或将杂株做好标记，收获时单独收摘。

近几年收获的皮棉中出现化学纤维细丝、动物毛丝及人类毛发等，统称为"三丝"。"三丝"对纺织工业染色造成很大影响，因此收花时应使用棉花口袋，提倡戴帽子，棉花应在干净场所晾晒，防止动物进入晒场等。

第五章　抗虫棉的抗虫持久性
与转基因安全性评价

在种植抗虫棉时,不少人曾提出这样的问题:今年种植抗虫棉抗虫性很突出,明年能否抗虫? 抗虫性能维持多久? 这个问题应根据不同抗虫棉种类具体分析回答。

一、形态和生化抗虫棉的抗虫持久性

前文已述及,具有形态抗性和生化抗性的抗虫棉,由于控制其抗性的基因较多,一旦形态和生化抗性的遗传性稳定和群体纯合后,一般情况下抗性不致丧失。因此,只要种子保纯工作做得好,抗虫性同其他产量性状、抗病性和纤维品质性状一样,可代代遗传,不致因环境和气候条件的改变而变弱,但这类抗虫棉抗虫性比较弱,在虫害发生较重年份应注意适时进行农药防治,并与生物防治、物理防治等措施结合起来,以最有效地控制棉花虫害。尤其在虫害发生较重年份中,这类抗虫棉的虫害发生量和对棉花的危害程度与常规棉差别不大,这实际并不是抗虫性的丧失,而是其抗虫性的表现不足以抵御棉虫的猖獗为害,所表现的抗虫效果并不理想。但在一般年份或虫害发生较轻年份,仍可收到较好的抗虫效果,能有效地减少农药施用量。关于这类抗虫棉的种子保纯与种子生产技术问题,将在第六部分专门叙述。

二、单价转基因抗虫棉的抗虫持久性

前面所介绍的转 B. t. 基因抗虫棉,其抗虫性只有一对显性基因控制,我们称其为单基因抗虫棉。就转 B. t. 基因抗虫棉来说,如果 B. t. 基因已属纯合,群体无分离现象,那么对棉铃虫、棉红铃虫等鳞翅目害虫的抗性表现得强而稳定,其抗虫性可代代相传,一般情况下不致丧失。我们从 1994～1997 年连续 4 年对 R93-6 的抗虫性鉴定结果,无论田间棉铃虫发生轻重程度如何,二代棉铃虫对棉株顶尖为害百分率均在 3% 左右,从未超过 5%,三代棉铃虫对蕾铃的为害率均在 10% 以下,四代不进行农药防治的条件下蕾铃受害率不超过 15%,这样在二代棉铃虫发生期一般不需要进行农药防治,三、四代棉铃虫发生期每代仅需农药防治 1～2 次,最多不超过 3 次,即可有效地控制棉铃虫为害。

这里有两个问题需要特别注意:一是 B. t. 基因属单显性基因,在自然情况下本身会发生突变,由显性抗虫变为隐性不抗虫。国内外大量研究结果显示:单基因发生突变的概率为十万分之一至百万分之一,再加上昆虫传粉等,会产生生物学混杂,因此在转 B. t. 基因抗虫棉田常会出现不抗虫或抗虫性弱的植株;二是在长期种植转 B. t. 基因抗虫棉的情况下,棉铃虫本身会对 B. t. 毒蛋白基因产生抗性,一旦抗性棉铃虫产生,经过后代交配后,棉铃虫群体中出现抗性棉铃虫个体的比率会迅速增加,如果抗性棉铃虫群体发展为优势群体,则转 B. t. 基因抗虫棉对棉铃虫的抗性即不复存在,正像棉铃虫对有机磷和菊酯类农药产生抗性那样,几年内农药的杀虫效果会大打折扣。

根据上述分析,为了使转 B. t. 基因抗虫棉在生产上长期、高效地发挥抗虫效果,在种植抗虫棉时应注意以下几点:

(一)注意田间保纯

对抗虫棉田间出现的不抗虫植株及抗虫性差的植株,应及早彻底拔除,其去杂时期、特征识别详见第六部分。

（二）抗虫棉与常规棉间作或轮作

抗虫棉与常规棉间作，并对常规棉适当减少农药防治次数和用药量，可造成棉铃虫的"庇护所"，减轻对棉铃虫的压力，使极少数棉铃虫获得一定的生存空间，即可有效地降低棉铃虫对 B. t. 毒蛋白作用所产生的抗性，有效地延缓或防止棉铃虫产生抗性，提高转 B. t. 基因抗虫棉的使用寿命。根据美国的研究结果，抗虫棉田种植 1/4 常规棉，对常规棉及时治虫，或用 4％常规棉与 96％抗虫棉混种，减少治虫，都是有效措施。澳大利亚在推广转 B. t. 基因抗虫棉中，规定抗虫棉面积不得超过棉田总面积的 30％，也是一种保护性措施。抗虫棉与常规棉轮作，即在种植抗虫棉的地区，今年种植抗虫棉，明年可种植常规棉，如此轮番种植，将始终使棉铃虫对转 B. t. 基因抗虫棉处于敏感状态，收到较好的控虫效果。现在我国有些地区从长远考虑，采取轮作种植，这对延缓或防止棉铃虫产生抗性是十分有益的。此外，美国还提出抗虫棉与常规棉混作的种植技术，即在转育转 B. t. 基因抗虫棉中，保持一定量的常规棉亲本不被转育，这两者之差仅表现为 B. t. 基因是否存在，其他农艺和经济性状完全相同，我们称这两类棉花为近等基因系。在种植转 B. t. 基因抗虫棉时，有意识地掺进 3％左右的常规棉近等基因系，并保持田间少治虫或不治虫条件，在棉铃虫发生和为害时，虽然 3％的不抗虫植株受害较重，但如此小的比例不会对群体产量产生明显影响，由于棉花较强的补偿作用，这些植株受害后，周围的抗虫棉植株将生长得更好，仍可达到高产的目的，而整个群体中不抗虫植株的存在，为棉铃虫取食和后代繁衍提供了一定的条件，所以仍可达到延缓和防止棉铃虫产生抗性的目的。

（三）不宜与豆类等感棉铃虫作物间作套种

棉铃虫为害作物种类繁多，寄主十分广泛，并有转移为害习性。如果将抗虫棉与大豆、瓜类等感虫作物间作套种,势必使棉铃虫在其他作物上为害和变成大龄幼虫后,转移到抗虫棉上继续为害。这种大龄棉铃虫为害抗虫棉较短时期后化蛹,极易对 B. t. 毒蛋白产生抗性,其后代会产生抗性群体。因此应尽量避免易被棉铃虫为害的作物与抗虫棉间作套种,以保持抗虫棉的长期高效的抗虫效果。

(四)抗虫棉田棉铃虫防治应采取综合治理的策略

有了抗虫棉,并非对棉铃虫等害虫的农药防治、生物防治和物理防治可以取消,因为抗虫棉绝不是无虫棉,田间仍有少量害虫可以发生为害,这点前文已述。因此即使 100% 纯度的抗虫棉,仍然存在着抗性棉铃虫产生的潜在危险。为了防患于未然,压低抗虫棉田棉铃虫落卵量,减少幼虫数和杀死棉蛹仍然十分必要。为了达到此目的,抗虫棉田在成虫发生期,采取灯光诱杀、使用性诱剂、种植玉米诱集带、投放杨柳枝等措施可大幅度减少棉铃虫成虫在抗虫棉田的产卵量;大龄幼虫达到一定程度后,可采取农药防治或人工捕捉技术,以减少田间幼虫数;冬耕、冬灌可杀死大量的越冬蛹,从而减少翌年的田间成虫数量;棉田的秸秆和枯叶,可堆积发酵,以增加棉田肥力和减少越冬棉铃虫基数。

三、抗虫杂交棉的抗虫持久性

中国农业科学院棉花研究所育成的转 B. t. 基因抗虫杂交棉中棉所 29,是转 B. t. 基因抗虫棉与常规棉的杂交种。大量的试验结果表明,在减少治虫条件下,杂种一代可比常规棉中棉所 19 增产 30% 以上,杂种二代仍可增产 15% 左右;在常规治虫条件下,杂种一代可比中棉所 19 增产 20% 左右,杂种二代仍可增产 5%～10%。中棉所 29 是我国育成的第一个抗虫棉优良杂交种,1999

年杂种一代和杂种二代种植面积已达数千公顷,在江苏省射阳市、山东省惠民市等地表现突出,累计种植面积 100 万公顷左右,2007年获得国家科技进步二等奖。

根据遗传学规律,抗虫杂交棉杂种一代群体可保持 100% 的植株具有抗虫性(制种中应力求获得 100% 纯度的杂交种子),杂种二代抗虫性基因在分离中,有 1/4 的植株不具有抗虫性,因此在利用杂种二代时,应在定苗前尽可能拔除不抗虫株,或在营养钵育苗期,在大田移栽前,喷洒 200 毫克/升左右的卡那霉素溶液,7～10 天后根据叶片反应拔除不抗虫植株。一般不抗虫植株叶片呈黄斑,而抗虫植株无反应,仍保持绿色。如去杂不彻底可在二代棉铃虫为害期根据受害情况拔去杂株,以提高群体抗虫基因频率。近年来,随着转 B. t. 基因抗虫棉育种水平的不断提高,在棉花杂种优势利用中,采用抗虫棉与抗虫棉杂交的组配方式,避免了杂种二代 B. t. 基因的分离,在其他性状分离范围较狭窄的情况下,利用杂种二代保持抗虫性收到了理想的成效,这也许是抗虫杂交棉的发展方向。

四、双价转基因抗虫棉的抗虫持久性

前文谈到,利用 B. t. 基因和胰蛋白酶抑制剂基因共同转育到同一棉花遗传背景中育成的双价转基因抗虫棉已经应用于生产,如中国农业科学院棉花研究所培育的中棉所 41 和中棉所 45 等。它与仅含 B. t. 基因的抗虫棉相比较,不仅在抗虫性程度上有所改进,而且在延缓和避免棉铃虫等目标害虫产生抗性方面也有明显提高。根据遗传学规律,如果单个基因存在时发生突变的概率为十万分之一,那么双价基因共同存在时,同时产生不抗虫突变的概率可减少到 100 亿分之一,如果加上人工选择和淘汰突变植株,群体的抗虫性纯度完全可保持在生产所要求的水平,棉铃虫同时对两个基因产生抗性的概率也微乎其微,因此这是保持抗虫棉长期、高效应用于棉铃虫综合防治的理想途径。目前美国已育成不同B.t.基因组合的双价转基因抗虫棉,即将大面积应用于生产,我国在双价基因抗虫棉转育方面成绩斐然,包括双价转基因常规棉品种和杂交种。

五、复合抗性抗虫棉的抗虫持久性

复合抗性抗虫棉是指在同一种棉花材料中同时具有多种抗虫机制的抗虫棉,这类抗虫棉由于抗虫性遗传基础丰富,既可保持对多种害虫的复合抗性,又可对某种害虫具有复合抗性,是棉花抗虫育种的发展方向。

中国农业科学院棉花研究所在抗虫棉新品种选育中,利用高棉酚和B.t.基因的抗棉铃虫特性,育成了抗虫性稳定的新品系1181,在20世纪中期的抗虫性鉴定中,二代棉铃虫发生期田间落卵量比常规棉品种减少40%左右,比转B.t.基因抗虫棉落卵量减少35%左右,田间百株幼虫数比常规棉品种减少95%左右,比转B.t.基因抗虫棉减少16%以上;棉株顶尖被害率基本为零,而转B.t.基因抗虫棉顶尖被害率为2.6%,常规棉品种顶尖被害率高达94%;三代棉铃虫发生期田间落卵量比常规棉品种平均减少30%,比转B.t.基因抗虫棉减少24%;田间百株幼虫数比常规棉品种减少90%,比转B.t.基因抗虫棉减少50%左右;蕾铃被害率为4.6%,而常规棉品种和转B.t.基因抗虫棉的蕾铃被害率分别为72%和9%,显示出了复合抗虫性的理想抗虫效果。

采用抗棉蚜兼抗棉红铃虫的抗虫棉种质系中99与转B.t.基因抗虫棉杂交选育而成的抗虫棉新优系,由于同时具有多茸毛、高棉酚、高鞣酸和B.t.基因等抗虫物质,对棉蚜、棉铃虫、棉红铃虫、棉蓟马等都具有较强的抗耐性,研究结果表明,这类新品系不但与单纯转 B. t. 基因抗虫棉相比较可进一步减少田间防治棉铃虫次数,而且对棉蚜、蓟马等害虫的化学防治次数也大为降低。真正有效地保护了田间有益昆虫,形成防治虫害的良性循环。可以预料,这类复合抗性抗虫棉的成功选育和推广,将使我国棉花抗虫育种的巨大经济效益、社会效益和生态效益得以充分发挥,抗虫棉的抗虫持久性将大为提高。此外,我国已成功构建 B. t. 基因和抗棉蚜的 GNA 基因复合载体,转入常规棉品种后,正在进行抗虫效果试验,预计不久将育成转基因品种。

六、转基因安全性评价的政策法规

农业部对棉花转基因安全十分重视,为了规范转基因棉品种的试验、示范和推广,2002 年连续发布了 8 号、9 号和 10 号令,2004 年发布 38 号令,2007 年颁布《农业转基因生物安全评价管理办法》,2008 年发布 989 号公告,对转基因棉的安全性进行了严格规定,具体内容主要有:

①转基因棉在推广应用前必须通过所在省(自治区)及以上品种审定委员会审定并取得转基因安全生产证书才可以推广应用。

②农业转基因生物试验,一般应当经过中间试验、环境释放和生产性试验三个阶段。中间试验是指在控制系统内或者在控制条件下进行的小规模试验;环境释放是指在自然条件下采取相应安全措施所进行的中规模的试验;生产性试验是指在生产和应用前进行的较大规模的试验。

③在生产性试验结束后,可以向国务院农业行政主管部门申请领取农业转基因生物安全证书。利用已获得转基因生物安全证书的品种和材料为亲本培育的转基因品种,可直接申请领取农业转基因生物安全证书。

④获得一个省、自治区、直辖市转基因生物安全证书的品种

（杂交种），第二年可申请适宜种植棉区的转基因生物安全证书。

⑤生产转基因植物种子，应当取得农业部颁发的种子生产许可证。列入农业转基因生物目录的农业转基因生物，由生产、分装单位和个人负责标识；未标识的，不得销售。

⑥转基因种子的经营许可证由国务院农业行政主管部门颁发。

第六章 抗虫棉的保纯与种子生产技术

抗虫棉品种培育的技术难度比常规品种要大,因为它不仅要具有常规棉花品种的高产、优质、抗病、早熟等基本优良特性,而且要对不同棉区为害棉花的一种或一种以上害虫具有抗性,育种目标更高。同时,采用现代工程技术培育转基因抗虫棉的投资远高于常规棉。另一方面,与常规棉品种比较,抗虫棉的优越性是显而易见的,如节省农药投资、保护生态环境、减少人畜中毒,确保高产稳产等。

但是,有了优良的抗虫棉品种,并不能保证实现"长治久安",如果抗虫棉的优良种性得不到保持,混杂退化严重,那么种植抗虫棉将会冒更大的风险。仅就虫害防治而言,如果群体很快达到防治指标,但害虫仅在部分丧失抗虫性的棉株上存在,这时决定是否进行农药防治就显得更为困难;如果不进行防治,很快会因虫害招致产量损失;如果立即防治,因为局部棉株上的严重虫害又显得有些浪费。这就说明,保持抗虫棉优良的抗虫性和整齐一致的群体,对充分发挥抗虫棉的高产抗虫优势,实现高产、稳产、优质、高效具有重要作用。

一、抗虫棉种性退化的原因

结合我国抗虫棉的育种现状和抗虫棉自身的特性分析,种性退化的原因大致包括昆虫传粉的影响、种子繁殖与加工不严格、自然变异、不正确的人工选择和抗虫棉本身遗传稳定性较差 5 个方面。

（一）昆虫传粉的影响

棉花是常异花授粉作物，天然异交率为 3％～20％，抗虫棉品种经过几年的连续繁殖，如果种子田与其他常规棉田毗邻，或未达到应有的隔离距离，极易因昆虫传粉造成生物学混杂，尤其是抗虫棉田极少施用农药，田间昆虫种类和数量繁多，更易造成生物学混杂。根据我们的研究结果，在棉花开花授粉期，抗虫棉田由于减少或免除了农药治虫，田间昆虫种类和数量比常规棉田增加十几倍，这无疑会造成昆虫传粉和异交率大量增加，因此抗虫棉田昆虫造成的异交授粉是影响种子纯度的重要原因。

（二）收花、种子加工不严格

抗虫棉在收花、晾晒、轧花、脱绒、包衣、运输、贮藏、播种等作业中，不按良种繁育技术规程操作，使繁育的良种内混进了其他品种的种子，造成机械混杂和人为混杂，也是重要原因之一，特别是苗期发现抗虫棉种子田出现缺苗断垄后，不用本品种子补种或不用本品种棉苗进行人工移栽，而用其他品种代替，是近几年抗虫棉良种繁育过程中经常发生的问题。对已发生机械混杂或人为混杂的种子田如不采取严格措施拔除杂株，其混杂程度会逐年加大；此外机械混杂会进一步引起生物学混杂。如中熟常规抗虫棉品种华棉 101 由于缺苗较多，5 月份补进短季棉中棉所 16 的种子，结果造成田间植株出现紧凑型和松散型两种株型，严重影响了种子纯度。

（三）不正确的人工选择

抗虫棉同其他常规棉品种一样，有典型的特征特性，所具有的丰产性、抗病虫性、纤维品质和早熟性等是综合表现的，如中棉所 21 叶片较厚，叶色较深，植株塔形，生长稳健，铃重 5.6 克，衣分

40%~42%,铃长圆形,生育期135天等。近几年有些繁种单位,对所繁育的品种缺乏充分了解,仅根据局部特征和选种者个人的爱好进行选择,以此为"标准"建立三圃田,导致越"选"越"偏",甚至面目全非。中国农业科学院棉花研究所1997年对不同地区来源的转B.t.基因抗虫棉中棉所30的不同品系进行比较试验,发现同是中棉所30,生育期可相差10天左右,衣分差4%,绒长相差3毫米左右,抗病性差异则更大。

(四)自然变异

一般地说,优良品种是一个纯系,根据国家种子质量标准,原种纯度应达到99%,良种一代纯度应达到97%,但实际上完全的纯是没有的,特别是棉花的主要经济性状受多基因控制,在选育过程中不可能使每一个性状的基因都达到纯合,因此群体内个体间在遗传上总会有或大或小的差异,而且由于受环境条件的影响,群体便不断发生自然变异。此外,对转B.t.基因抗虫棉这类来自细菌的基因来说,在棉花这种"生疏"的遗传环境中总显得不很适应,极容易通过棉花本身的遗传平衡被排斥掉,所以其自然变异率要高于常规棉品种,这一点在良种繁育过程中应特别重视,需要对抗虫棉的田间纯度进行严格监测。

(五)品种本身遗传稳定性差

有些抗虫棉品种尚未完全稳定,但为了在生产上早日发挥作用,达到控制虫害的目的,便提早大面积示范种植,其结果是头年好,二年坏,三年被淘汰。这种不科学的做法应坚决纠正和予以杜绝。如20世纪90年代中期我国北方棉区棉铃虫严重暴发,对棉花生产造成极为严重的损失,广大棉农谈虫色变,棉花生产面临严峻形势。为了尽早解决棉铃虫为害严重的问题,当时某些尚不够稳定的转B.t.基因抗虫棉在生产示范试种中,出现纯度偏低,无法作为生产用种的现象。如果继续选择加工 1~2 年,结果可能完全不同,这个教训应牢牢记取。有的种子企业为了尽早把未经过审定的抗虫棉品种推入市场,采取冒名顶替的做法,把遗传不稳定的材料作为品种出售,使棉农蒙受经济损失,应坚决杜绝。

二、抗虫棉保纯的重要性

(一)更好地发挥群体抗虫效果

与常规棉品种相比较,抗虫棉的最突出优点是抗虫,可有效地减少农药防治。通过棉花本身的特性达到控制虫害的目标。如果抗虫棉田出现混杂,则群体抗虫性首先受到影响,对于出现的部分抗虫性差甚至不抗虫的植株,仍然必须进行农药防治,而要做到这一点是十分困难的,因为无论采用机械化治虫或人工治虫,不可能选择不抗虫的植株"个别"防治。所以对抗虫棉来说,只有纯度高才具有实际的抗虫意义。

(二)避免和延缓抗性棉铃虫产生

抗虫棉田只有群体纯度高,加上适当的综合防治措施,才能使害虫不致在不抗虫植株上长大后转移为害抗虫棉株,继而出现大龄幼虫化蛹和完成世代发育,从而产生抗性。这和前文所谈到的在抗虫棉田特意掺进少量不抗虫棉种子是两个不同的概念,因为后者是按一定比例科学配置的,并且田间农药防治次数要随之增加,田间收获的种子不再留种繁殖;而前者是盲目的,并要尽量减少农药治虫次数,收获种子仍要留下供来年继续使用。只有保持足够的田间纯度,并对棉田虫害发生时期和发生量进行严密监视,适时适量进行农药防治和其他综合治理,才能有效地延缓或克服棉铃虫对抗虫棉产生抗性。这一点对转基因抗虫棉和生化抗性较强的抗虫棉尤其适用。

(三)确保高产优质高效

目前我国培育的各类抗虫棉,包括转基因抗虫棉,在适宜的栽培管理条件下产量均可达到常规棉品种的产量水平,并有不少品种产量显著高于常规棉品种,纤维品质、抗病性、早熟性俱佳,深受广大干部和棉农的青睐。如果纯度低、质量差,当然达不到高产、优质、高效的目标,抗虫棉的使用寿命也可能就此告终,所以保纯是抗虫棉生存和发展的头等大事,是大面积、长时期应用于棉业的关键所在。

三、形态抗性抗虫棉的保纯与种子生产技术

具有多茸毛、光滑叶、无蜜腺和窄卷苞叶等形态抗虫特性的抗虫棉,保纯的关键在于根据本身的抗虫性特征和特有的农艺及经济性状进行识别,并在种子田进行选择和淘汰。

种子田周围应有 40 米以上的隔离带,以防止机械混杂,降低天然异交率。如有条件,种子田周围最好种植玉米、大豆、高粱等大秋作物,形成人工屏障,降低天然异交率。在定苗前根据已表现的形态抗虫性(如多茸毛、光滑叶、无蜜腺等)进行一次严格去杂,在虫害发生盛期适当推迟用药时间,根据植株形态特征和抗虫程度进行第二次去杂,可拔除杂株,或做上适当标记,在收花时分开收摘。第三次去杂应在收获前进行,根据抗虫特征和株型、叶形、铃形等,拔除杂株或做上适当标记,收花时将杂株籽棉单独收摘,做杂花处理,不与抗虫棉种子一起存放。

形态抗虫性的抗虫棉品种种子应经常更新,从育种单位每年引进纯度较高的原种,采取营养钵育苗或精量点播技术,提高繁殖系数,缩短种子应用代数,可采取种子生产中的四级种子生产程序

繁殖种子,如果对品种了解较全面,又有一定的技术力量,也可采取混选混收或选单株建立株行圃、株系圃和原种圃的三圃制技术生产种子。

形态抗虫性的抗虫棉种子纯度标准,基本与国家制定的标准相同,但田间对品种纯度的检验是最基本、最重要的标准。

四、生化抗性抗虫棉的保纯与种子生产技术

对生化抗性的抗虫棉来说,棉酚含量高的品种叶片和植株上色素腺体(即油腺)较大,颜色较深,而且密度较大,可从形态上加以识别。而绝大多数具有生化抗虫性的抗虫棉,不容易通过外部特征进行判断,这给保纯工作带来了一定的难度。

根据上述特征,具有生化抗虫性的抗虫棉可通过以下两种途径进行判断:一是对抗虫棉的典型特点要十分熟悉,如株型、叶形、铃形、早熟性等,通过对这些性状的识别间接进行判断;二是对其收获的种子抽样进行生理生化分析,如某种抗虫生化物质含量与原抗虫棉测定结果出入较大,或是取样测定中各样品间差异过大,即认为其纯度不符合推广标准。

在生化抗性抗虫棉繁种中,种子田四周应有 40 米以上的隔离带,最好种植其他作物。如种植其他棉花品种作隔离带,则收获时应把隔离带种子作杂种处理,不能作为生产用种。种子田周围种植其他作物,对抗虫棉种子保纯十分有利。

田间鉴定和淘汰杂株的时期,一是在定苗前根据本品种特征特性进行一次,以保证田间密度达到预期标准;二是在目标害虫发生期适当推迟农药防治,使个别混杂植株的不抗虫性得以表达,以便拔除或做上标记,在收花时淘汰(如果杂株比例较小,最好拔除);第三次去杂在收花前进行,主要根据抗虫棉群体的株型、叶形、铃形、吐絮情况和成熟期等识别杂株,对杂株可先拔除后带回,

放在通风向阳处让其吐絮,收获时单独作为杂花处理,或在田间做好标记,以便单独收摘。

五、转基因抗虫棉的保纯与种子生产技术

我国目前无论是通过体细胞再生植株途径培育的转基因抗虫棉,通过花粉管通道技术培育的转基因抗虫棉,还是通过杂交、回交和复合杂交等常规技术培育成功的转基因抗虫棉,从形态特征和田间表现看,都具有典型的特征,很容易与常规棉品种或与其自身分离等原因出现的杂株区别开来。

(一)转基因抗虫棉的识别

到目前为止,所有的转基因抗虫棉都有抗卡那霉素标记基因,幼叶、顶尖在接触卡那霉素后产生黄花反应,据此可进行鉴定和识别。具体做法是:在植株长出 3~4 片真叶后,用 2 500 倍卡那霉素溶液涂抹叶片,或用 2 500~3 000 倍卡那霉素溶液喷洒叶片,一般 7~10 天后,抗虫棉植株不产生任何反应,而不抗虫植株会产生黄花反应,可在田间定苗或从事其他作业时及时拔除。另一种办法是在二代棉铃虫发生期不采取化学防治措施,观察棉田植株的顶尖是否受害,受害植株必然是不抗虫植株,或抗性较弱的植株,也应及时拔除。在三代棉铃虫发生期观察植株蕾铃受害情况,如个别植株蕾铃受害严重,就证明是不抗虫植株,或抗性较弱的植株,也应及时拔除。在 20 世纪末培育的转基因抗虫棉,其形态特征十分明显,如叶片小、叶色深、植株紧凑、蕾铃较小等,可据此拔除不抗虫植株。21 世纪以来培育的转基因抗虫棉,包括双价转基因抗虫棉和抗虫杂交棉,已基本不具备上述特征,不能根据形态特征识别,对此必须明确。

（二）转基因抗虫棉的田间保纯措施

转基因抗虫棉在繁殖种子过程中，务必要在四周设置隔离区，一般隔离区四周应有 40 米左右隔离带，种植其他作物，这是因为转基因抗虫棉田间用药量远比常规品种少，更易招致昆虫传粉。

转基因抗虫棉田间去杂保纯，一般分三次进行。

棉花出苗后至 3～4 叶期，应进行田间第一次去杂。此次操作可在定苗前进行，以保证全苗。如果采用营养钵育苗移栽技术，可在移栽前 10 天进行，在苗床上根据叶片对卡那霉素的反应，去除杂株，并淘汰那些长势过旺或过弱、叶片肥大、茎秆肥壮的杂株。宁可淘汰一个钵，决不能留下一株可疑的苗。幼苗期去杂保纯工作做得彻底，不仅为整个种子田的保纯奠定了基础，而且不影响田间密度，也不影响当年产量。

第二次去杂在二代棉铃虫发生后期，其判别标准一是形态特征，如叶片大小、颜色深浅、茎秆粗细等；二是根据不防治棉铃虫条件下顶尖是否受害而决定，如顶尖保持完好，植株上无棉铃虫幼虫，可看作抗虫植株，如顶尖受害，出现多头状，且棉株上有棉铃虫幼虫寄生，可看作分离株或不抗虫株，应予以拔除。此外，要从整个田间生长势和整齐度指数确定，即便某些植株具有抗虫棉的特点，如果株型有明显差异，或株高、叶片大小与其他植株明显有别，也应去除，以保持抗虫棉的群体整齐度指数。此时期棉花已进入现蕾期，但未封行，拔除不抗虫株和其他杂株后，由于棉花有补偿作用，对周围植株生长更为有利，所以对产量影响较小。如果田间杂株超过 5％，则去杂工作量大，对产量有一定影响，可考虑不作为种子田留种，田间治虫次数应适当增加，后期作杂花处理。

第三次去杂在棉花采收前。根据抗虫棉的株型、叶形和铃形进行识别，并注意棉株蕾铃是否受害和植株是否有棉铃虫幼虫。此次除杂对杂株和分离株可采取两种处理办法，一种是拔除杂株和分离株,带出田外,放置在通风向阳处,使棉铃继续吐絮,收摘后作杂花处理;另一种是在田间对杂株和分离株做好标记,如系上红塑料绳等,收获时先收摘这部分植株,作为杂花处理,再收摘留种的植株。

转基因抗虫棉籽棉收获后,要单独加工和保存,千万不可与常规棉一起轧花,或轧花机清理不干净,均可产生机械混杂。加工后的种子要单独包装,做好标记,严防造成人为混杂。根据这几年种植抗虫棉的经验和教训,种子加工和保存措施不严格,或是因为抗虫棉种子较贵,所以有意识地在转基因棉种子中掺杂使假,是造成田间抗虫棉纯度下降、影响产量的重要原因之一。在有条件的地区或单位,可采取田间集中收购籽棉、统一加工、统一包装和保存的办法。这几年转基因抗虫棉繁种工作做得好的单位,基本采取田间统一规划,集中连片种植,统一进行田间管理和收摘的措施,或者在土地面积较大的良种场集中繁殖。

(三)转基因抗虫棉的种子生产程序

郭香墨等在《棉花新品种与良种繁育技术》(金盾出版社 1997年出版)一书中,对棉花种子生产中的"三圃制"、自交混繁法、三年二圃制及四级种子生产程序等技术做了较为详细的介绍。鉴于抗虫棉的特点和目前的育种成就,笔者认为采取四级种子生产程序技术收效较好,其理由:一是转基因抗虫棉已经过多代选育,基本性状已趋向稳定,田间纯度可与常规棉品种媲美,为实施四级种子生产程序奠定了基础;二是采用四级种子生产程序生产良种,可保持转基因抗虫棉品种的基本特征特性,延长品种使用年限;三是可快速扩大群体,使转基因抗虫棉更快地应用于棉花生产,增加经济效益和社会效益;四是有利于协调育种单位、繁种单位和用种单位的关系,更有效地保护知识产权,实现种子产业化;五是降低种子生产成本,确保种子质量。

中国农业科学院棉花研究所在转基因抗虫棉中棉所30、抗虫杂交棉中棉所29以及21世纪初育成的双价转基因抗虫棉和抗虫杂交棉的种子生产中,均采取四级种子生产程序,即育种单位每年向原种生产的良种场或原种场提供适量原原种(或杂交亲本),采取营养钵育苗或精量播种高倍繁殖技术,繁殖系数一般在100~150,为原种生产奠定了基础,如此重复繁殖,使抗虫棉面积迅速扩大,并保证了种子质量,受到用种单位和棉农的赞许,近几年来未在生产上发生过一次种子质量纠纷,其基本思路和做法值得推广。

六、抗虫杂交棉的保纯与种子生产技术

抗虫杂交棉的培育成功是我国棉花育种新的突破,它不仅成功地利用了两亲本杂交所产生的产量、生长势、抗病性和纤维品质等性状上的杂种优势,而且成功地利用了外源基因在杂种一代呈显性遗传而产生抗虫性的特点,实现了棉花生产上的高产、优质、高效。

(一)抗虫杂交棉的制种技术

目前培育成功的抗虫杂交棉一般采取人工去雄、人工授粉的方法生产杂交种。田间制种时,父母本田的种植面积一般为1∶5~6,即父本田种植667米²,可供3 335~4 002米²的母本田授粉。一般来说,水肥条件好,制种技术过关的地方,每公顷母本田可生产优质毛籽(未脱绒和包衣的种子)1 500千克左右,可以此计算制种田面积。

黄河流域棉区人工制种一般在7月10日至8月20日约40天内进行,因为8月20日后生产的种子多为霜后花,影响种子成熟度和健籽率。在此期间所有的母本植株,在开花的前一天下午全部去雄。方法是:用手指分开苞叶,将双手大拇指指甲从花萼基部切入,轻轻向左右旋转,旋转一周时把花冠连同雄蕊一起剥下,露出雌蕊柱头,去雄后在相应果枝上挂一条线绳或塑料绳做标记,以便第二天授粉时寻找。值得注意的是,在去雄时指甲不可切入过深,以免损伤子房;为了提高成铃率和有利于授粉后棉铃发育,不要剥掉苞叶;去雄时将雄蕊顺着柱头方向轻轻拉掉,不要拉断柱头,因为柱头断裂后父本花粉无法在母本柱头上萌发,达不到授粉的目的,最终导致幼铃脱落;去雄要彻底干净,不要留下母本花粉。

授粉在母本去雄后的第二天上午进行,具体时间根据父本雄蕊散粉时间而定,一般晴朗天气可在上午8时后开始进行,阴天可适当推迟,如遇到上午下雨,可推迟到下午或第二天进行。授粉前,先到父本田将当天开的花朵摘下收集起来,装在干燥的小瓶内,在母本田授粉时,先将父本花朵的花冠向后翻开露出雄蕊,然后左手扶住已去雄的母本花,右手将授粉瓶倾斜,把母本花柱头插入小瓶内,并旋转瓶子,使柱头顶部均匀蘸上花粉。如不用小瓶,也可直接授粉,把父本花粉轻轻涂在母本花柱头上,每一朵父本花可以授5～8朵母本花。值得注意的是:必须等父本花朵开始散粉后才能授粉,否则花药不开裂,授粉无效,如果遇到低温天气,可把父本花放在干燥和温暖的地方一定时间,待开始散粉后再带到母本田授粉;授粉必须充分,母本花的柱头周围应全部授到,这样才能保证每瓣棉花都结上种子,有时在田间看到授粉的棉铃个别铃室不突起,出现"偏棉桃",这实际是授粉不充分造成棉籽不发育的结果;授粉时要轻轻涂抹,以免弄伤柱头。授粉后做标记的线绳等可随即取下,表示授粉已经完成;但也可不收回,以备下午去雄时再做标记使用。

还必须注意:杂交棉制种虽然和育种研究中的杂交做法基本一致,但育种研究上每授完一朵花的花粉后,都要在母本授粉铃的铃柄处挂线做标记,以备收摘棉花时作为参照物。而杂交棉制种时因每一朵授粉花都挂线做标记太繁琐,所以不挂线做标记,这就要求制种人员把 7 月 10 日前和 8 月 20 日后的花蕾全部摘除干净,以免把未授粉种子混入杂种内。此外在田间授粉过程中,应把漏掉的未去雄而开放的母本花全部摘除,确保制种种子纯度。

制种结束后,要进行质量和纯度验收检查,发现有自交铃时要摘除。制种田收获的棉花,要单收、单轧、单保存。

在杂交棉制种中,一般每公顷制种田需配备技术熟练的制种人员 45 名,每公顷制种田再配备一名质量检查员。这样,每个技术熟练的制种人员每天可制杂交种 0.75~1 千克,在营养钵育苗条件下可供 0.2 公顷生产田用种。

(二)杂交棉的保纯技术

杂交棉的保纯除要求制种操作严格外,还决定于亲本的纯度。如果亲本纯度差,即便制种操作再严格也无法生产出高质量的杂交种。

目前使用的抗虫杂交棉亲本,一个为常规棉品种或遗传稳定的品系,另一个为转基因抗虫棉品种或遗传性稳定的高代品系,因此在亲本繁殖田,保持高的纯度至关重要。在繁殖亲本时,也要在不同时期,根据各自的形态特征、生育特点以及抗虫性等进行严格去杂保纯,制定亲本繁殖计划时也要考虑设置隔离区,如果田间缺苗不严重,一般尽量不查苗补种或移栽补苗,力求田间生长整齐一致。其繁种可采取一次留足种,分年使用的办法,也可采取"三圃制"的办法。提高亲本纯度,具体做法与一般常规棉或抗虫棉良种繁殖技术相同,不再赘述。

第七章 转基因抗虫棉的
发展趋势和应用前景

我国利用现代基因工程技术培育转 B.t. 和转 B.t. 及 CpTI 双价基因抗虫棉的成功和大面积推广应用,标志着棉花育种发展到了一个新的阶段。与传统的形态抗性和生化抗性抗虫棉相比,转基因抗虫棉具有杀虫效果好、育种周期短等特点,受到学术界的广泛关注和广大植棉者的喜爱。转基因抗虫棉的发展趋势和应用前景问题,是人们普遍关心的问题,这里就不同类型的转基因抗虫棉的发展趋势和应用前景作一介绍。

一、转 B.t. 基因抗虫棉

(一)抗 虫 性

目前无论是通过农杆菌介导法、花粉管通道法、基因枪法,还是通过转 B.t. 基因抗虫棉种质系作亲本通过常规的人工杂交、回交、复合杂交等途径培育的转 B.t. 基因抗虫棉,大都是利用苏云金芽孢杆菌中的 CryIA(b)、CryIA(c)基因。这类基因特异地抗鳞翅目昆虫,据报道在棉花上除了抗棉铃虫外,还抗棉红铃虫、烟芽夜蛾等。就对棉铃虫的抗性而言,B.t. 转基因棉对棉铃虫初孵幼虫及 1～2 龄幼虫效果最好,72 小时的最高毒杀效果可达90.5%,龄期越大,控制效果越差;不同部位的抗虫效果也不相同,抗性最强的部位为嫩叶,其次为棉株顶尖,幼蕾和幼铃的抗性又次之;抗虫棉对二代棉铃虫的抗性优于三代,三代又优于四代。大量的生产试验和示范结果表明,转 B.t. 基因抗虫棉在全生育期可减少棉铃虫农药防治 60%～80% 而不影响产量，一般年份二代棉铃虫可免除防治，三、四代每代仅需辅助农药防治 1～3 次。

上述结果和总的趋势说明，目前培育成功的转 B. t. 基因抗虫棉对以棉铃虫为代表的鳞翅目害虫具有高度抗性，其效果远优于具有形态抗虫性和生化抗虫性的常规抗虫棉。存在的问题是：单基因控制的抗虫棉其抗性一般达不到可以全生育期免除农药防治的水平，也不能对除鳞翅目害虫以外的其他棉花害虫产生明显抗性，因而其应用范围具有一定的局限性。

据报道，目前发现和确定的 B. t. 毒蛋白基因共有 4 大类，24 种基因，其杀虫范围各不相同。目前已被发现和确定的 B. t. 基因，不仅对鳞翅目害虫，而且对双翅目和鞘翅目害虫都有抗性，如果把不同类型的 B. t. 基因转育到同样的棉花品种中，将使转 B. t. 基因抗虫棉的抗性程度和抗性范围大大增加。据报道，美国、澳大利亚已将合成晶体蛋白的 IA(C) 和 IIA(b) 基因同时转入该国品种中，可对鳞翅目和同翅目害虫同时产生毒杀作用。

(二)生长势和产量

我国 20 世纪 90 年代培育的转 B. t. 基因抗虫棉前期生长较为迟缓，生长势偏弱，如不加强肥水管理，容易导致营养体变小而影响皮棉产量。造成这种现象的原因，是由于外源 B. t. 基因的插入，可能使棉花原有基因间的遗传平衡受到影响，从而致使其代谢暂时失调，或者由于 B. t. 基因的表达，抑制了某些控制生长发育的基因的表达程度。进入 21 世纪后，我国育成的转 B. t. 基因抗虫棉，这种抑制作用很小或基本无抑制作用，前期生长势与常规棉品种无明显差异。这就启示我们，在 B. t. 基因构建后导入棉花植株体内时，应对随机插入的转基因棉加强选择，尽可能利用那些对前期生长无明显抑制作用或不影响产量构成的转基因植株，这不仅对基因构建和遗传转化的科技工作者提出了更高的要求，也对棉花育种家提出了更高的目标,尤其对育种家来说,提高了前期生长势并不等于提高了皮棉产量。因为皮棉产量由单株结铃数、铃重和衣分等因素构成,如有一项偏低即可导致皮棉产量降低。目前转 B.t.基因抗虫棉的结铃性较好,衣分也与常规棉品种无明显差异,关键在于铃重的提高。中国农业科学院棉花研究所在进行转 B.t.基因抗虫棉新品种选育中,经历了铃重由小到大的不断提高过程,如 1994 年转 B.t.基因抗虫棉平均铃重 4.2 克左右,1997年的平均铃重已达到 5.2 克,每公顷皮棉产量由 720 千克提高到1 200 千克,与常规棉相当。其中表现突出的品种如短季棉中棉所30(R93-6)在 1997 年全国抗虫棉区域试验中,在减少治虫条件下每公顷皮棉产量 732 千克,比对照品种中棉所 16 增产 29.5%;在常规治虫条件下每公顷皮棉 817.5 千克,比中棉所 16 增产10.3%。

　　转 B.t.基因抗虫棉的发展趋势,是要在增加对鳞翅目害虫抗性的前提下,皮棉产量超过常规品种,杂交抗虫棉的皮棉产量比常规非转基因棉增产 10%～20%,其他如纤维品质、抗病性等达到常规棉推广品种的水平,相信通过各方面的共同努力,上述目标一定能实现。

(三)使用年限

　　根据中国农业科学院棉花研究所植物保护研究室的大量研究结果显示,B.t.转基因棉推广应用 10 多年来,棉铃虫产生抗性的倍数并未明显增加,控制效果仍然十分理想。按照我国的推广速度和提出的保护性措施,一般单价转 B.t.基因抗虫棉在近 7～8年内不会产生明显的棉铃虫抗性群体,如果其他措施配合得当,如结合农药防治、生物防治、性诱剂、灯光诱杀等措施综合运用,使用寿命将会更长。

　　另外,转 B.t.基因抗虫棉的发展方向将是两个或两个以上

B.t.基因同时导入同一个棉花品种中,以增加其抗性,此外也可采取与其他抗性基因同时导入的技术途径。如果在很短的时间内达到此目的,种植转基因抗虫棉的前景将是广阔的。

二、转豇豆胰蛋白酶抑制剂基因抗虫棉

从国内外的研究进展看,这是迄今研究较多的一种蛋白酶抑制剂基因,能在棉株体内合成含有 80 多个氨基酸分子的多肽。这种多肽被昆虫取食后会抑制正常消化所必需的蛋白酶的分泌,破坏虫体内胰蛋白酶的活性,并经神经系统反馈使昆虫厌食和营养不良,导致昆虫发育缓慢、停育或死亡。与 B.t.基因合成的杀虫毒素相比,豇豆胰蛋白酶抑制剂具有良好的杀虫广谱性,不但对棉铃虫、烟芽夜蛾、玉米螟等鳞翅目害虫,而且对其他害虫也有杀虫效果。美国亚利桑那大学分离出胰蛋白酶的抑制基因,并已将其转入棉花再生植株中。美国孟山都公司也将该基因导入岱字棉公司培育的棉花品种中,中国农业科学院生物技术中心也成功地合成和转育了该基因。但目前对豇豆胰蛋白酶抑制剂单基因的抗虫效果尚无翔实的试验数据,国内外均采取 B.t.基因与 CpTI 基因共同转育的策略,培育双价转基因抗虫棉。

三、双价转基因抗虫棉

美国已培育成功具有两个不同 B.t.基因的双价基因的抗虫棉,现已进入多点试验示范阶段,可望不久的将来应用于生产,而转育的 B.t.基因和抗除草剂草甘膦、溴本腈的双价转基因抗虫棉已大规模应用于棉花生产,使得棉田管理更加经济和简便。中国农业科学院生物技术研究所已成功地构建了 B.t.和 CpTI 的双价基因,山西省农业科学院棉花研究所采取体细胞再生植株技术已

获得晋棉 7 号等的双价基因转化植株,中国农业科学院棉花研究所利用花粉管通道技术也成功地获得以中棉所 23 为受体的双价转基因植株,育成中棉所 41 和中棉所 45 等品种,从田间表现看,这种双价转基因棉对棉铃虫的毒杀效果整体上不比转 B.t. 基因抗虫棉低,而且在对三、四代棉铃虫发生期的控制效果方面比 B.t. 单价转基因棉有明显优越,其叶片大小、颜色、前期生长势等与常规棉品种无明显差异,这就为实现抗虫棉高产稳产奠定了基础,不必像转 B.t. 基因抗虫棉那样需要前期猛促,对铃重、衣分等重要产量性状的选择难度也相应变小。双价基因的存在,将使抗虫棉对棉铃虫、棉红铃虫等鳞翅目害虫的抗性持续期大为延长。正如前文所分析的,在双价基因共同存在和作用下,目标害虫产生抗性的概率低到 $10^{10\sim12}$ 产生 1 个抗性后代,如果加上其他农药防治和生物防治、物理防治等综合治理措施,完全可以大大延长双价基因抗虫棉的使用寿命,这将成为 21 世纪生物技术应用于棉花改良的最突出、最有成效的标志之一,这种双价转基因抗虫棉将逐渐取代单价的转 B.t. 基因抗虫棉。据专家估计,其大面积应用于生产将持续 10～15 年,直到更新、更高效、更安全的其他转基因抗虫棉问世。

四、其他转基因抗虫棉

外源凝聚素主要存在于植物细胞的蛋白粒中,昆虫取食后,外源凝聚素就会在昆虫食道中释放,与消化道围食膜上的糖蛋白结合,抑制营养物质的正常吸收;同时还可在昆虫消化道内诱发病灶,使昆虫因消化道感染而死亡。有关外源凝聚素基因的构建和转化的研究目前尚处于起步阶段,美国加州大学和阿肯色大学在此领域的研究已取得一些进展,中国农业科学院生物技术研究所已构建成功雪花莲凝聚素基因,正在棉花上进行遗传转化。

据分析,外源凝聚素基因的抗虫效果主要是鳞翅目害虫和同翅目害虫,与 B. t. 基因相比,具有杀虫效果稳定的优点,但目标害虫产生中毒反应和死亡的作用时间较长,因此在与其他基因配合使用时可能抗虫效果更佳。

最近还有人发现抗真菌的几丁质酶(chitinase)和核糖体失活蛋白(简写为 RIP)也具有抗虫的效果。1993 年波西尔从链霉素培养液中分离到一种蛋白,具有胆固醇氧化酶活性(cholesteroloxidase),后来经试验证明这种蛋白对棉铃虫具有强烈毒杀作用。用这种蛋白基因转化烟草,得到的转基因烟草能引起棉铃虫死亡,用其转化棉花的研究正在进行,尚未见成功的报道。

根据国外的一些专利报道,从蛇和蝎子毒液中分离到的毒性肽,其基因能在植物中表达,从而增强植物的抗虫能力,但这种毒性肽对何种棉花害虫具有毒杀作用,对人、畜和周围环境的安全性如何,值得深入研究,因为转基因工程时刻存在着对自然环境和人类安全构成意想不到的严重威胁的许多潜在因素。

澳大利亚帝金公司从澳洲漏失蜘蛛所分泌毒液中分离到一种杀虫肽,该杀虫肽由 37 个氨基酸组成,分子量为 4 000。经体外试验证明,它能杀死多种对农作物有害的昆虫,特别是对棉铃虫有很强的毒害作用,而对哺乳动物没有毒害作用。北京大学陈章良实验室与帝金公司合作,人工合成了控制该杀虫肽遗传的全长基因,并将该基因首先转入烟草,从室内检测结果看,这种杀虫肽基因确实插入到烟草植株的染色体上,并表达出有活性的毒性肽。烟草作为一种基因工程的模式植物,具有染色体数目少(24 对)、体细胞再生植株容易获得、营养体较大利于生物检测等优点,漏失蜘蛛杀虫肽基因在烟草上的成功,为获得转基因棉花打下了基础。可以预见,具有这种杀虫肽基因的转基因棉花的培育,将进一步拓宽抗虫基因的应用范围,为更有效地控制棉虫为害提供了更为广泛的选择基础。

美国孟山都公司在构建胆固醇氧化酶（cholesterol oxydase）基因，此基因抗棉铃象鼻虫，同时也对棉铃虫和烟芽夜蛾幼虫有很强的抗性。根据马克·洛伊的预测，该基因可望 2010 年投入商业化应用。

五、多抗性转基因抗虫棉

现代生物技术的飞速发展，不但可以把亲缘关系极远的抗虫基因转育到棉花中，作为棉花的基本性状而稳定遗传，如 CpTI 基因、B.t. 基因、外源凝聚素基因等，而且可以把外源抗虫基因和抗病基因、抗除草剂基因、雄性不育基因、抗旱基因和优质纤维基因结合起来，育成具有多抗性的转基因棉，以下就棉花抗虫性基因与其他抗性基因综合利用的研究进展、发展趋势和应用前景进行分别讨论。

（一）转 B.t. 基因与抗 2,4-滴基因棉

山西省农业科学院棉花研究所与中国农业科学院生物技术研究所等单位合作，已成功地将 B.t. 基因与抗 2,4-滴基因转育到晋棉 7 号等品种中，在室内试验中转基因植株同时表现出对鳞翅目害虫和 2,4-滴的抗性。中国农业科学院棉花研究所也将上述基因导入常规棉优良品系中，在田间试验中不仅抗棉铃虫性强，而且在 2,4-滴浓度较高条件下对植株生长发育无明显影响。

2,4-滴作为一种杀死双子叶杂草的除草剂，在农业生产中已应用多年，尤其在玉米生产中，使用 2,4-滴作为幼苗期的除草剂，效果十分明显，可大大减少甚至免除生长前期人工除草工序，降低生产成本，节约用工和投资。黄淮海平原地区大秋作物主要是玉米和棉花，在玉米田使用 2,4-滴时，一般选择晴朗无风天气喷洒 2,4-滴，一旦有微风和小风的影响，药液微粒常被吹拂到棉田，棉

花对 2,4-滴很敏感,一旦沾上这种除草剂,植株即表现生长停滞,叶片由掌状变为条状,叶片卷缩,变黄,轻者影响生长 10～15 天,重者导致棉苗死亡。另外,个别棉农在使用喷雾器喷洒 2,4-滴后,忘记冲洗喷雾器,或冲洗不干净,残留有除草剂,在使用喷雾器喷洒农药防治棉田害虫时,上述中毒现象也时有发生。当棉株具有抗 2,4-滴 基因时,即可杜绝棉株受到 2,4-滴的影响,且可在棉田使用除草剂。因此可进一步发挥转 B.t. 基因棉的抗虫、省工、安全的优势,减少田间管理工作量。美国、澳大利亚等国都有培育转 B.t. 基因和抗 2,4-滴基因成功的报道。

(二)转 B.t. 基因与转抗草甘膦基因棉

草甘膦是一种广谱、高效的除草剂,对农田杂草除杀效果十分理想,20 世纪 90 年代以来在美国、澳大利亚和一些欧洲国家的农业生产中得以广泛应用。

美国岱字棉公司与孟山都公司合作,已成功地将 B.t. 基因和抗草甘膦基因导入常规棉花品种中,在美国棉花带多点试验示范结果表明,这种双价转基因棉比单价的转 B.t. 基因棉有更大价值。据报道,1997 年上述转基因棉在美国已进行局部商品化生产,2000 年已大面积应用,至 21 世纪初,已商业发放这种双价转基因棉品种 20 多个。

(三)B.t. 基因与抗除草剂溴本腈基因棉

美国斯字棉公司正在研究上述双价转基因棉,现已将 B.t. 基因和抗溴本腈基因转入斯字棉 747 品种中,育成的双价转基因棉为斯字棉 47,已于 20 世纪末应用于棉花生产。因为溴本腈除草剂价格比草甘膦昂贵,田间用量较大,因此未大规模应用于生产。

(四)抗虫基因与彩色纤维基因结合的抗虫棉

据报道,在 2010 年前后,美国将育成抗多种虫害的转基因棉品种,并将与棉花优质纤维基因、聚酯棉纤维基因和多种彩色纤维基因结合,使棉花育种水平进一步提高。仅就彩色纤维来说,目前世界上棉纤维着色基本依靠化学染色,虽然色泽和着色深度可以人为调节,但化学染料的使用增加了人类接触化学污染的机会,因此世界服装业对天然色泽纤维的呼声越来越高。美国已发现并培育出天然的棕色和黑色纤维的棉花种质,正在通过常规育种技术对其产量和纤维品质进行改进提高。中国农业科学院棉花研究所也培育出棕色棉品系,并与其他单位合作进行了适度规模的繁殖,利用收获的彩色棉已加工出小批量的天然棕色棉布,制成的服装在国外市场大受欢迎。但目前存在的问题是皮棉产量低,仅相当于常规棉品种产量的 70%,另外彩色棉经长期太阳照射后颜色会减褪,目前正在通过常规育种途径对彩色棉品系存在的缺点进行遗传改良。如果基因转育的彩色棉能够培育成功,并与抗虫基因结合,则这种新型棉花的抗虫性的提高必将导致产量的提高和彩色棉生产成本的降低,这是很有诱惑力的发展趋势。

六、抗虫基因与雄性不育基因结合的抗虫棉

棉花同其他作物一样,经过父本与母本杂交后,杂种一代在生长势、产量和纤维品质等方面具有一定的杂种优势。如果父母本选择恰当,杂种一代可比常规棉增产 10%~25%。

在转 B.t. 基因抗虫棉成功培育的基础上,把 B.t. 基因转入雄性不育系中,并利用另一个抗虫棉为父本杂交制种,可减少抗虫杂交棉的制种工作量,保证杂交一代具有普通转 B.t. 基因抗虫棉的优良抗虫性,杂种二代也不致发生抗虫性分离现象,因此这是一个

很有发展前途的研究领域。河北省邯郸市农业科学院已利用该技术培育成功杂交抗虫棉 5 个,其中通过国家审定的品种 2 个。

1961 年中国农业科学院棉花研究所从引进的美国抗风暴品系中发现了具有 ms_5 和 ms_6 两个隐性基因控制的雄性不育系,根据近几年我国北方棉区棉铃虫暴发为害的客观现实,把 B.t. 基因转育到雄性不育系中,获得了既抗虫又具有雄性不育特性双隐性核不育系,以此为母本,以抗虫品系为父本育成了杂交抗虫棉,在制种中免除了母本人工去雄的手续,大大提高了制种效率,同时可采用人工放蜂、在制种田周围种植非抗虫棉等措施,提高了昆虫的传粉效率,这种技术的试验成功,大大提高了制种效率,使抗虫杂交棉大面积应用于生产。利用这种杂交种,杂种二代的雄性不育株比率仅占 6.2%,通过开花初期人工去除个别不育株后,可继续发挥杂交棉的杂种优势。

七、种植抗虫棉势在必行

由于多数转 B.t. 基因抗虫棉对棉蚜、棉盲椿象等其他害虫不具有抗性,因此对这些害虫仍需防治。B.t. 基因在棉株体内合成毒素的表达水平呈现前期高,中后期下降的特点,在青铃上的表达水平亦不足,尤其在三、四代棉铃虫发生期间,青铃受害率较高。因此,转 B.t. 基因抗虫棉一是要改良其经济性状,二是要提高其遗传稳定性和抗病性,三是要改善和提高 B.t. 基因在棉株中后期生长中的表达水平。此外,将外源抗虫基因导入棉花后,对棉花遗传平衡的长远影响及对环境的安全性要进行深入的研究,棉铃虫对转 B.t. 基因抗虫棉产生抗性的寿命预测及其有效治理技术等研究工作也亟待开展,以避免可能的风险与损失。

由于形态抗性和生化抗性抗虫棉与转 B.t. 基因抗虫棉在若干性状上呈现互补的特点,如抗虫性的广泛性、持久性及生长活性等,可以预见,将转 B.t.基因抗虫棉与常规的形态抗性和生化抗性的抗虫棉进行杂交,或把 B.t.基因转育到具有形态抗虫性和生化抗虫性的抗虫棉中,选育既高产优质,又具有多种复合抗虫、抗病、抗旱、纤维品质优良的棉花新品种,将是未来抗虫棉研究的主要方向之一。此外,多种外源抗虫基因结合使用,选育遗传背景多样化、抗虫水平高、杀虫范围广的转基因工程棉,也将是科研人员下一步重点研究的领域。可以预料,随着以上问题的逐步解决,抗虫棉作为害虫综合治理许多关键技术中的基本措施之一,最终将为全世界棉花生产的高产、优质、高效与持续发展做出巨大的贡献。

附　录

附录一　名词解释

1. 棉区:根据我国适宜植棉区的地理位置、生态条件、耕作制度等进行划分的大的植棉区。我国有 5 个植棉区,即华南棉区、长江流域棉区、黄河流域棉区、北方特早熟棉区和西北内陆棉区,其中长江流域棉区、黄河流域棉区和西北内陆棉区为我国主产棉区,总产量占全国棉花总产量的 90％左右。

2. 化学调节:即化学调控,是利用缩节胺或其他物质调节棉花植株发育和形态建成的方法,由于调节了营养生长和生殖生长的关系、地下生长和地上生长的关系,可使棉株避免旺长,实现高产稳产,改善品质等。

3. 蚜害指数减退率:是鉴定的抗棉蚜材料的蚜害指数与对照品种蚜害指数之差与对照品种蚜害指数相除所得的百分率,与蚜害指数相比较,蚜害指数减退率更能客观地反映所鉴定材料的抗棉蚜性,克服了不同地点、不同年份所产生的误差。

4. 棉花顶尖受害率:即二代棉铃虫发生期棉株受害程度的衡量指标,常用于鉴定转基因抗虫棉对二代棉铃虫的抗性强弱。

5. 蕾铃受害率:受为害蕾铃与总蕾铃数的百分率,用来鉴定对三四代棉铃虫的抗虫性。

6. 产量损失百分率:把鉴定材料在正常治虫条件下的产量与减少治虫或不治虫条件下的产量之差与正常治虫条件下的产量相比较所得的百分数,用来衡量抗虫棉对虫害抗性的强弱。

7. 次生物质:在植物利用二氧化碳和水作为原料,在光照条件下合成碳水化合物,并进一步转化成脂肪和氨基酸的过程中产生了一些不参加物质转化,而作为一种特殊的贮存在植物内的物质,这些物质称为次生物质,如棉酚、鞣酸、儿茶酸等。

8. ne_1、ne_2:控制棉花叶片、苞叶等产生无蜜腺性状的基因,均为隐性,在两个基因均处于纯合隐性条件下,无蜜腺性状才能表达。

9. S_{m1}:控制棉株茎秆茸毛的基因,在纯合隐性条件下茎秆表现茸毛。

10. S_{m1}^{sh}:控制叶片和茎秆产生茸毛的基因,在纯合显性条件下表现光叶光茎秆。

11. sm_2:控制棉株叶片光叶性状的隐性基因,在纯合条件下表现光滑叶。

12. Gl_1、Gl_2、Gl_3:控制棉株产生腺体的基因,在纯合显性条件下产生明显的腺体。由于棉酚存在于腺体中,因此纯合显性条件下棉株棉酚含量高,可作为一种抗虫性状应用于抗虫育种。

13. H_1、H_2、H_3、H_4:棉株产生的杀棉铃虫素,4 种杀棉铃虫素结构各不相同,但都抗棉铃虫。

14. CryIA:苏云金芽孢杆菌产生的晶体蛋白 IA 类物质。CryIIA 为晶体蛋白的 IIA 类物质。

15. 农感菌、Ti 质粒:农感菌是存在于土壤中的一种细菌,它的遗传物质在环形的 Ti 质粒上,现代生物技术在构建成的外源基因后,把其放入农感菌的 Ti 质粒中进行培养,目的是把外源基因插入 Ti 质粒上。Ti 质粒是转育双子叶植物外源基因的广为使用的载体。

16. 3′末端和 5′末端:基因的两个末端,它可与其他基因连接,达到转化的目的。

17. CpTI:为豇豆胰蛋白酶抑制剂基因的简写,该基因具有抑制消化蛋白质的作用,因此可起到抗棉铃虫的作用。

附录二　抗虫棉新品种与主要研制单位

单位名称	通讯地址	邮政编码	育成品种
中国农业科学院棉花研究所	河南安阳市开发区黄河大道	455000	中棉所 17、19、21、29、30、31、32、41、43、44、45、47～69
华中农业大学	湖北省武汉市武昌区	430070	华棉 101
四川省农业科学院经济作物研究所	四川省简阳市打石坳	641400	川棉 108、109、川杂棉 16、20、26、川棉优 2 号、路棉 6 号
河北省种子总站	河北省石家庄市建华南大街	050031	新棉 33B、DP20B
创世纪转基因技术有限公司	河北省石家庄市	050031	创杂棉 20 号
河北省农林科学院棉花研究所	河北省石家庄市机场路	050051	杂 66、冀 3927、冀 3536、冀优 01、冀棉 169、冀棉 616
济南鑫瑞种业科技有限公司	山东省济南市	250101	鑫杂 086
河北省邯郸市农业科学院	河北省邯郸市	056001	邯 5158、邯杂 98-1、邯 7860、邯杂 429

续 表

单位名称	通讯地址	邮政编码	育成品种
山西省农业科学院棉花研究所	山西省运城市北郊	044000	国抗 95-1，晋棉 50 号
山东棉花研究中心	山东省济南市	250100	鲁棉研 27 号,28 号,30 号,31 号
山东省德州市银瑞棉花研究所	山东省德州市	250101	银瑞 361,816
山东省圣丰种业科技有限公司	山东省嘉祥县	272400	山农圣棉 1 号,圣杂 3 号
山东省莒南县农技中心	山东省莒南县	256200	A52
河南新乡锦科棉花研究所	河南省新乡市	453731	sGK 棉乡 69,sGK791,sGK958
河北省农林科学院粮油作物研究所	河北省石家庄市	050031	创杂棉 20 号
河南省金北斗科技有限公司	河南省郑州市	450001	创杂棉 27 号
河南开封市富端种业公司	河南省开封市	475200	富端 289
河北农业科学院旱作所	河北省衡水市	053000	衡科棉 369,衡棉 4 号
陕西杨凌中农公司	陕西省西安市	710075	中农 51
河北农业大学	河北省保定市	071001	农大棉 8 号
河南省商丘市农业科学院	河南省商丘市	476000	秋乐 5 号
河南省开封市农业科学院	河南省开封市	475141	秋乐杂 9 号,开棉 21
河南科技学院	河南省新乡市	453003	百棉 3 号

续　表

单位名称	通讯地址	邮政编码	育成品种
河南省郑州市农业科学院	河南省郑州市	450005	郑杂棉 2 号,3 号
河南省黄泛区地神农业科学研究所	河南省西华县	466632	泛棉 3 号
山东中棉种业有限公司	山东省惠民县	251700	W8225
湖北省黄冈市农业科学院	湖北省黄冈市	438000	冈杂棉 8 号
北京奥瑞金种业有限公司	北京市	102206	德棉 206
四川省遂宁市宏宇农业科学研究所	四川省遂宁市	629209	宏宇杂 3 号
江苏省泗阳棉花原种场农业科学研究所	江苏省泗阳县	223700	泗阳 329
湖南省棉花研究所	湖南省常德市	415101	湘杂棉 11~16 号
合肥丰乐种业	安徽省合肥市	230088	国丰棉 12
安徽荃银高科种业股份有限公司	安徽省合肥市	230088	荃银 2 号
江苏省农业科学院农业生物技术研究所	江苏省南京市	210014	宁字棉 3 号,宁字棉 R2,R6
江苏省科腾棉业有限责任公司	江苏省南京市	210036	科棉 6 号

续　表

单位名称	通讯地址	邮政编码	育成品种
江苏中江种业股份有限公司	江苏省南京市	210036	苏棉 2186、苏杂棉 66
江苏省徐淮地区徐州农业科学研究所	江苏省徐州市	221121	徐杂 3 号
安徽省望江县中棉种业有限公司	安徽省望江县	246200	丰裕 8 号
湖北荆州农业科学院	湖北省荆州市	434000	鄂杂棉 28
湖南文理学院	湖南省常德市	415000	湘文 1 号
安徽宇顺种业公司	安徽省安庆市	246005	宇优棉 1 号
湖南省岳阳市农业科学研究所	湖南省岳阳市	414000	海杂棉 1 号
安徽省淮南绿亿农业科学研究所	安徽省淮南市	230061	绿亿棉 8 号